新世纪高职高专教材

基础化学实训教程

（第二版）

蔡自由　钟国清　主编

科学出版社

北京

内 容 简 介

本书是与科学出版社"新世纪高职高专教材"《大学基础化学》(第 3 版)配套的实训教材,是将无机化学、分析化学、有机化学和仪器分析等基本实训内容优化组合、精心编写而成的,既强化学生的基本知识和基本操作技能,又注重培养学生的化学实践能力、化学技能应用能力和创新能力。本书主要内容包括化学实训基本知识、化学实训基本操作、基础实训项目(22 个)、应用实训项目(18 个)、综合实训项目(10 个)、准设计实训项目(4 个)、创新实训项目(4 个)、实训考核项目(7 个)等。

本书适用于高职高专院校、应用型本科院校的医药类、生物类、食品类、检验类、环境类、农林类、应用化工类等专业学生,以及职工大学、电视大学和中等职业学校相关专业学生,也可供化验、质检等技术人员和其他院校师生使用和参考。

图书在版编目(CIP)数据

基础化学实训教程/蔡自由,钟国清主编. —2 版. —北京:科学出版社,2016.6

新世纪高职高专教材

ISBN 978-7-03-048454-3

Ⅰ. ①基⋯ Ⅱ. ①蔡⋯ ②钟⋯ Ⅲ. ①化学–高等职业教育–教材 Ⅳ. ①O6

中国版本图书馆 CIP 数据核字(2016)第 119662 号

责任编辑:陈雅娴 / 责任校对:杜子昂
责任印制:张 伟 / 封面设计:陈 敬

科 学 出 版 社 出版
北京东黄城根北街 16 号
邮政编码:100717
http://www.sciencep.com
涿州市般润文化传播有限公司 印刷
科学出版社发行 各地新华书店经销
*

2009 年 7 月第 一 版 开本:787×1092 1/16
2016 年 6 月第 二 版 印张:15 1/2
2023 年 8 月第十五次印刷 字数:378 000

定价:39.00 元
(如有印装质量问题,我社负责调换)

《基础化学实训教程(第二版)》编委会

主　编　蔡自由　钟国清
副主编　戴静波　李永冲　吴雪文　蒋云霞
编　委(按姓名汉语拼音排序)

蔡自由(广东食品药品职业学院)

陈静静(中山火炬职业技术学院)

戴静波(浙江医药高等专科学校)

黄月君(山西生物应用职业技术学院)

蒋云霞(南通科技职业学院)

李延磊(河南质量工程职业学院)

李永冲(广东食品药品职业学院)

林壮森(揭阳职业技术学院)

刘裕红(贵阳职业技术学院)

孟宇竹(河南质量工程职业学院)

田宗明(浙江医药高等专科学校)

王　充(广东食品药品职业学院)

王永丽(广东食品药品职业学院)

王有龙(扬州职工大学)

吴雪文(广西生态工程职业技术学院)

杨小持(广东食品药品职业学院)

钟国清(西南科技大学)

庄晓梅(中山职业技术学院)

第二版前言

本书第一版自 2009 年出版发行以来，受到我国高职高专院校、应用型本科院校广大师生与同行的好评，收到较好的教学效果。

随着《国家中长期教育改革和发展规划纲要(2010—2020 年)》、《国家高等职业教育发展规划(2011—2015 年)》和教育部《高等职业教育创新发展行动计划(2015—2018 年)》的实施，高职院校推行理论教学与实践教学融通合一，能力培养与工作岗位对接合一，实习实训与顶岗工作对接合一，"教、学、做"合一、"课、证、岗"合一的教学模式；与企业合作设立"厂中校"或"校中厂"，共建设备先进、技术超前、集"产、学、研"于一体的实习实训中心；大力推行"校企双制"、订单式等培养模式，实现"招工即招生"、培养和就业一体化；大力培养创新型技能人才，服务于国家新型工业化发展。这将成为今后我国高职教育改革和发展的方向，也是本次修订的理念基础。

化学是以实践为基础的自然科学，融"教、学、做"一体于教学，已成为当今化学教学改革的共识。本书继承了第一版以培养学生化学实践能力、化学技能应用能力和创新能力的主线和基于职业岗位分析的课程设计理念，参考近几年国内外化学实验教学改革最新成果，依照我国高等职业教育改革的最新理念，以强化化学基本技能、职业能力和创新能力为根本，进行改编而成，具有较高的思想性、科学性、实用性和前瞻性。此次修订有关说明如下：

(1)绪论删掉化学实训报告示例，增加有效数字、电子表格处理定量分析数据和校正曲线的绘制等内容，强化计算机处理和表达实训结果。

(2)化学实训基本常识中增加化学实训中的绿色化知识、按国际通用标准分类化学实训常用仪器和装置。

(3)化学实训基本操作中删掉杠杆式机械天平，增加电子天平的基本原理和分类，增加溶液的配制及其操作，强化按国家标准、药典标准等配制各种溶液的技术要求等内容。

(4)调整基础、应用和综合实训部分项目及其内容。实训内容坚持以人为本，保证项目易教、易学、易做，保证项目导向教学的推行，争取项目内容与实际工作"零"距离，同时注重实训综合性、安全性，化学试剂减量化，提高环保意识。

(5)调整准设计实训项目，增加创新实训项目，着重培养学生的简单科研能力、职业能力和创新能力。

(6)调整实训考核项目，整理增加全国职业院校技能大赛"工业分析检验"赛项实训项目及其评分细则，尽量做到与各种检验操作工考核相衔接，并制订完善的考核评价标准，可供各院校根据具体情况和条件选用。

(7)附录更新常用相对分子质量，增加常用无机、有机试剂配制和教师备课资料等内容。

本书由蔡自由、钟国清任主编，戴静波、李永冲、吴雪文、蒋云霞任副主编，全书由主编、副主编修改，由蔡自由统稿、定稿。李永冲负责实训项目预试，完善各实训项目仪器规格、试剂用量和操作步骤等。

在本书编写过程中，得到教育部"高职高专教育化学课程教学内容体系改革、建设的研究与实践"课题组的支持。各参编院校教务处和实训中心也给予了支持，并提供了许多建设性的意见。广东食品药品职业学院教务处、药学院和实训中心等给予了鼎力支持，其中实训中心提供实训项目预试条件，在此深表感谢。

　　由于编者水平有限，加上时间仓促，书中不当之处在所难免，恳请广大读者批评指正。

编　者

2016 年 1 月

第一版前言

本书是与科学出版社"新世纪高职高专教材"《大学基础化学》(第二版)(钟国清等,科学出版社,2009)配套的实训教材。本书是依据教育部《关于全面提高高等职业教育教学质量的若干意见》(教高[2006]16号)的文件精神,以培养学生化学实践能力、化学技能应用能力和创新能力为主线,参考国内外化学实践技能教学最新成果,广泛征求行业和高职高专院校的专家意见,由九所高职高专院校教师按"工学结合"要求和基于职业岗位分析的课程设计理念精心编写而成,具有较强的实用性和前瞻性。本书具有以下特点:

(1)在编写中打破传统四大化学实验自成体系的壁垒,按照职业岗位的工作要求,对实训内容精简优化。本书开设了基础实训项目,并根据专业需要精选应用实训项目,旨在培养学生基本操作能力、化学技能应用能力、创新能力和实事求是的科学态度。这些将为学生以后学习专业素养课和实际工作打下坚实的基础。

(2)鉴于高职高专学生操作能力的差异性,在编写中精选实训内容和项目,有难有易,由浅入深,可满足不同层次学生的需要。本书不但体现化学实训的基础性、实用性、科学性和综合性,而且强调与职业岗位结合,注重化学技能在专业领域中的综合应用。

(3)在编写中,对化学实训基本操作规范做了较详尽的阐述,同时编写了基础实训项目(18个)、应用实训项目(23个)、综合实训项目(7个)、准设计实训项目(5个)、基本实训操作考核项目(5个),其中基本实训操作考核项目尽量与检验操作工考核衔接,并制订了较完善的考核标准,可供各院校教师根据具体情况和条件选用。

(4)实训内容和项目覆盖无机化学、分析化学、有机化学、仪器分析等,涉及工农业生产、日常生活、生命科学、医药卫生、环境保护、日用化工、食品科学、制药工程等领域,可供不同专业选用。

(5)大部分实训内容和项目已在多所参编院校中使用多年,教学效果良好,操作步骤和试剂用量非常成熟。此外,本书中的预习要点、实训拓展、综合实训和准设计实训项目,对于培养学生实训操作技能和创新能力非常必要。

(6)坚持以人为本,注重实训安全性,化学试剂减量化,提高环保意识。

本书由蔡自由、钟国清任主编,陈静静、戴静波、李永冲、王有龙、谢红涛、余瑞婷任副主编。全书由主编、副主编修改,最终由蔡自由统稿。李永冲负责实训项目预试。

本书在编写过程中,得到教育部"高职高专教育化学课程教学内容体系改革、建设的研究与实践"课题组的支持。各参编院校教务处和实训中心也给予了支持,并提供了许多建设性的意见。广东食品药品职业学院教务处、药学系和实训中心等对本书编写给予了鼎力支持,其中实训中心提供实训项目预试条件,在此深表感谢。

由于编者水平有限,且时间仓促,错误和不当之处在所难免,恳请广大读者批评指正。

编 者
2009 年 3 月

目　　录

第1章 绪 论

化学是以实验为基础的自然科学，化学实验方法和技术已广泛地渗透到医药科学、生物科学、食品科学、环境科学、材料科学等领域，在医药卫生、日用化工、生物化工、食品工业、农业、林业、环保、国防等方面均有广泛应用。

基础化学是高职高专院校、应用型本科院校医药类、生物类、农林类、食品类、检验类、环境类、应用化工类等专业的职业素养课。在基础化学教学中，实训教学是重要的教学环节，对于培养学生职业能力、创新能力和科学素质具有重要意义。

1.1 基础化学实训目的

通过基础化学实训，要达到以下目的：

(1)加深对化学基本理论、基本知识、基本技能和分析方法的理解，熟练掌握化学基本操作技能，掌握常用化学仪器的正确使用。

(2)培养学生细致观察实训现象，准确记录和分析实训结果，正确处理和表达实训结果的能力，提高学生分析问题和解决问题的能力。

(3)培养学生查阅资料，应用现有实训方案或设计新实训方案，主动实验并得出结论的能力；逐步培养学生独立思考、独立工作的能力；培养学生应用化学知识和技能解决实际问题的能力，为今后从事实际工作或简单科学研究打下良好基础。

(4)培养学生实事求是的科学态度、认真细致的工作作风和互助协作的团队精神。

1.2 化学实训的学习方法

要做好化学实训，不仅要有正确的学习态度，还要有正确的学习方法。在实训教学中，要做到：

1. 实训前充分预习，并写好实训预习报告

充分预习是成功完成化学实训的关键之一。实训前，要仔细阅读实训有关知识，明确实训目的、原理、仪器试剂、操作步骤和实训操作技能；明确这次实训要做什么、为什么做、用什么仪器和试剂做、怎样做、不这样做行不行、还有什么方法等，并写好预习报告。预习报告内容一般包括：实训目的要求、实训原理、实训仪器和试剂、实训简要步骤和操作技能、需要记录的实训现象、记录数据的表格、定量分析的计算公式等。

书写预习报告要求简明扼要，可列表，切忌抄书。实训步骤可按实训要求，用方块、箭头或表格形式表达，简单明了。根据实训内容，预留空白位置记录原始数据。

对于准设计实训项目，要认真查阅文献资料，实训方案要设计合理。要明确哪些步骤在文献中是可查得、成熟的，哪些步骤在文献中是不可查得、有待在实训中摸索或修正的。

2. 实训中认真务实

除严格按照实训内容与操作规程进行实训外，在实训中还必须做到以下几点：

(1)"注意看"。仔细观察实训现象，包括气体的产生、沉淀的生成或溶解、颜色变化、温度与压力变化等。

(2)"积极想"。仔细思考实训现象，对实训现象作理性分析，透过现象看本质，提高思维能力。

(3)"认真做"。亲自动手实训，掌握实训方法与操作技能，培养动手操作能力。

(4)"及时记"。要养成及时记录实训现象和数据，正确表达实训结果的良好习惯。数据必须记录在记录本上，不能随便记在纸片或教材上。记录要实事求是，文字要简明扼要。特别是发生的实训现象与预期不一致时，应记录实际实训现象，并标记注明，探讨其原因。为了探索这种"反常现象"，可在教师的指导下重做或补充某些实训，自觉养成研究问题的习惯。

(5)"善于论"。善于对实训现象和结果进行理性分析和讨论，提倡学生之间或师生之间讨论，提高实训教学效果。

3. 实训后认真总结，写好实训报告

实训报告是实训的总结，是感性认识上升到理性认识的产物，是培养思维能力、书写能力和总结能力的有效方法。实训报告要求字迹端正，整洁美观，语句通顺，格式比较统一。实训报告应包括以下内容：

(1)实训名称、实训日期。

(2)实训目的要求。

(3)实训原理：简述实训的基本原理及反应式等。

(4)实训仪器与试剂。

(5)实训方法或步骤：用箭头、方块、表格等形式表达实训操作过程。

(6)实训结果：实训数据处理及结果表达。

(7)实训讨论和心得：对实训成败进行总结，对实训条件、结果进行讨论，定量分析实训要对结果进行误差分析。对于准设计和创新实训项目，可写成小论文代替实训报告，小论文格式包括前言、实训与结果、讨论和参考文献等。

1.3 化学实训原始记录和有效数字

化学实训原始记录是化学实训活动的见证性文件，是化学实验水平的真实体现，是出具检测报告的依据，也是进行科学研究和技术总结的原始资料。在定量分析中，要根据实训使用仪器的精度，确定记录数据的有效数字位数，在计算结果时，有效数字位数要按照运算规则进行修约，不能随便扩大或缩小。

1. 化学实训原始记录

化学实训原始记录必须写在实训记录本上，并标上页码，不能随意撕去任何一页，不得写在活页纸、零星纸片、手掌心或教材上。化学实训原始记录应该做到规范性、原始性和可追溯性。记录文字要简练明确，书写整齐，字迹清楚。记录数据要工整清晰，准确无误，并保留适当的行距，以便为更改留余地；无可填写的内容，应写"无"或"/"，不得留空项；计量单位通常采取国际标准计量单位，有效数字位数要符合实验要求。所有的记录必须用蓝色或黑色字迹的钢笔或签字笔书写，不得使用铅笔或其他易褪色的书写工具书写。如果有写错的地方，可用笔勾弃，不要涂黑，也不要用橡皮涂擦或撕去，要保证修改前的记录能够辨认，并由修改人签名。在实训操作考核中，若有数据需要修改，须经考评员签名确认，否则按篡改数据给予取消成绩处理。

2. 有效数字

有效数字是指实际分析工作中能测量到的数字，其中最后一位是根据实验使用仪器的精度估计的值，也称为可疑数字。

例如，用万分之一电子天平称量某基准物质 0.3528g，这一数值中 0.352 是准确无误的，最后一位"8"是根据电子天平的精度±0.1mg 估计的，是存在误差的，为可疑数字。常量滴定管读数 22.73mL，22.7 是从滴定管刻度准确读取的(称为可靠数字)，最后一位"3"是没有刻度的，是估计值，为可疑数字。因此，用万分之一电子天平称量时，记录质量应保留小数点后四位，使用常量滴定管滴定时，体积读数应保留小数点后两位。

在记录实训数据时，应根据实训使用仪器的精度来确定应记录数据的位数，可疑数字只有一位。

有效数字在确定位数、修约位数时，应注意：

(1)在数字(1～9)中间或之后的"0"是有效数字；在数字(1～9)之前的"0"只起定位作用，不是有效数字。例如，0.0130g，有效数字为三位。

(2)整数后带 0 的数字，如 2500，有效数字位数不确定。若写成 $2.5×10^3$，有效数字为两位；若写成 $2.50×10^3$，则有效数字为三位。

数学上常数 e、π 以及倍数或分数(如 2、1/2 等)并非测量所得，应视为无误差数字或有无限多位有效数字。

(3)对于 pH、pK、lgK 等对数值，有效数字位数只取决于小数点后面数字的位数，其整数部分只代表真数的方次。例如，pH=12.68，即 $[H^+]=2.1×10^{-13} mol \cdot L^{-1}$，其有效数字为两位，而不是四位。

(4)有效数字修约采用"四舍六入五留双"原则。若尾数≤4，则舍弃；尾数≥6，则进位；当尾数等于 5 或 5 后面的数全为 0 时，若 5 前面是奇数则进位，是偶数则舍弃，即修约后的数字最后一位是双数；若 5 后还有不全为 0 的数字，无论 5 前面是奇数还是偶数，皆进位。例如，将下列数据修约为三位有效数字：0.35549→0.355，3.5861→3.59，20.35→20.4，30.2500→30.2，60.6501→60.7。

(5)在计算中若有效数字第一位的数值≥8，其有效数字位数可多记一位。例如，9.78 虽然只有三位，但已接近于 10，故可按四位有效数字计算。

3. 数据运算规则

在计算分析结果时，各测量值的误差会传递到分析结果中。为了确保分析结果的准确性，必须遵守有效数字的运算规则，合理取舍有效数字的位数。

数据运算应遵循先修约后运算的原则，在进行较复杂的运算时，中间各步数字可以多保留一位数字(称为安全数字)，计算的最后结果按有效数字运算规则保留其位数。

(1)加减法。数据加减运算是各个数值的绝对误差的传递。计算结果的绝对误差应与各数据中绝对误差最大的数相符合。绝对误差最大的数即小数点后位数最少的数。

例如，13.3+25.64+1.0578

原数	绝对误差	修约
13.3	±0.1	13.3
25.64	±0.01	25.6
1.0578	±0.0001	1.1

修约后计算，13.3+25.6+1.1=40.0，40.0 的绝对误差与 13.3 的绝对误差一样，都是±0.1。因此，加减法以小数点后位数最少的数为依据，结果修约为与该数小数点后位数一样。

(2)乘除法。数据乘除运算是各个数值的相对误差的传递。计算结果的相对误差应与各数据中相对误差最大的数相符合。相对误差最大的数即有效数字位数最少的数。

例如，$13.3 \times 25.64 \div 1.0578$

原数	相对误差	修约
13.3	±0.1/13.3=±0.8%	13.3
25.64	±0.01/25.64=±0.04%	25.64（多取一位安全数字 4）
1.0578	±0.0001/1.0578=±0.01%	1.058（多取一位安全数字 8）

修约后计算，$13.3 \times 25.64 \div 1.058 = 322$，实际上 $13.3 \times 25.64 \div 1.0578$ 如果多取一位安全数字，计算结果为 322.3，最终还要修约为 322 三位有效数字。

322 的相对误差为±1/322=±0.3%，与 13.3 的相对误差的数量级相符合，即乘除法以有效数字位数最少的数为依据，结果修约为与该数有效数字位数相同。

322.3 的相对误差为±0.1/322.3=±0.03%，与 13.3 的相对误差的数量级不符合。如果计算时修约不多取一位安全数字，则 $13.3 \times 25.6 \div 1.06 = 321$，与 322 有±1 的绝对误差。

1.4　化学实训结果的处理和表达

化学实训完毕后，要及时将实训原始记录写成实训报告，处理实训数据，对实训现象进行解释，对实训结果进行理性分析和讨论，并得出结论等。实训结果的处理和表达常用列表法、作图法和计算机处理法等。

1. 列表法

把实训结果的自变量和因变量设计成表格，将实训结果填入表格。列表时应注意：表格要有名称；自变量和因变量要一一对应；数据要符合有效数字要求；表格不仅可表达数据性结果，还可以表达性质实训步骤、现象、解释和结论(含反应式)等。

2. 作图法

将实训数据用作图法来表达，可以直观地反映数据相关性和变化规律，同时作图法还可以求得斜率、截距、外推值等。作图时应注意：

(1)应用坐标纸，习惯以自变量为横坐标，因变量为纵坐标。

(2)选择合适的比例，使图形分布合理，两坐标轴可以选择不同比例，数据的零值不一定要在原点。

(3)坐标分格要与数据精度相符，分格应以 1、2、2.5、5 或 10 的幂指数乘为单位，不要用 3、7 等难定位的值为单位。

(4)数据在坐标平面上可用"×、◇、△、○、□"等图形定位，图形面积近似等于测量误差范围。

(5) 如果数据点不全在直线上,又要求绘直线,可使直线尽可能接近大多数数据点,使各个数据点均匀分布在直线的两侧,这样直线才能最佳拟合实训数据,不能随便取两个点连成直线;如果画曲线,则应使光滑曲线尽可能穿过各个数据点。

3. 计算机处理法

计算机处理法是按照一定的数学方程式编制程序,由计算机完成数据处理或绘图。目前常用的数据处理软件有 Excel、Matlab、Origin 等。下面举例利用 Excel 处理定量分析数据。

1) 定量分析结果的计算

在常规分析中,分析工作者应严格遵守操作规程,在对系统误差进行减免和校正后,一般平行测量 3~5 次,取测定值的算术平均值作为分析结果。

在相同条件下,多次平行测量结果相接近的程度称为精密度。精密度表示测量结果的重现性,通常用相对平均偏差或相对标准偏差表示。

例如,用无水碳酸钠为基准物质标定盐酸溶液的浓度,实训原始记录见表 1-1。

表 1-1 盐酸溶液浓度标定原始记录

测定次数	1	2	3	4
敲样前称量瓶质量/g	31.3199	31.2106	31.1025	31.0065
敲样后称量瓶质量/g	31.2106	31.1025	31.0065	30.9003
基准物质量/g	0.1093	0.1081	0.0960	0.1062
滴定管初读数/mL	0.00	0.00	0.00	0.00
终点时滴定管读数/mL	19.96	19.69	17.46	19.32
实际消耗盐酸滴定液体积/mL	19.96	19.69	17.46	19.32

设计 Excel 表格计算盐酸溶液浓度的平均值、相对平均偏差和标准偏差,方法如下:

$$标定反应:2HCl+Na_2CO_3 \longrightarrow 2NaCl+CO_2+H_2O$$

$$盐酸浓度计算公式:c_{HCl} = \frac{2}{1} \times \frac{m_{Na_2CO_3} \times 1000}{M_{Na_2CO_3} V_{HCl}}, \quad M_{Na_2CO_3} = 105.99 \text{g} \cdot \text{mol}^{-1}$$

在 Excel 中设置单元格格式,在单元格中输入记录内容和原始数据,选中盐酸浓度相应单元格,编辑盐酸浓度计算公式,点击 Enter,计算盐酸浓度,如图 1-1 所示;选中平均值相应单元格,在 f_x 中插入 AVERAGE 函数,设置数据范围,计算盐酸浓度平均值,如图 1-2 所示;同样,再利用 AVEDEV 函数和 STDEV 函数,可计算平均偏差和标准偏差;最后编辑公式计算相对平均偏差和相对标准偏差,如图 1-3 所示。

在化学实训或实际工作中,利用此软件计算盐酸浓度标定结果,既简单,又方便。

2) 滴定管校正曲线的绘制

容量仪器(如滴定管、移液管、容量瓶等)是具有准确刻度和体积的玻璃量器,其体积可能会有一定的误差,即实际体积和标称体积之差。容量仪器允许有一定的容量误差(称为允差),误差大于允差会影响实验结果的准确度,因此,在滴定分析中须对容量仪器进行校正。

绝对校准法(又称为称量法)是用天平称得容量仪器容纳或放出纯水的质量,再根据纯水的密度计算出被校正容量仪器的实际体积。

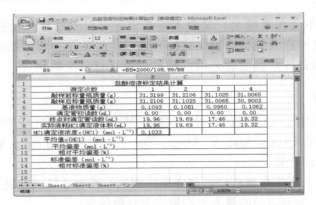

图 1-1　编辑盐酸浓度计算公式计算盐酸溶液浓度

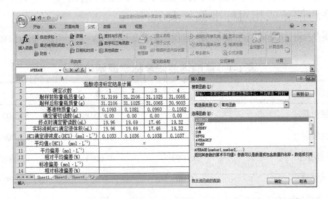

图 1-2　用 AVERAGE 函数计算盐酸溶液浓度平均值

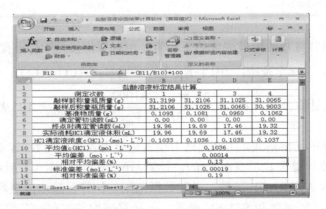

图 1-3　盐酸溶液标定结果浓度和精密度计算软件

例如，某 50mL 滴定管 15～45mL 段管柱绝对校准实验数据记录及计算见表 1-2。

表 1-2　某 50mL 滴定管 15～45mL 段管柱绝对校准实验数据记录及计算

记录内容	0→15	0→20	0→25	0→30	0→35	0→40	0→45
标称体积/mL	15.03	20.02	24.99	30.09	35.03	40.01	45.03
称量质量/g	14.96	19.96	24.93	29.93	34.91	39.90	44.93
称量时水温度/℃	26	26	27	27	27	27	27

续表

记录内容	0→15	0→20	0→25	0→30	0→35	0→40	0→45
水密度/(g·mL^{-1})(相对20℃)	0.99593	0.99593	0.99569	0.99569	0.99569	0.99569	0.99569
实际体积/mL	15.02	20.04	25.04	30.06	35.06	40.07	45.12
校正值/mL	−0.01	+0.02	+0.05	−0.03	+0.03	+0.06	+0.09

在 Excel 中，设置单元格格式，在单元格中输入记录内容和实验数据，按 Ctrl 键，并选中标称体积和相应的校正值有关单元格数据区，点击"插入—散点图—带直线和数据标记的散点图"，可得两组数据的散点图曲线，如图 1-4 所示；选中坐标轴，单击鼠标右键，设置坐标轴格式，再编辑图表布局，设置网络线，加上图标，即得滴定管校正曲线图，如图 1-5 所示。

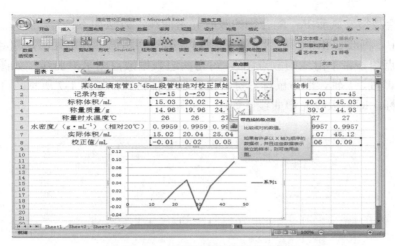

图 1-4 绘制带直线的散点图

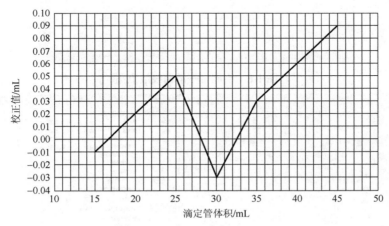

图 1-5 滴定管校正曲线图

3) 吸收光谱曲线和标准曲线的绘制

吸收光谱描述了该物质对不同波长光的吸收能力。以入射光波长 λ(nm) 为横坐标，以该物质对相应波长光的吸光度 A 为纵坐标作图，称为该物质的吸收光谱曲线。利用吸收光谱曲线可对物质进行定性分析。

利用吸光光度法进行定量分析时，先配制一系列浓度不同的标准系列溶液（5~10 个），在同一条件下分别测定每个标准溶液的吸光度。以吸光度 A 为纵坐标，标准溶液浓度 c 为横坐标，绘制标准曲线，如符合光吸收定律，将得到一条通过原点的直线。在相同条件下测定试样溶液的吸光度，再根据试样溶液所测得的吸光度，从标准曲线上可求出试样溶液浓度或含量。

例如，邻二氮菲分光光度法测定水中的微量铁，以不含铁的试剂溶液为参比，用 722 分光光度计从波长 460~540nm 测量铁标准显色溶液的吸光度，原始记录见表 1-3。

表 1-3　不同吸收波长下铁标准显色溶液的吸光度

波长/nm	460	470	480	490	500	505	510	515	520	530	540
吸光度 A	0.372	0.411	0.439	0.464	0.481	0.490	0.494	0.490	0.467	0.380	0.259

用 Excel 绘制邻二氮菲-Fe^{2+} 配合物的吸收光谱曲线，方法如下：

在 Excel 中，将波长和相应的吸光度分别输入第一列和第二列单元格，选定此数据区，点击"插入—散点图—带平滑线的散点图"，可得两组数据散点图平滑曲线，如图 1-6 所示。

分别选中 X 轴、Y 轴，单击鼠标右键，设置坐标轴格式，如图 1-7 所示。再编辑图表区域格式，加上图标，即得吸收光谱曲线，如图 1-8 所示。

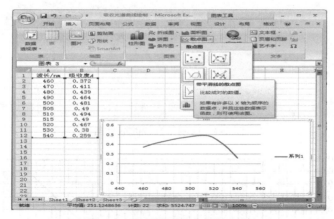

图 1-6　绘制带平滑曲线散点图

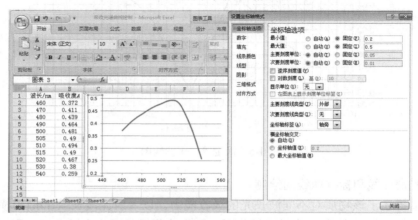

图 1-7　设置坐标轴格式

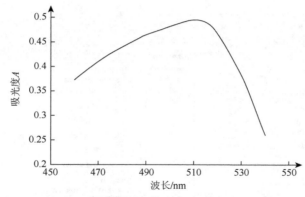

图 1-8 邻二氮菲-Fe^{2+}配合物吸收光谱曲线

在最大吸收波长下，以不含铁的试剂溶液为参比，用 1cm 石英比色皿分别测量各标准显色溶液和试样显色溶液的吸光度，如表 1-4 所示，绘制标准曲线，求出试样中铁的浓度。

表 1-4 铁标准显色溶液和试样显色溶液在最大吸收波长下测得的吸光度

铁的浓度/$(\mu g \cdot mL^{-1})$	空白	0.80	1.60	2.40	3.20	4.00	试样
吸光度 A	0.000	0.159	0.324	0.480	0.639	0.798	0.465

在 Excel 中，将铁标准溶液含量和相应的吸光度分别输入第一列和第二列单元格，选定此数据区，点击"插入—散点图—仅带数据标记的散点图"，可得两组数据一一对应的散点图，如图 1-9 所示。

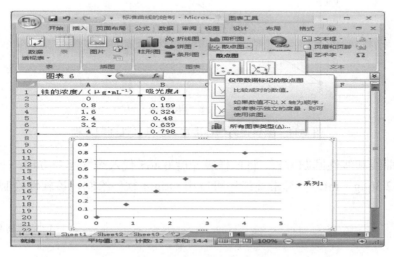

图 1-9 绘制标准曲线散点图

选中散点，单击鼠标右键"添加趋势线"，可得标准曲线。在设置趋势线格式"趋势线选项"中设置截距，选择"显示公式"及"显示 R 平方值"复选框，如图 1-10 所示，即可得到线性回归方程和相关系数 R^2。设置坐标轴格式和图表区域格式，设计图表布局，然后设置趋势线标签格式，加上图标，即得标准曲线，如图 1-11 所示。

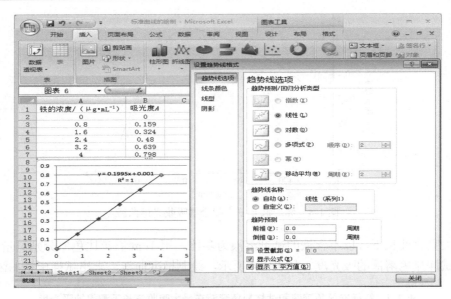

图 1-10　设置趋势线格式

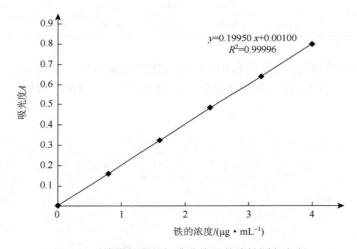

图 1-11　编辑得到的标准曲线及其线性回归方程

根据标准曲线和线性回归方程，将试样吸光度 0.465 代入线性回归方程，计算出试样溶液中铁的浓度为 $2.36\mu g\cdot mL^{-1}$。标准曲线还可以用 Origin 软件绘制，该软件绘制曲线更准确、快速、方便。

（本章编写人：蔡自由）

第 2 章　化学实训基本知识

2.1　化学实训基本常识

2.1.1　化学实训学生守则

(1)实训前，必须认真预习实训内容，明确实训目的和要求，了解实训原理、操作技术、操作步骤及注意事项，写好预习报告。

(2)进入实训室必须穿实验服，佩戴个人识别卡。禁止穿拖鞋、高跟鞋、背心、短裤(裙)或披发；禁止喧哗、吸烟、玩手机和饮食。

(3)实训前，应先清点仪器、药品是否齐全，发现不齐全时，及时报告教师，登记、补领或调换。如果对仪器使用方法、药品性质不明确，严禁开始实训，以免发生意外。

(4)实训时，要严格按照教材中的实训方法、步骤和试剂用量进行实训，仔细观察，积极思考，并及时、如实记录实训现象和实训结果。

(5)实训时，要严格遵守实训室各项制度，注意安全，爱护仪器，节约药品，节约水电。如果发生中毒、灼伤、失火、爆炸等意外事故，不要惊慌，应按事故处理规则及时处理，并向有关部门报告。

(6)实训时，保持实验桌面和地板整洁；仪器合理摆放；废品、纸屑、火柴梗等放入废物桶内；有毒废物倒入指定地点回收，进行无害化处理，严禁投放在水槽中，以免腐蚀和堵塞水槽及下水道，污染环境。

(7)公共仪器和药品用毕，随即放回原处，不得擅自拿走；按量取用药品，注意节约；严禁将药品任意混合。

(8)实训完毕，应及时整理物品，将仪器、药品架、实验桌面清理干净，将仪器整齐地摆放回仪器柜。如有损坏，必须及时登记补领。实训室一切物品不得带离实训室。

(9)值日生负责做好整个实训室的清洁、整理工作，并关好水、电、门、窗等，经教师检查同意后，方可离开实训室。

(10)实训后，需对实训现象进行总结，对实训原始数据进行处理，以及对实训结果进行讨论，按要求格式书写实训报告，并按时交给教师审阅。

2.1.2　化学实训安全守则

(1)产生刺激性、恶臭、有毒气体(如 Cl_2、Br_2、HF、HCl、H_2S、SO_2、NO_2、CO 等)的实训，应在通风橱内进行。

(2)白磷、钾、钠等暴露在空气中易燃烧，必须将白磷保存在水中，钾、钠保存在煤油中，取用时用镊子夹取。乙醇、乙醚、丙酮、苯等有机化合物容易引燃，使用时必须远离明火，用完应立即盖紧瓶塞。

(3)浓酸、浓碱有强腐蚀性，使用时一定要小心，切勿溅在衣服、皮肤及眼睛上。稀释浓硫酸时，应将浓硫酸沿玻璃棒缓缓注入水中，并不断搅拌，绝不能将水倒入浓硫酸中。

(4)有毒药品(如重铬酸钾、铅盐、镉盐、砷的化合物、汞的化合物等)不得进入人体内或接触伤口，不得将其倒入水槽中，应按教师要求专门收集，统一进行无害化处理。

(5)加热时，不能将容器口朝向自己或他人，不能俯视正在加热的液体，以防液体溅出伤人。

(6)在不了解药品性质时，不允许将药品任意混合，以免发生意外事故。

(7)不允许用手直接取用固体药品。嗅闻气体时，鼻子不能直接对着瓶口或试管口，而应用手轻轻地将少量气体扇向鼻子。

(8)金属汞易挥发，吸入体内易引起慢性中毒。一旦有汞洒落在桌面或地上，必须尽可能收集起来，并用硫磺粉覆盖在洒落处，使汞变成不挥发的硫化汞。

(9)使用酒精灯或煤气灯应随用随点，不用时将酒精灯盖上灯罩，关闭煤气开关。

(10)强氧化剂(如氯酸钾、高氯酸等)及其混合物(如氯酸钾与红磷、碳、硫等的混合物)不能研磨，否则易发生爆炸。

(11)不纯氢气、甲烷遇火易爆炸，操作时应严禁烟火。点燃前，必须先检查其纯度，确保安全。银氨溶液不能长时间保存，久置后易爆炸。

(12)不要用潮湿的手接触电器，以免触电。不得在加热过程中随意离开加热装置，以免因被加热物质剧烈反应或溶液被烧干等引起事故。

2.1.3　试剂取用规则

(1)取用试剂时应本着节约的原则，在能取得良好实训效果的前提下，尽可能少取。取用试剂，应看清试剂瓶标签上的名称和浓度，切勿拿错。不得用手直接取用试剂。

(2)固体试剂要用清洁干燥的药匙取用。要取一定量的固体时，可将固体放在称量纸或表面皿上用托盘天平或电子台秤称量；要准确称量固体时，则用称量瓶在电子分析天平上进行称量。

(3)液体试剂常用量筒或量杯量取；取用准确体积液体试剂时要用吸量管或移液管移取；取用少量液体试剂时要用滴管滴加。

(4)取完一种试剂后，应将工具洗干净(药匙要擦干净，吸量管要润洗干净)后，方可再取用另一种试剂。绝对不准用同一种工具同时连续取用多种试剂。

(5)试剂取用后要立即将瓶塞盖紧，不要盖错瓶盖或插错滴管，用完后放回原处。已经取用的试剂未用完时，不得放回原试剂瓶，应倾倒在教师指定的容器内。

(6)取用剧毒、腐蚀性、易燃易爆试剂时，一定要小心谨慎，严格遵守操作规程或在教师指导下取用。

2.1.4　实训室事故处理

(1)割伤。若为一般轻伤，应及时挤出污血，在伤口处涂上红药水或龙胆紫药水，并用纱布包扎。伤口内若有玻璃碎片或污物，应先用消毒过的镊子将其取出，用生理盐水清洗伤口，再用 3% H_2O_2 消毒，然后涂上红药水，撒上消炎药，并用绷带包扎。若伤口过深、出血过多，可用云南白药止血或扎止血带，并及时送往医院救治。

(2)烫伤。在烫伤处抹上烫伤膏或万花油，或用高锰酸钾（或苦味酸）涂于烫伤处，再抹上凡士林、烫伤膏。若烫伤后起泡，注意不要挑破水泡。

(3)吸入有毒气体。吸入硫化氢气体时，应立即到室外呼吸新鲜空气。吸入氯气、氯化氢气体时，可吸入少量乙醇和乙醚混合蒸气解毒。吸入溴蒸气时，可吸入氨气和新鲜空气解毒。

(4)酸烧伤。酸烧伤应先用干布蘸干，再用饱和碳酸氢钠溶液或稀氨水冲洗，最后用水冲洗。若酸液溅入眼睛内,应立即用大量水长时间冲洗,再用 2%硼砂溶液洗,最后用蒸馏水冲洗(有条件时可用洗眼器冲洗)。冲洗时,避免用水流直射眼睛,也不要揉搓眼睛。

(5)碱烧伤。碱烧伤应先用大量水冲洗,再用 2%乙酸溶液冲洗,最后用水冲洗。若碱液溅入眼睛内,应立即用大量水长时间冲洗,再用 3%硼酸溶液冲洗,最后用蒸馏水冲洗。

(6)白磷灼伤。用 1% 硫酸铜或高锰酸钾溶液冲洗伤口,再用水冲洗。

(7)毒物进入口内。把 5～10mL 稀硫酸铜或高锰酸钾溶液(约 5%)加入一杯温水中,内服,然后用手指或匙柄伸入咽喉促使呕吐,并立即送医院救治。

(8)触电。发生触电时,应立即切断电源,必要时进行人工呼吸,对伤势严重者,应立即送医院救治。

2.1.5　实训室灭火常识

实训过程中,若不慎起火,切不可惊慌,应立即采取灭火措施:

(1)关闭燃气龙头,切断电源,迅速移走周围易着火物品,特别是有机溶剂和易燃、易爆物品,防止火势蔓延。

(2)由于物质燃烧需要空气,并达到一定温度,因此灭火采取的措施是将燃烧物质与空气隔绝和降温。

(3)扑灭燃着的苯、油或醚,应用砂土覆盖,切勿用水。一般小火可用湿布、石棉布覆盖燃烧物灭火。火势大时可使用泡沫灭火器。但电器设备引起的火灾,一般用四氯化碳灭火器灭火。灭火器的种类及其应用范围见表 2-1。

表 2-1　灭火器的种类及其应用范围

灭火器名称	应用范围
泡沫灭火器	用于扑灭油类着火,因为泡沫是 $Al(OH)_3$ 和 CO_2,能导电,所以不能用于扑灭电器着火
CO_2 灭火器	内装液体 CO_2,用于扑灭电器设备着火和小范围油类及忌水的化学品着火
1211 灭火器	内装 CF_2ClBr 液化气,适用于扑灭油类、有机溶剂、精密仪器、高压设备等着火
干粉灭火器	内装碳酸氢钠等盐类物质、适量润滑剂和防潮剂,用于扑灭油类、可燃气体、电器设备、精密仪器、图书文件等不能用水灭火的物质着火
CCl_4 灭火器	内装液态 CCl_4,用于扑灭电器设备和小范围汽油、丙酮等着火

实验人员衣服着火时,切勿乱跑,应赶快脱下衣服,用石棉布覆盖着火处,或者就地卧倒滚打,也可起到灭火作用。火势较大时,应立即报警。

2.1.6　实训室废物处理

实训室废物种类繁多,成分各异,应根据废物性质,按照环保部门排放要求处理,树立环境保护意识。

(1)废酸、废碱溶液,要经过中和使 pH 为 6～8,并经大量水稀释后,方可排放。

(2)大量废洗液(含 Cr^{3+})可用高锰酸钾氧化使其再生后继续使用。氧化方法:先在 110～130℃将废洗液浓缩,冷却后,按 1L 废洗液 10g 高锰酸钾的比例缓慢加入高锰酸钾粉末,边加边搅拌,加热至有 SO_3 出现;稍冷,用玻璃砂芯漏斗过滤,除去沉淀,滤液冷却后析出红色氢氧化铬沉淀,再溶于适量硫酸即可再用。少量废洗液[含 Cr(VI)]可加入 $FeSO_4$

或 Na_2SO_3 将 $Cr(VI)$ 还原为 Cr^{3+}，再用废碱液或石灰使其形成 $Cr(OH)_3$ 沉淀，地下填埋。

(3)氰化物可在加碱后，通入 Cl_2 或加入 $NaClO$，使之分解为 CO_2 或 N_2 而除去。

(4)少量汞废液先调节 pH 为 8～10，加入过量 Na_2S 生成 HgS 沉淀，地下填埋；大量 HgS 沉淀则要焙烧回收 Hg，注意要在通风橱内进行。

(5)含铅或其他重金属的废液加入 Na_2S 或 $NaOH$，生成硫化物或氢氧化物沉淀除去。

(6)含砷及其化合物的废液在吹入空气的同时加入 $FeSO_4$，再用 $NaOH$ 调节 pH 为 9，使其生成沉淀，过滤除去。

(7)产生少量有毒废气(取用氨水、浓盐酸、浓硝酸、溴水等；反应产生的 Cl_2、Br_2、HF、HCl、H_2S、SO_2、NO_2、CO 等)的实验应在通风橱中完成，产生大量有毒废气的实验必须用吸收、处理装置处理废气。

(8)固体废物特别是有放射性的废物，必须经物理或化学方法处理为无害物质后，在远离水源处填埋。

2.1.7　化学实训中的绿色化

化学实训绿色化是指在化学实训过程中使用安全无害的原料和试剂，尽量减少试剂的用量来获得所需要的化学信息，并使实验产物无害化。目前，化学实训中的绿色化主要包括：绿色化学技术、化学实训项目绿色化设计和微型化学实验等。

1. 绿色化学技术

绿色化学技术是研究利用先进科学原理在化学品的设计、开发和生产过程中减少或消除有毒有害物质的使用或产生，从源头防止对环境污染的技术。其主要内容包括：开发原子经济反应(理想的原子经济反应是原料分子中的原子完全转化为产物，不产生副产物或废物)；采用无毒无害的原料；采用无毒无害的溶剂，采用无溶剂的固相反应；采用无毒无害的催化剂；利用可再生的资源合成化学品，利用生物原料代替石油；生产和使用环境友好型的产品。

化学实训室废物的排放及其排放物对实验人员的伤害也是绿色化学关注的重要课题。例如，对实验人员造成伤害和产生环境污染的排放物有：有毒化学试剂的蒸气；有机溶剂萃取时，挥发进入空气的苯、甲苯、乙醚、氯仿等；溶解试样时，盐酸、硝酸的酸雾，硫酸分解的三氧化硫；泄漏汞滴升华的蒸气；试金分析吹灰时产生的氧化铅等。

2. 化学实训项目绿色化设计

在不影响掌握化学操作技能和实训结果的前提下，尽量选择无毒无害的化学实训项目；对于对环境污染严重的实训项目应取消或重新设计，使每个实训项目尽量达到如下标准：原料无毒、廉价、易得；实验过程中副反应少，原子经济性高；反应过程中所用的试剂、溶剂、催化剂等尽可能无毒无公害；产物无毒无害且易处理；反应条件温和、节约能源等。除了对经典实训项目进行绿色化设计外，还应引入绿色反应原理、新技术和新方法，力求从源头上消除污染，使实验绿色化。例如，从茶叶中提取咖啡因，原料是天然的，提取溶剂乙醇无毒无害，还可以回收利用，废弃物无害还可用作肥料，是一个绿色化学实训项目。

3. 微型化学实验

　　微型化学实验是指在微型实验仪器或装置里进行，以尽可能少的化学试剂来获取所需化学信息的实验方法与技术。其优点为：试剂用量少(一般为常规量的十分之一，甚至更少)，仪器容量小(为 $1\sim10cm^3$)，基本无污染，操作简单快速、方便省时，现象明显，安全节约等。其教学功能和教学效果良好。目前，在高等院校的无机化学、有机化学、分析化学教学实验中已开始研究与尝试化学实验微型化。

　　20 世纪 90 年代初，瑞士 Manz 提出微型全分析系统(μ-TAS)的概念和设计，该技术将分析全过程包括采样、前处理、进样、加试剂、反应、分离和检测等集成在一块几平方厘米甚至更小的可重复使用的微流控芯片(microfluidic chip)上，完成实验室功能，又称为芯片实验室(lab-on-a-chip)。其原理是将化学或生物实验室各种功能及步骤微型化，包括微管道、微泵、微阀、微储液器、微反应器、微电极、微检测器和微连接器等，并将这些微功能元件像集成电路一样集成在微芯片上，通过微流控技术，使涉及的进样、混合、反应、分离等过程在可控流体中完成。该技术已应用于核酸的扩增、分离及测序，细胞操控与分析，临床分析与疾病诊断，药物合成与筛选，药物分析，食品分析和环境分析等，已被公认为 21 世纪最重要的前沿技术之一。

(本节编写人：杨小持)

2.2　化学实训常用仪器和装置简介

　　化学实训常用仪器和装置品种繁多，形状各异，用途广泛，且不同专业领域的化学实训室还需用一些特殊的专用仪器和装置。

　　按国际通用标准，通常把化学实训常用仪器和装置大致分为 8 大类：

　　(1)输送和截留装置类，包括玻璃接头、接口、阀、塞、管、棒等。

　　(2)容器类，如皿、瓶、烧杯、烧瓶、槽、试管等。

　　(3)基本操作仪器和装置类，如用于吸收、干燥、蒸馏、冷凝、分离、蒸发、萃取、气体发生、色谱、分液、搅拌、破碎、离心、过滤、提纯、燃烧、燃烧分析等的玻璃仪器和装置。

　　(4)测量器具类，如用于测量流量、密度、压力、温度、表面张力等的测量仪表及量器、滴管、吸液管、注射器等。

　　(5)物理测量仪器类，如用于测试颜色、光密度、电参数、相变、放射性、相对分子质量、黏度、颗粒度等的玻璃仪器。

　　(6)用于化学元素和化合物测定的玻璃仪器类，如用于 As、CO_2、元素分析、原子团分析、金属元素、卤素和水分等测定的仪器。

　　(7)材料试验仪器类，如用于气氛、爆炸物、气体、金属和矿物、矿物油、建材、水质等测量的仪器。

　　(8)食品、医药、生物分析仪器类，如用于食品分析、血液分析、微生物培养、显微镜附件、血清和疫苗试验、尿化验等的分析仪器。

　　本书简单介绍这些常用仪器的规格、主要用途和使用方法，并将有机化学实训中常见的基本操作装置作简介。

2.2.1　化学实训常用仪器介绍

化学实训常用仪器见表 2-2。

表 2-2　化学实训常用仪器的规格、用途及使用注意事项

仪器名称	规格和主要用途	使用方法和注意事项
 试管 离心管	分硬质、软质、普通，以外径(mm)×长度(mm)或体积(mL)表示；小型反应容器可用于收集少量气体；离心管用于沉淀分离等	一般大试管可直接加热，小试管和离心管要用水浴加热；反应液体不能超过试管容积的 1/2，加热时不超过容积的 1/3；加热前试管外壁要擦干，加热时应用试管夹夹持；加热液体时，试管口不要对着自己或他人，并使试管倾斜，与桌面成 45°；加热固体时，管口略向下倾斜；加热后未冷却的试管应用试管夹夹好，悬放于试管架上
 试管架	材质有木、竹、金属或有机玻璃等；规格有 6、12、24 孔等；用于放置、晾干试管	可以将试管放置于试管架上，滴加试剂，观察实训现象；使用时要防止被洒落的试剂腐蚀，特别是木质、竹质试管架
 试管夹	一般用木料和金属弹簧制成；加热试管时夹持试管，以便操作	夹在试管上半部分；要从试管底部套上或取下试管夹；不要用手指按夹的活动部位，以免试管脱落；使用时防止被火烧坏或腐蚀；金属弹簧应有足够弹性，并作防锈处理
 试管刷	以钢丝绳作骨架，上面带有整齐排列、向外伸展的细刷丝；细刷丝材质有尼龙丝、纤维毛、猪鬃、金属丝、磨料丝等；用于刷洗玻璃仪器内外壁	依据不同玻璃仪器选用不同材质的试管刷；不宜在高温、干燥或高速下使用；小心刷子顶端的铁丝绳，刷洗时不要撞破玻璃仪器
 研钵	以口径(cm)表示大小；有瓷、玻璃、玛瑙、金属等质地；用于固体物质的研磨	按固体物质的性质、硬度、测定要求选择研钵；不能加热，不能作反应容器；研磨的固体量不能超过研钵体积 1/3；研磨易燃、易爆物质时，要注意安全
 药匙(药勺)	由金属、牛角、瓷或塑料制成；有些药匙两头各有一个勺，一大一小；用于取用粉末状或小颗粒状的固体试剂	根据试剂用量选用大小合适的药匙；最好专匙专用；不能用药匙取用热药品，也不能接触酸、碱溶液；取用药品后，应及时用纸将药匙擦干净；取固体粉末置于试管中时，先将试管倾斜，把盛药品的药匙(或纸槽)小心地送入试管底部，再使试管直立
 烧杯	以容积(mL)表示大小，外形有高、低之分；用作反应容器；也可用作简易水浴的盛水器；用于溶解、加热、沉淀、结晶等	反应液体不能超过烧杯容积 2/3；加热前外壁要擦干，加热时要垫石棉网，使其受热均匀；加热后，未冷却的烧杯不能直接置于桌面上，应置于石棉网上

续表

仪器名称	规格和主要用途	使用方法和注意事项
 玻璃棒	用于搅拌加速溶解，促进互溶；引流或蘸取少量液体；加热搅拌，防止因受热不均匀而引起飞溅等	搅拌时不要太用力，以免玻璃棒或容器破裂；搅拌时不要连续碰撞容器壁、容器底，不要发出连续响声；搅拌时要以一个方向搅拌(顺时针或逆时针)
 石棉网	加热时垫在受热容器和热源之间，使其受热均匀	石棉脱落的不能使用；不能卷折，以免石棉脱落；不要与水接触，以免石棉脱落或铁丝锈蚀；因石棉致癌，国外已用高温陶瓷代替
 铁架台、铁圈和铁夹	用于固定或放置容器(如烧杯、烧瓶、冷凝管等)；铁圈可代替漏斗架使用	铁夹内应垫石棉布，夹在仪器的合适位置，以仪器不脱落或旋转为宜，不能过紧或过松；固定时，仪器和铁架台的重心应落在铁架台底座中央，防止不稳倾倒
酒精灯　酒精喷灯	用作热源；酒精灯火焰温度为 500～600℃；酒精喷灯火焰温度可达到 1000℃左右	酒精灯所装酒精量不能超过容积的 2/3，不少于容积的 1/4；用外焰加热；熄灭时，用灯帽盖灭，不能用嘴或气体吹灭；酒精喷灯点火前，要充分预热灯管，防止"火雨"；不用时，应关闭酒精贮罐下的活塞，以免酒精漏失
 蒸发皿	常用陶瓷质地，分圆底、平底；用于蒸发浓缩溶液或灼烧固体	盛液量不超过容积的2/3；耐高温，可直接加热；炽热的蒸发皿不能骤冷，取放使用坩埚钳，坩埚钳需预热；加热时应不断搅拌，临近蒸干时应用小火或停止加热，利用余热蒸干
 坩埚	以容积(mL)表示大小，有瓷、石英、金属等质地；耐高温，用于灼烧固体；根据固体的性质选用不同材质的坩埚	灼烧时，可置于泥三角上直接用火烧，或放入高温炉中煅烧；炽热的坩埚不能骤冷；热的坩埚应置于石棉网上或搪瓷盘内冷却，稍冷后转入干燥器中存放；用坩埚钳夹取坩埚或盖子时，坩埚钳需预热，以免坩埚炸裂
坩埚钳	从热源(如酒精灯、电炉、马弗炉等)中夹持取放坩埚或蒸发皿	使用前要洗干净；夹取灼热的坩埚时，钳尖要先预热，以免坩埚因局部骤冷而破裂；使用前后，钳尖应向上，放在桌面或石棉网(温度高时)上
三脚架	放置较大或较重的容器加热	选择三脚架时要使三脚架高度能满足用灯外焰加热，以达到最高温度；对于不能直接加热的容器，应在三脚架上垫石棉网加热；不要碰到刚加热过的三脚架
泥三角	用于搁置坩埚加热	选择泥三角时，要使搁置的坩埚所露出的上部不超过坩埚本身高度的 1/3；坩埚放置要正确，坩埚底应横着斜放在三个瓷管中的一个上；灼热的泥三角不要放在桌面上，不要接触冷水，以免瓷管骤冷破裂

仪器名称	规格和主要用途	使用方法和注意事项
 漏斗	有短颈、长颈、粗颈、无颈等几种，以口径(mm)表示大小；用于过滤或引导溶液入小口容器中	不能用火直接加热；过滤时，漏斗颈尖端必须紧靠接液容器内壁；长颈漏斗用于加液时，颈应插入液面下
 漏斗架	木质或有机玻璃材质，有螺丝，可固定于木架上或铁架台上	用于过滤时支撑漏斗，也可用于支撑分液漏斗；有时铁架台加铁圈可代替漏斗架使用
 分液漏斗	以容积(mL)表示大小，有球形、梨形、筒形、锥形等几种，颈有长、有短；用于液体的分离、洗涤或萃取；用于向反应体系中滴加溶液原料	不能加热；使用前，将活塞涂上薄层凡士林，以防漏水；分液时，下层液体从漏斗下口流出，上层液体从上口倒出；向反应体系中滴加溶液时，下口应插入液面下；漏斗上口活塞及颈部活塞都是磨砂配套的，应系好，防止滑出跌碎；萃取时，振荡初期应多次放气，以免漏斗内压力过大；分液操作时，先打开顶塞，使漏斗与大气相通
 热漏斗	铜质材料，以口径(mm)表示大小；铜质夹层内加热水，侧管加热保温，用于趁热过滤	将短颈玻璃漏斗置于热漏斗内，热漏斗内装有热水并加热维持温度；加热水量不能超过其容积的2/3
 布氏漏斗 抽滤瓶	布氏漏斗的材质有瓷或玻璃，以容积(mL)或口径(mm)表示大小；与抽滤瓶和真空泵配套，用于制备实验中晶体或沉淀的减压过滤	漏斗大小与抽滤瓶要适应，与过滤的沉淀或晶体的量要适应；滤纸应略小于布氏漏斗内径；漏斗斜口对准抽滤瓶支管口(抽气口)；先用玻璃棒引流向漏斗内转移上层清液，再转移晶体或沉淀；漏斗内溶液量不要超过漏斗容积的2/3
 滴液漏斗	以容积(mL)表示大小，标准口按大端直径(mm)分；用于向密闭反应体系滴加液体原料	磨口处应经常保持清洁，长期不用时要垫上纸片；用后应立即拆卸洗净，不要用去污粉擦洗磨口部位，磨口塞间隙有砂粒，不要用力旋转，以免损伤其精度
 索氏提取器	以容积(mL)表示大小；利用溶剂蒸发、回流和虹吸原理，从固体物质中连续多次萃取所需成分	主要由提取器、冷凝管和圆底烧瓶三部分组成，圆底烧瓶中加入溶剂一般不宜超过其容积的1/2；将固体物质研细，用滤纸包好放入滤纸套筒内，封好上下口，置于提取器中；注意虹吸管极易折断，导致整套仪器报废，因此在安装仪器和使用时要特别小心

仪器名称	规格和主要用途	使用方法和注意事项
 量筒 量杯	以所能量度的最大体积(mL)表示；用于量取一定体积液体，一般精确到±0.1mL	选用比所量取体积稍大的量筒（杯）；不能加热和烘干，不能量热的或太冷的液体；不能用作反应容器，也不能用于有明显热量变化的混合或稀释实验；读数时放平稳，保持视线通过量筒（杯）内液体弯月面最低点并和刻度水平
 滴定管	以起始刻度到终止刻度之间的容积(mL)表示，分酸式、碱式、两用；用于滴定分析，并准确量取滴出溶液体积，一般精确到±0.01mL	不能加热和烘干；使用前要做体积校准；按本书3.4.3节滴定管使用方法使用
 滴定台（带蝴蝶夹）	用于滴定实验；底座材质为大理石、金属或玻璃；蝴蝶夹一般为塑料，带弹簧，背后有固定螺丝，可固定在金属撑杆上任意高度处，用于夹滴定管或移液管等	滴定台跟一般铁架台无大差别，但高度不同，滴定台高一些，一般只用于滴定实验
 移液管　吸量管	以所能量度的最大体积(mL)表示；用于准确量取一定体积的液体，一般精确到±0.01mL	不能加热和烘干；使用前要做体积校准；按本书3.4.1节移液管和吸量管使用方法使用
 洗耳球	橡胶材质，也称吸耳球，规格有30mL、60mL、90mL、120mL；主要用于移液管或吸量管定量移取液体	用手握住洗耳球，将球体内部空气排出，将球嘴放入移液管或吸量管上口按紧，松手，溶液便会被吸入管内；洗耳球应保持清洁，禁止与酸、碱、油、有机溶剂等接触，远离热源
 移液器（枪）	按标准吸头最大体积(μL)表示，分为不同颜色；用于生物或化学实验中定量转移小体积液体	完整移液步骤包括：安装吸头→容量设定→预洗吸头→吸液→放液→卸去吸头；应选择合适量程的移液器，吸头与移液器要匹配；吸头要按正确清洗方法清洗；使用时要检漏，若漏液，要检查吸头是否匹配，弹簧活塞是否正常等；吸液时，移液器要保持垂直、慢吸、慢放
 容量瓶	以刻度下的容积(mL)表示；用于直接配制标准溶液或其他稀释定容	不能加热和烘干，不能长期贮存溶液；使用前要做体积校准；磨口瓶塞与瓶体是配套的，用塑料绳将瓶塞系在瓶颈上，不能互换；按本书3.4.2节容量瓶使用方法使用
 锥形瓶 碘量瓶	以容积(mL)表示大小；用作反应容器，加热时可避免液体大量蒸发；振摇方便，用于滴定分析	使用方法与烧杯相同；碘量法(滴定碘法)、溴酸钾法等要在碘量瓶中反应和滴定；喇叭形瓶口与瓶塞之间形成一圈水槽，槽中加水可封口，防止瓶中生成的气体逸失；不耐压，不能用于减压

续表

仪器名称	规格和主要用途	使用方法和注意事项
 滴管	由乳胶头和尖嘴玻璃管构成；用于吸取或滴加少量试剂，分离沉淀时吸取上层清液	使用滴管时，用手指捏紧乳胶头，赶出管中空气，把管伸入试剂瓶中，放开手指，试剂即被吸入；滴加液体时，滴管要保持垂直于容器正上方，不要倾斜、横置或倒立，不可伸入容器内部或碰到容器壁；严禁用未经清洗的滴管再吸取其他试剂
滴瓶	以容积(mL)表示大小；分无色、棕色两种；用于盛放少量液体试剂或溶液，方便取用	不能加热；棕色瓶盛放见光易分解或不稳定的试剂；滴液时，滴管要保持垂直，不能接触接受容器内壁；滴管要专用，切忌互换；不宜长期贮存试剂，特别是腐蚀性试剂
点滴板	分黑白两种；以点滴试剂观察反应现象或放置试纸用于测试等	滴加试剂量不能超过穴孔的容量；不能加热；生成白色沉淀时，用黑色点滴板，生成有色沉淀或溶液时，用白色点滴板
 表面皿	盖在容器上防止液体溅出；晾干晶体；用于点滴反应；承放器皿烘干或称量等	不能用火直接加热，以防止破裂；用作盖时，其直径应略大于被盖容器
 试剂瓶(塑料)  细口瓶 广口瓶	材质有玻璃、塑料，以容积(mL)表示大小；玻璃的分磨口、不磨口，无色、棕色；广口瓶用于贮存固体或收集气体；细口瓶用于贮存液体	不能直接加热；取用试剂时，瓶盖应倒放在桌上，不能弄脏、弄乱；有磨口塞的试剂瓶不用时应洗净，并在磨口处垫上纸条；贮存碱液时用橡皮塞，防止瓶塞被腐蚀粘牢；棕色瓶用于盛见光易分解或不稳定的物质
称量瓶	以外径(mm)×高度(mm)表示；分扁形、筒形；用于准确称量一定量固体药品	称量瓶盖是磨口配套的，不得丢失、弄乱；用前应洗净烘干，不用时应洗净并在磨口处垫一小纸条；不能直接用火加热
洗瓶(塑料)	以容积(mL)表示；用于盛装清洗剂或蒸馏水，配有发射细液流装置；用于清洗仪器和器皿、配制溶液、洗涤沉淀等	塑料制品禁止加热，注意瓶口处密封
 圆底烧瓶	规格以磨口最大端内径(mm)表示，标准磨口为14、19、24、29口等；用于反应、加热、回流和蒸馏，优点是受热面积大且耐压	盛液体量不能超过容积的2/3，不能少于1/3；可固定在铁架台上，利用水浴或电热套空气浴加热，不能直接加热；圆底烧瓶置于桌面上时，下面要垫木环或石棉环，以防因滚动而打破；蒸馏时磨口处涂抹少量凡士林，以防黏结；洗刷时注意磨口清洁

续表

仪器名称	规格和主要用途	使用方法和注意事项
三颈烧瓶	中间磨口为 19、24、29 口，两边磨口对应为 14、19、24 口；主要用于有机化合物的制备，三个口分别安装温度计、机械搅拌、冷凝装置或滴液漏斗等	使用方法和注意事项同圆底烧瓶
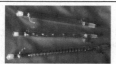 直形、球形、蛇形冷凝管  空气冷凝管	球形冷凝管磨口多为 14、19 口，主要用于反应回流；直形冷凝管磨口一般为 19 口，用于沸点在 140℃以下的液体的冷凝；空气冷凝管磨口一般为 14、19 口，用于沸点在 140℃以上的液体的冷凝	用夹子夹住冷凝管中部固定在铁架台上适当位置，注意夹内要垫上石棉布，夹得不要太紧；蒸馏时磨口处涂抹少量凡士林，以防黏结；洗刷时注意磨口清洁；球形、直形冷凝管通水时，水流不要过大、过急
蒸馏头	两个外磨口、一个内磨口，口径大小有多种搭配，根据需要选择；用于常压或减压蒸馏	直管上端内磨口插温度计，下端外磨口接蒸馏瓶，侧管外磨口接冷凝管；所有磨口处涂抹少量凡士林，以防黏结；洗刷时注意磨口清洁
克氏蒸馏头	两个外磨口、两个内磨口，口径大小有多种搭配，根据需要选择；用于减压蒸馏	直管上端内磨口插通气套管和蒸馏毛细管，另一个内磨口插温度计；所有磨口处涂抹少量凡士林，以防黏结；洗刷时注意磨口清洁
 蒸馏弯头	磨口一般为 14、19 口；代替蒸馏头，用于常压蒸馏	用于固定沸点的溶剂或低沸点溶剂的蒸除；磨口处涂抹少量凡士林，以防黏结；洗刷时注意磨口清洁
 刺形分馏柱	磨口一般为 14、19 口；用于常压或减压分馏	下端接蒸馏瓶，上端接蒸馏头或克氏蒸馏头；磨口处涂抹少量凡士林，以防黏结；洗刷时注意磨口清洁
接液管　真空接液管	用于常压、减压蒸馏，承接液体，上口接冷凝管，下口接接受瓶	磨口处需洁净，不得有脏物；磨口处涂抹凡士林，以防黏结，用后立即洗净；右侧管可通大气，也可用于接减压装置

续表

仪器名称	规格和主要用途	使用方法和注意事项
 真空三叉接管	用于多种组分混合物常压、减压蒸馏，磨口有 14、19、24、29 口等	使用方法和注意事项同接液管
 接头/变口	一般变换口径有 24/29、19/29、19/24、14/19 几种，用于连接不同口径、不同功能的磨口仪器	根据实际需要选用合适变换口径的接头；磨口处涂抹凡士林，以防黏结，用后立即洗净
 磨口塞	一般磨口有 14、19、24、29 口等几种；用于磨口瓶的塞堵	根据实际需要选用；磨口注意清洁，磨口处涂抹凡士林，以防黏结，用后立即洗净
 干燥管	一般分为直形、弯形和 U 形，有 14、19 口；盛装干燥剂，用于反应装置或容器隔绝潮气	根据实际需要选用，磨口注意清洁；注意干燥剂的填装和及时更换
 熔点测定管	也称提勒管或 b 形管，用于毛细管法测定固体熔点	用铁夹固定在铁架台上，加热导热液至高于上支口 1cm，用缺口塞固定温度计（水银球位于上下支口中间），用橡皮圈系上熔点管（试样位于水银球中部），在弯头处加热，观察固体熔化，测定熔点
 旋转蒸发仪	由电机带动可旋转的蒸发器（茄形瓶或圆底烧瓶）、加热锅、冷凝器和接受器组成；用于在常压或减压下进行连续蒸馏；优点是进行恒速旋转，使溶剂形成薄膜，从而增大蒸发面积，提高蒸馏效率	零件安装前应洗干净，擦干或烘干并轻拿轻放；冷凝器一头接进水，另一头接出水，上端口通过真空接头接真空泵；烧瓶是标准磨口 24 号，各磨口、接头安装前需要涂一层真空油脂，安装后检验仪器是否漏气；使用时，应先减压，再开电机转动烧瓶，结束时，应先停电机，再通大气；开机前先将调速旋钮左旋到最小，按下电源开关，指示灯亮，再缓慢往右旋至所需要的转速，黏度大的溶液用较低转速；被蒸馏溶液量一般不超过烧瓶容积的 1/2；可免加沸石而不会暴沸
 电动搅拌器	适用于液体（特别是油-水）或固-液反应体系的混合搅拌	使用时一定要接地线；不适用于搅拌过黏的胶状溶液；若超负荷使用，电动搅拌器易发热而烧毁；当发现搅拌棒不同心，搅拌不稳时，立即关闭电源调整支紧夹头，使搅拌棒同心；平时注意保持清洁干燥，防潮、防腐蚀；轴承应经常加润滑油，保持润滑

续表

仪器名称	规格和主要用途	使用方法和注意事项
 恒温磁力搅拌器	用于搅拌或同时加热搅拌低黏度的液体或固液混合物；由一根用玻璃或塑料密封的软铁（称为磁棒）和一个可旋转的磁铁组成	搅拌时发现搅拌子跳动或不搅拌时，立即切断电源检查烧杯是否放平，位置是否端正，电压是否在 220V±10V 之间；电源插座应采用三孔安全插座，必须妥善接地；中速运转可连续工作 8h，高速运转可连续工作 4h，工作时防止剧烈振动；应保持清洁干燥，严禁溶液流入机内，以免损坏机器，不工作时应切断电源
 干燥器	分为常压、真空两类；用于保存并干燥易吸潮的试剂、药品等	搬移干燥器时，要同时按住盖子，以防止盖子滑落；开关干燥器时，应一手朝里按住干燥器下部，用另一手握住盖上方圆顶平推；干燥器应注意保持清洁，干燥剂用量不能高于底部高度 1/2，干燥剂失效后，要及时更换
 烘箱	用来干燥玻璃仪器或烘干无腐蚀性、受热不分解的物品	使用时，通电，开启开关，将控温旋钮由"0"位顺时针旋至一定程度，此时箱内开始升温，红色指示灯亮；当温度升至工作温度时，将控温器旋钮逆时针方向缓慢旋回，旋至指示灯刚熄灭，指示灯灭交替处为恒温点；挥发性易燃物或刚用乙醇、丙酮淋洗过的玻璃仪器切勿放入烘箱内，以免引起爆炸；箱内物品切勿过挤，必须留出气氛天然对流的空间；用完后，须将电源局部切断，常保持箱内外干净

2.2.2　合成实训常用仪器装置简介

为了便于查阅和比较有机化学实训中常见的基本操作，在此集中讨论回流、蒸馏、滴液和搅拌等装置。

1. 回流装置

许多合成反应需要在反应体系中的溶剂或液体反应物的沸点附近进行，为了避免反应物或溶剂的蒸气逸出，常在烧瓶口垂直装上冷凝管，并使冷却水自下而上流动。这就是一般回流装置，如图 2-1 所示：（a）是简单回流装置；（b）是带干燥管的回流装置，可以防止潮湿气体侵入；（c）是带气体吸收装置的回流装置，可以吸收反应中生成的有害气体；（d）、（e）是带分

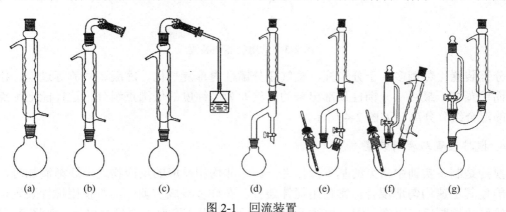

图 2-1　回流装置

水器的回流装置，适用于利用共沸现象在反应中不断分离并移走某一液体组分的反应装置，其特点是在反应器与回流冷凝管之间安装一个液体分离器(或称分水器)；(f)、(g)是带有滴液装置的回流装置，回流时可以不断滴加液体。

　　在上述各类回流冷凝装置中，球形冷凝管夹套中的冷却水自下而上流动。根据实际需要可选用水浴、油浴或使用电加热套等加热方式。在回流加热前，不要忘记在烧瓶内加入几粒沸石，以免暴沸。回流时，应控制液体蒸气上升高度不超过两个球为宜。

　　2. 气体吸收装置

　　气体吸收装置用于吸收反应过程中生成的刺激性或有毒气体(如 HCl、SO_2 等)，如图 2-2 所示：(a)、(b)可作少量气体的吸收装置，(a)中的玻璃漏斗应略微倾斜，使漏斗口一半在水

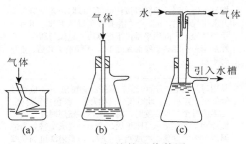

图 2-2　气体的吸收装置

中，一半在水面上，既能让气体逸出，又能防止水倒吸。若反应过程中有大量气体生成或气体逸出很快，可使用装置(c)，水(可用冷凝管流出的水)自上端流入抽滤瓶，从恒定水面稳定溢出，粗玻璃管恰好伸入水中，被水封住，以防气体进入大气中。

　　3. 蒸馏装置

　　蒸馏是将液态物质加热到沸腾变为蒸气，又将蒸气冷凝为液体的操作过程。用蒸馏来分离混合物时，要求被分离各组分的沸点差在 30℃ 以上。

　　蒸馏装置主要由气化、冷凝和接收三大部分组成，主要仪器有蒸馏瓶、蒸馏头、温度计、冷凝管、接液管、接受瓶等。图 2-3 是最常用的蒸馏装置。(a)是一般蒸馏装置，用水冷凝；(b)用于蒸馏沸点在 140℃ 以上的组分，用空气冷凝。

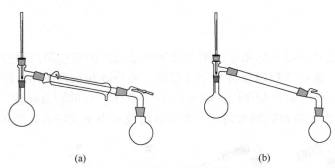

图 2-3　常用的蒸馏装置

　　分馏装置比蒸馏多一个分馏柱，蒸气在分馏柱内重复气化、冷凝、回流等过程，相当于多次简单蒸馏，最终从分馏柱顶部出来的蒸气即为高纯度的低沸点组分，这样能把沸点相差较小的混合组分分离，如图 2-4 所示。

　　4. 搅拌装置与密封装置

　　搅拌是制备实训中常见的基本操作之一。当非均相反应的反应物之一逐渐滴加时，为了尽可能使其迅速均匀地混合，常使用搅拌装置。在许多合成实训中，若使用搅拌装置，不但可以较好地控制反应温度，同时也能缩短反应时间和提高产率。常见搅拌装置如图 2-5 所示：

(a)装置可同时搅拌、测温和回流；(b)装置可同时搅拌、滴加液体和回流；(c)装置可同时搅拌、测温、滴加液体和回流。

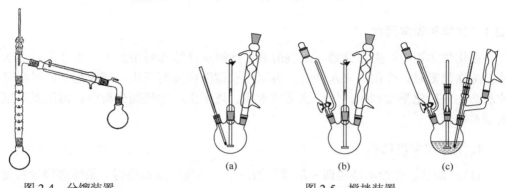

　　图 2-4　分馏装置　　　　　　　　　图 2-5　搅拌装置

　　如果反应体系为低黏度的液体或固体量很少时，可用电磁搅拌。电磁搅拌器大多与加热套相结合，具备加热、搅拌、控温等多种功能，使用十分方便。

　　如果反应物量多或黏度大时，则需要用机械搅拌，装置包括电动搅拌器、搅拌棒、密封装置以及回流或蒸馏装置等。电动搅拌器主要部件是具有活动夹头的小电动机和调速器，一般固定在铁架台上，电动机带动搅拌棒起搅拌作用，用调速器调节搅拌速度。

　　搅拌棒通常由玻璃棒和聚四氟乙烯制成，或在不锈钢外镀聚四氟乙烯制成。常用搅拌棒如图 2-6 所示：(a)和(b)用玻璃棒弯制；(c)较难制作；(d)有半圆形搅拌叶；(e)为浆式搅拌棒，适用于两相不混溶体系，其优点是搅拌平稳，搅拌效果好。(c)和(d)的优点是可伸入细颈瓶中，且搅拌效果较好。

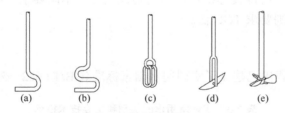

图 2-6　各种搅拌棒

　　密封装置主要是使搅拌操作中反应物不外逸。图 2-7(a)是液体密封装置，常用密封液体是水、液体石蜡、甘油等。图 2-7(b)是简易密封装置，外管(玻璃管)内径比搅拌棒略粗，其上下接标准磨口，长约 2cm，内径与搅拌棒粗细适合，上端套上弹性较好的橡皮管，橡皮管与搅拌棒紧密接触，达到密闭效果。在搅拌棒和橡皮管之间滴入少量甘油，可对搅拌棒起润滑和密闭作用。这种简易密封装置可在减压(1.3～1.6kPa)时使用。

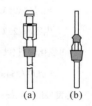

图 2-7　密封装置

　　搅拌棒的上端用橡皮管与电动机轴连接，下端伸入三颈烧瓶离底 3～5mm 处，搅拌时要避免搅拌棒与玻璃管摩擦相碰。操作时，应将中间瓶颈用铁夹夹紧，从仪器正面和侧面仔细检查调整，使整套仪器端正垂直，先缓慢开动搅拌器，试验运转情况。当搅拌棒和玻璃管间不发出摩擦响声时，仪器装配才合格，否则还需调整。

（本节编写人：刘裕红）

2.3　化学实训室用水和安全用电

2.3.1　化学实训室用水

在化学实训中，洗涤仪器、配制溶液、溶解试样等都要用到水。水分为自来水和纯水两种。洗涤仪器时，先用自来水冲洗，再用纯水涮洗内壁两三次。溶液配制、稀释等必须使用纯水。在一般化学实训中，用一次蒸馏水或去离子水；在超纯分析中，需用重蒸馏水、三次蒸馏水等。

1. 实训室常用纯水

（1）蒸馏水。蒸馏水是实训室最常用的纯水，可通过蒸馏获得。虽然蒸馏设备便宜，但极其耗能、耗水，且制备慢。蒸馏虽然能除去水中非挥发性杂质，但溶于水的气体杂质则无法完全除去。新鲜蒸馏水是无菌的，但贮存后细菌易繁殖。此外，贮存材料若是非惰性物质，会析出污染物，造成二次污染。

（2）去离子水。去离子水是用离子交换树脂除去水中阴离子和阳离子后制备的纯水，但水中仍然存在可溶性有机化合物，并会污染离子交换柱。贮存后细菌易繁殖。

（3）反渗水。反渗水是水分子在一定压力作用下，通过反渗透膜制成的纯水。利用反渗透技术可以有效地除去水中溶解盐、胶体、细菌、病毒、细菌内毒素和大部分有机化合物等，它克服了蒸馏水和去离子水的许多缺点，但不同厂家生产的反渗透膜对水质量影响很大。

（4）超纯水。超纯水是导电介质近于完全除去，电阻率大于 $18M\Omega \cdot cm$（极限值为 $18.3M\Omega \cdot cm$），其余不离解胶体物质、气体及有机化合物均去除到很低程度的高纯净水。其总有机碳（TOC）、细菌、内毒素等指标，不同实训项目有不同要求，如细胞培养对细菌和内毒素要求低，而 HPLC 则要求 TOC 低。

2. 纯水的等级

纯水有不同规格，我国已建立了实训用水国家标准（GB/T 6682—2008），详见表 2-3。

表 2-3　实训室用水的级别和主要技术指标

技术指标	一级	二级	三级
pH 范围（25℃）	—	—	5.0～7.5
电导率（25℃）/（mS $\cdot$ m^{-1}）	≤0.01	≤0.10	≤0.50
电阻率（25℃）/（MΩ $\cdot$ cm）	≥10	≥1	≥0.2
可氧化物质（以 O 计）/（mg $\cdot$ L^{-1}）	—	≤0.08	≤0.40
吸光度（254nm，1cm 光程）	≤0.001	≤0.01	—
蒸发残渣〔（105±2）℃〕/（mg $\cdot$ L^{-1}）	—	≤1.0	≤2.0
可溶性硅（以 SiO$_2$ 计）/（mg $\cdot$ L^{-1}）	≤0.01	≤0.02	—

对于一般化学实训，采用蒸馏水或去离子水（三级）即可，而对于超纯物质分析，则要求用纯度很高的超纯水。

由于空气中 CO_2 可溶于水，故纯水 pH 常小于 7.0，一般为 5.0～6.0。

纯水制备方法不同，所得纯水中含杂质也不同。用铜蒸馏器制备的纯水含有少量 Cu^{2+}，玻璃蒸馏器制备的纯水则常含有少量 Na^+、SiO_3^{2-}，离子交换法和电渗析法制备的纯水常含有少量微生物和某些有机化合物质。

2.3.2　化学实训室安全用电

化学实训室经常使用电学仪器仪表、交流电源。下面简单介绍安全用电基本常识。

1. 保险丝

实训室经常使用单相交流电（220V、50Hz），有时使用三相电。任何导线或电器设备都有规定的额定电流值（允许长期通过而不致过度发热的最大电流值）。当负荷过大或发生短路时，通过的电流超过了额定电流值，会引起电路发热过度，致使电器设备绝缘损坏和设备烧坏，甚至引起电着火。为了安全用电，从外电路引入电源时，必须先经过能耐一定电流的适当型号保险丝。

保险丝应接在相线引入处，接保险丝时应将电闸拉开。更换保险丝时，应换上同型号的保险丝，不能用型号比其小的代替（型号小的保险丝粗，额定电流值大），绝不能用铜丝代替，否则就失去保险丝的作用，容易造成严重事故。

2. 安全用电

人体若通过 50Hz、25mA 以上交流电，会感到呼吸困难，100mA 以上则会致死。因此，安全用电非常重要，实训室用电必须严格遵守以下操作规程：

（1）防止触电。

（ⅰ）不能用潮湿的手接触电器。

（ⅱ）所有电源的裸露部分都应有绝缘装置。

（ⅲ）已损坏的接头、插座、插头或绝缘不良的电线应及时更换。

（ⅳ）必须先接好线路，再插上电源，实训结束时，必须先切断电源，再拆线路。

（ⅴ）如遇触电，应立即切断电源，再行处理。

（2）防止着火。

（ⅰ）保险丝型号与实训室允许的电流量必须相配。

（ⅱ）负荷大的电器应接较粗的电线。

（ⅲ）生锈的仪器或接触不良处应及时处理，以免产生电火花。

（ⅳ）如遇电线着火切勿用水或泡沫灭火器灭火，应立即切断电源，用砂子或 CO_2 灭火器灭火。

（3）电路中各接点要牢固，电路元件两端接头不能直接接触，以免烧坏仪器或引发触电、着火等事故。

（4）实训开始以前，应先由教师检查线路，经同意后，学生方可插上电源。

（5）若仪器稍有漏电现象，则可将仪器外壳接上地线，仪器方可安全使用。但应注意，若仪器内部和外壳形成短路而造成严重漏电（可用万用电表测量仪器外壳对地电压），应立即检修。否则，接上地线使用仪器会产生很大电流而烧坏保险丝，或出现更严重的事故。

（本节编写人：李延磊）

第 3 章 化学实训基本操作

3.1 基本操作

3.1.1 玻璃仪器的洗涤和干燥

玻璃仪器的洗涤是化学实训的一项基本操作，玻璃仪器的干净与否直接影响实训结果。已洗净的玻璃仪器应洁净透明，水沿壁自然流下后，器壁应均匀附着水膜而不挂水珠。凡已洗净的仪器，不能再用抹布或纸巾擦拭其内壁，防止再次污染。

1. 玻璃仪器的洗涤

化学实训用过的试管、烧杯、锥形瓶等仪器应及时洗涤干净。洗涤方法如下：

1) 用水刷洗

用水刷洗可除去仪器内壁上的可溶性污物。水溶性的污物一般分别用自来水、蒸馏水冲洗两三遍，即可洗净。若污迹不易冲洗掉，可用试管刷刷洗。刷洗时，先在试管中注入适量水，再用试管刷轻轻转动或来回刷洗，注意不要用力过猛，以防戳穿底部，然后分别用自来水、蒸馏水冲洗两三遍，即可洗净，如图 3-1 所示。

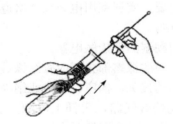

(a) 选择合适的毛刷   (b) 转动或来回刷洗

图 3-1 用毛刷洗涤试管

2) 用去污粉、肥皂或合成洗涤剂刷洗

用去污粉、肥皂或合成洗涤剂刷洗可除去仪器上沾有的油污和一些有机化合物。洗涤时，先用少量水将仪器润湿，再用毛刷蘸取少量去污粉、肥皂或合成洗涤剂刷洗仪器内、外壁，然后分别用自来水、蒸馏水冲洗干净。若污物仍不能除去，则用特殊洗涤液洗涤。

注意：具有准确刻度的容量仪器，如滴定管、移液管和容量瓶等，不宜用毛刷刷洗，以免玻璃受磨损，也不宜用强碱性洗涤剂洗涤，以免玻璃受腐蚀，影响其容积准确度。

3) 用特殊洗涤液洗涤

根据污物性质，选择合适洗涤液，将污物洗涤除去。有以下几种方法：

(1) 用铬酸洗液洗涤。铬酸洗液是由重铬酸钾和浓硫酸混合配制而成，适用于除去有机化合物或油污。洗涤时，向仪器内加入少量铬酸洗液，倾斜并缓慢转动仪器，使其内壁全部被洗液湿润，再将洗液倒回原瓶内，然后分别用自来水、蒸馏水冲洗两三遍，即可洗净。对于严重沾污的仪器，可用铬酸洗液浸泡一段时间，或用热洗液洗涤，效果更好。

用铬酸洗液洗涤时应注意：被洗涤的仪器中不宜有水；洗液洗后要倒回原瓶，供反复使用，直至洗液变绿(生成 Cr^{3+})；洗液洗完后，用自来水清洗时，第一、二遍洗涤的水应倒入废物缸，不能直接倒入下水道，以免污染水源；洗液吸水性强，注意盖紧瓶塞；铬［$Cr(VI)$或 Cr^{3+}］有毒，污染环境，尽量少用或不用。

(2)用酸洗液洗涤。酸洗液常用纯酸或混酸。例如，盐酸洗液(化学纯盐酸与水 1：1 混合)，除去碱性污物及一般无机残污；50%硝酸或王水(浓硝酸与浓盐酸 1：3 混合)，除去仪器内壁附着的金属(如银镜、铜镜等)。

(3)用草酸洗液洗涤。草酸洗液是将 8g 草酸溶于 100mL 水中，加少量浓盐酸制得，用于除去 Fe_2O_3、MnO_2 等残污。

此外，还有碱性高锰酸钾洗液(用于洗涤油污及有机化合物)、碳酸钠洗液(煮沸，用于除去油污)、氢氧化钠-乙醇洗液(用于洗涤油污及某些有机化合物)、盐酸-乙醇洗液(用于洗涤比色皿、比色管上的油污)、浓硝酸-乙醇洗液(用于洗涤结构复杂的仪器所沾的油脂或有机化合物)、有机溶剂洗液(用于除去能被有机溶剂溶解的有机残污)等。

2. 玻璃仪器的干燥

常用的玻璃仪器，如试管、烧杯等，可用小火直接烤干。烘干试管时，试管口应略向下倾斜，并来回移动试管，如图 3-2 所示。当烘至不见水珠时，再将试管口向上赶尽水汽。

玻璃仪器也可用快速烘干器烘干，如图 3-3 所示，也可用烘箱烘干。若洗净的玻璃仪器不急用，可将其口向下安放在仪器架上自然晾干，如图 3-4 所示。

图 3-2　烘干试管　　　　　　图 3-3　快速烘干器　　　　　　图 3-4　自然晾干

3.1.2　物质的加热与冷却

1. 加热方法

常用加热仪器有酒精灯、煤气灯、酒精喷灯、电热套、电炉、烘箱等，其中酒精灯是最常用的加热仪器，使用时应注意 (图 3-5)：检查灯芯长短是否合适；点燃酒精灯要用火柴梗，

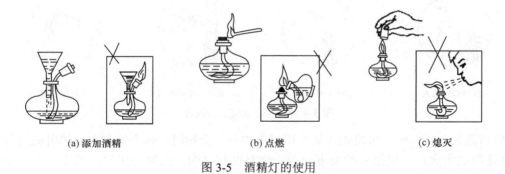

(a) 添加酒精　　　　　　　(b) 点燃　　　　　　　(c) 熄灭

图 3-5　酒精灯的使用

绝不能用燃着的酒精灯去点燃另一盏酒精灯；酒精量应为灯内容积的 1/3～2/3；添加酒精时，必须熄灭火焰，可通过漏斗加入；熄灭时，必须用灯帽盖灭，绝不能用嘴或其他气体吹灭；加热时，应将器皿置于外焰上加热；使用时，若风很大可采用防风罩或防风板。

加热方法如下：

1）直接加热

化学实训中，可直接加热的器皿有试管、烧杯、烧瓶、锥形瓶、蒸发皿和坩埚等。这些器皿都能承受一定温度，但不能骤热或骤冷。注意：加热前，先擦干器皿外面的水分；加热时，先小火，后大火；加热后，不能马上与潮湿冰冷物体接触。

（1）加热试管中的固体时（图 3-6），应用试管夹夹稳试管上半部位，或将试管固定在铁架台上，试管口稍向下倾斜，防止凝聚在试管上的水倒流到灼热的试管底，引起试管炸裂。加热时，应先小火均匀加热试管各部位，再集中加热有试剂部位。

（2）加热试管中的液体时，液体体积不能超过试管容积的 1/3。加热时，试管口向上，与台面保持约 45°，如图 3-7 所示，试管口不能对着自己或他人。先使试管液体均匀受热，再自上而下加热液体，注意要防止局部过热，避免液体暴沸冲出。

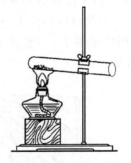

图 3-6　加热试管中固体

图 3-7　加热试管中液体

（3）加热烧杯、烧瓶等器皿中的液体时，应将它们置于三脚架或铁圈上，垫上石棉网加热，使其受热均匀。

（4）加热蒸发皿中的液体时，液体量应少于蒸发皿容积的 2/3。可将蒸发皿放在三脚架或铁圈上直接加热。若物质不稳定，应采用水浴加热。蒸发时，应不断搅拌，防止暴沸。至快蒸干时，停止加热，利用余热将残留的少量水分蒸发。加热后，蒸发皿不得骤冷，以免炸裂。

常见的错误加热操作如图 3-8 所示。

(a) 器皿口朝人

(b) 手持仪器

(c) 夹试管中部并直立

(d) 局部过热

图 3-8　常见的错误加热操作

（5）高温加热固体时，可将固体放在坩埚中加热。开始时，火不要太大，使坩埚均匀受热后，再逐渐加大火焰。根据实验要求控制灼烧温度和时间。灼烧完毕后，稍冷，用干净且预热过的坩埚钳夹持坩埚，放入干燥器内冷却。

2）间接加热

当加热要求控制在一定温度范围之内，并且受热均匀时，可根据具体情况，选择特定的热浴间接加热。常用热浴有水浴、油浴、空气浴等。

（1）水浴加热。要求温度不超过 100℃，一般在水浴锅中进行，如图 3-9 所示。使用水浴锅时，锅内盛水量不能超过其容积的 2/3。加热时，要随时向水浴锅内补充适量水，以免烧干。受热器皿应悬置于水中，不能接触锅底或锅壁，水浴液面应高于器皿内液面，有时可用烧杯代替水浴锅。水浴加热蒸发皿时，应用水蒸气加热，即蒸发皿在不浸入水浴的前提下，尽可能增大其受热面积。

图 3-9　水浴锅

（2）空气浴加热。利用空气间接加热，对于沸点 80℃ 以上液体均可采用。酒精灯、煤气灯隔垫石棉网加热是最简单的空气浴，但此法受热不均匀，不能用于回流低沸点易燃液体及减压蒸馏等。最常用的空气浴是电热套，如图 3-10 所示。加热时，器皿不要与电热套内壁直接接触，要悬空保持一定距离，使热空气流动，加热均匀。此法可加热到 400℃，常用于回流加热，但有时温度不易控制。

图 3-10　电加热套

（3）油浴加热。要求温度在 100～250℃。常用浴液有甘油（可加热到 140～150℃，温度过高会分解）；植物油（如菜籽油、蓖麻油、花生油等，可加热到 220℃，常加入 1% 对苯二酚作抗氧化剂，温度过高会分解，达到闪点会燃烧，使用时要小心）；液体石蜡（可加热到 200℃ 左右，高温易燃）；硅油（可加热到 250℃，透明度好，是理想浴液，但价格较贵）。

用油浴加热时，油量不能过多，以超过反应物液面为宜，注意油溢出易发生火灾。加热完毕后，反应器外壁要擦干后，才能进行下一步操作。

2. 冷却

在化学实训中，有时使用低温冷却操作。例如，沸点很低的有机化合物，要冷却减少挥发；加速结晶；重氮化反应需在 0～5℃ 进行等。

（1）常用的冷却方法有自然冷却、流水冷却和冷却剂冷却、回流冷却等。

（2）根据冷却温度和要带走热量的多少选择合适的冷却剂。常用的冷却剂有水（最常用的冷却剂，价廉、热容量大）；冰-水混合物（可冷至 0～5℃）；冰-盐混合物（一般冰和盐按 3：1 混合，可冷至 -5～-18℃）；干冰（固态 CO_2，可冷至 -60℃，加适当溶剂如丙酮，可冷至 -78℃）；液氮（可冷至 -196℃）。

3.1.3　化学试剂的取用

按其杂质含量多少，一般化学试剂可分为四个等级，其级别、规格、标志以及适用范围见表 3-1。

表 3-1　化学试剂的规格和适用范围

级别	一	二	三	四	生化试剂
名称	优质纯（保证试剂）	分析纯（分析试剂）	化学纯	实验试剂	生化试剂 生化染色剂
英文名称	guaranteed reagent	analytical reagent	chemical reagent	laboratorial reagent	biological reagent

续表

级别	一	二	三	四	生化试剂
英文缩写	G.R.	A.R.	C.P.	L.R.	B.R.、C.R.
标签颜色	绿色	红色	蓝色	棕色或黄色	咖啡色或玫瑰色
适用范围	精密分析和科学研究	一般分析和科学研究	一般定性和化学制备	一般化学制备	生物化学实训

实训室分装化学试剂时，一般将固体试剂装在广口瓶中，液体试剂或配制的溶液盛放在细口瓶或滴瓶中，见光易分解的试剂(如 $AgNO_3$、$KMnO_4$、H_2O_2、I_2、KI、$Na_2S_2O_3$ 等)则盛放在棕色瓶中。试剂瓶上应贴上标签，标明试剂名称、规格或浓度以及日期等。

取用化学试剂时，先打开瓶盖(塞)，将其倒放在实验台上。若瓶塞不是平顶的而是扁平的，可用手指夹住或放在洁净表面皿上，不可将其横置在实验台上，以免沾污。试剂取完后，应及时盖上瓶盖(塞)，禁止将瓶塞(塞)张冠李戴，然后将试剂瓶标签朝外放回原处。化学试剂不能用手直接接触，必须使用特定工具来取用。多取的试剂应放入指定容器，不得放回原试剂瓶。

1. 固体试剂的取用

(1)取粉末状或小颗粒状固体试剂时，将试管倾斜或平放，把盛有试剂的药匙(或纸槽)小心地送到试管底部，缓慢将试管竖立，使试剂全部落到试管底部，如图 3-11 所示。药匙应专匙专用，用过的药匙必须洗净、擦干后才能再使用，以免沾污试剂。

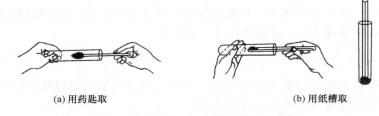

(a) 用药匙取　　　　　　　　　　　(b) 用纸槽取

图 3-11　向试管中加入粉末状固体试剂

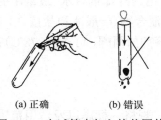

(a) 正确　　(b) 错误

图 3-12　向试管中加入块状固体

(2)取用块状固体试剂时，试管要倾斜或平放，用镊子把颗粒放进试管口，再缓慢竖立试管，使颗粒缓慢地滑到试管底部，以防止固体击破试管底部，如图 3-12 所示。

(3)取用一定质量的固体试剂时，要根据固体的性质及称量精确度要求，将固体放在干净的称量纸上、表面皿上或小烧杯、称量瓶中，用托盘天平或电子天平称量，在本书 3.3 节有详细阐述。

2. 液体试剂的取用

(1)液体试剂通常盛放在细口试剂瓶中。取用时，先把瓶塞取下，倒放在实验台面上，然后右手拿试剂瓶(注意标签对着手心)，左手拿试管，使试管倾斜一定角度，将溶液缓慢倒入试管中，如图 3-13 所示。往烧杯中加液体试剂时必须通过玻璃棒引流注入，如图 3-14 所示。取完试剂后，立即盖好试剂瓶塞，标签向外，放回原处。

图 3-13　往试管中倒入试剂

图 3-14　往烧杯中倒入试剂

(2)取用一定体积的液体试剂时，根据取用体积精确度可用量筒(或量杯)、移液管(或吸量管)等仪器量取。量筒一般可精确到 0.1mL，移液管一般可精确到 0.01mL。

使用量筒时，应选用比所量体积稍大的量筒。读数时，量筒必须放平稳，保持视线通过量筒内液体弯月面最低点并和刻度水平，如图 3-15 所示。

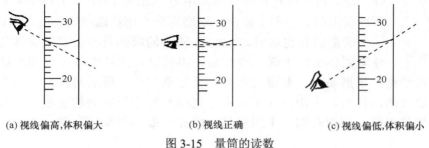

(a) 视线偏高,体积偏大　　　　(b) 视线正确　　　　(c) 视线偏低,体积偏小

图 3-15　量筒的读数

使用量筒时还应注意：量筒不能加热和烘干，不能量热的或太冷的液体；量筒不能用作反应容器，也不能用于有明显热量变化的混合或稀释实验。

(3)取用少量液体试剂可用胶头滴管。使用胶头滴管时，用右手拇指和食指挤压胶头排出空气，无名指和中指夹住玻璃管，将滴管尖嘴插入试剂瓶中液面以下，放松拇指和食指，液体即被吸入滴管内；再把胶头滴管移出试剂瓶，垂直置于试管或其他容器口正上方 1cm 处，挤压胶头，使液体滴入容器中，如图 3-16 所示。

注意：胶头滴管尖嘴不能插入试管或其他容器内，不能将盛液的滴管倒置或平放在桌面上，以防倒流，腐蚀胶头和沾污试剂。取完试剂后，胶头滴管应挤空吸气后，插回原瓶中。如图 3-17 是使用滴管的常见错误操作。

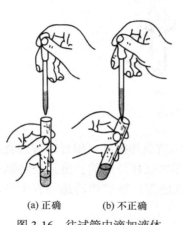

(a) 正确　　(b) 不正确

图 3-16　往试管中滴加液体

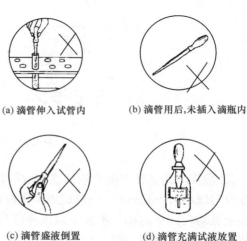

(a) 滴管伸入试管内　　(b) 滴管用后,未插入滴瓶内

(c) 滴管盛液倒置　　(d) 滴管充满试液放置

图 3-17　使用滴管的常见错误操作

取用易挥发试剂，如浓 HCl、浓 HNO₃、乙酰氯、Br₂ 等，应在通风橱中操作。取用剧毒或强腐蚀性试剂要注意安全，不要碰到皮肤上，以免发生伤害事故。

3.1.4　物质的溶解

固体物质溶解可采用研磨、振荡、搅拌、加热等措施加速溶解。溶解前，要考虑好溶质和溶剂的加入顺序，一般情况下，将溶质加入溶剂中。

1. 固体物质的研磨

固体物质研磨后，可加速其溶解或化学反应，研磨在研钵中进行，如图 3-18 所示。根据固体的性质和硬度，选择合适的研钵，把研钵洗净、晾干（或擦干）后，放入固体。研磨时，左手握稳研钵，右手握住研杵，先用研杵将较大固体压碎，再用研杵在钵内稍加用力，边压边转动，并随时把沾在研杵和研钵壁上的固体刮下研碎。研磨完毕，用药匙将固体全部取出。

图 3-18　研磨固体

研磨固体物质时，应注意：研磨的固体量不能超过研钵体积的 1/3；潮湿固体要先干燥，冷却后，再研磨；大块固体需先用布或纸包好，锤细后，方可研磨；研磨易燃、易爆物质时，要注意安全；研磨易挥发、易产生刺激性气味或有毒蒸气的固体时，应用纸盖上；不能把相互发生反应的物质混在一起研磨；用研钵混合固体粉末时，应用药匙，不用研杵；研钵一般不作反应容器，不允许用火直接加热。

2. 振荡和搅拌

振荡和搅拌是将液体和液体或液体和固体充分混合的操作。振荡和搅拌能使反应物之间充分接触，使反应物各部分受热均匀，并使反应放出的热量及时散去，从而使反应顺利进行。小口径容器，如试管、锥形瓶、烧瓶等，一般用振荡；大口径容器，如烧杯、蒸发皿等，一般用搅拌。

（1）振荡。振荡试管时，试管中液体不能超过试管容积的 1/3。用拇指、食指和中指拿住试管上部，用手腕力前后（或左右）振荡，反复几次，即可充分混合。振荡烧瓶及锥形瓶时，一般手持瓶颈，微动腕关节使瓶内溶液沿着一个方向做圆周运动，如图 3-19 所示。

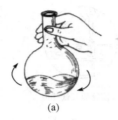
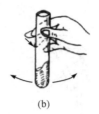

(a)　　　　　　　　　　　　(b)

图 3-19　烧瓶和试管的振荡

（2）搅拌。在烧杯中混合液体或溶解固体时，一般用玻璃棒搅拌。搅拌时应注意：玻璃棒长度应与烧杯大小相适应，一般玻璃棒斜放在烧杯中，露出烧杯外面的长度为烧杯高度的 1/2；使溶液做均匀圆周运动，不要使玻璃棒碰到容器边缘或底部；玻璃棒转速不宜太快，以免使液体溅出或击破烧杯。图 3-20 是常见的错误搅拌操作。

(a) 沿器壁滑动　　　　　(b) 乱搅使溶液溅出　　　　　(c) 击破容器

图 3-20　常见的错误搅拌操作

3.1.5　试纸的使用

实训室经常用试纸来证实某些物质的存在，或者测定它们的性质。常用试纸有广泛和精密 pH 试纸、乙酸铅试纸、碘化钾-淀粉试纸、红色和蓝色石蕊试纸、酚酞试纸、刚果红试纸、高锰酸钾试纸、硝酸亚汞试纸等。

1. pH 试纸

pH 试纸分两类：一类是广泛 pH 试纸，其 pH 变色范围为 0~14，用来粗略地测定溶液 pH；另一类是精密 pH 试纸，可比较精确地测定溶液 pH，pH 变色范围分别为 2.7~4.7、3.8~5.4、5.4~7.0、6.0~8.0、8.2~10.0、9.5~13.0 等。

pH 试纸使用方法：取一小块 pH 试纸置于洁净的点滴板上，用玻璃棒蘸取待测液点于试纸中央，润湿试纸，变色后立即与标准色阶比较，试纸颜色与标准色阶上某个色阶颜色最接近，该色阶 pH 即为溶液 pH。

注意：使用 pH 试纸时，手和点滴板必须洁净、干燥，否则会影响 pH 的测定；不能将待测液倾倒在 pH 试纸上，更不能将试纸浸泡在溶液中；用完的 pH 试纸要放入废物槽内，禁止乱扔乱丢；各种 pH 试纸均有配套的色阶，不可混用。

pH 试纸或石蕊试纸也常用于检验气体的酸碱性。操作方法如下：用纯水润湿试纸，并黏附在洁净的玻璃棒前端，置于试管口上方(注意：不能接触试管口)，观察试纸颜色变化。

2. 碘化钾-淀粉试纸

碘化钾-淀粉试纸用于检验能氧化 I^- 的氧化剂，如 Cl_2、Br_2、NO_2、O_3、$HClO$、H_2O_2 等，这些氧化剂能使润湿试纸上的 I^- 氧化为 I_2，I_2 遇淀粉变蓝色。

使用时，将用水润湿后的试纸悬挂于气体出口处，试纸变蓝证明有氧化性气体产生。当氧化性气体较多且氧化性很强时，已变蓝的试纸又会变无色，这是因为 I_2 进一步被氧化为 IO_3^-。

3. 乙酸铅试纸

乙酸铅试纸可用于检验 H_2S 气体，因为 H_2S 在润湿的试纸上离解出 S^{2-}，S^{2-} 与试纸上的 Pb^{2+} 反应生成黑褐色硫化铅。

使用时，将用水润湿后的试纸悬于气体出口处，试纸变成金属光泽的棕黑色，证明有 H_2S 存在。若溶液在酸性介质中，则证明溶液中有 S^{2-} 存在。

此外，红色石蕊试纸遇碱，变蓝色；蓝色石蕊试纸遇酸，变红色；酚酞试纸遇碱，变红色；刚果红指示剂，pH 变色范围为 3~5，其试纸遇弱酸显蓝黑色，遇强酸显稳定的蓝色，遇碱显红色；高锰酸钾试纸、硝酸亚汞试纸可检验 SO_2 存在等。

使用试纸时应注意节约，每次用一小块即可。从试纸盒(瓶)中取出试纸后，应立即盖紧，以免污染。

(本节编写人：李永冲)

3.2 常见分离方法及其操作

3.2.1 固液分离

1. 离心分离

在定性分析中，若离心管中产生少量沉淀，与溶液分离时，常采取离心分离，操作如下：

(1) 待沉淀完全后，将离心管放入电动离心机(图 3-21)的一个套管内，离心管口稍高出套管，在对称位置放一支盛有等量水的离心管以保持平衡，避免转动时发生抖动。

(2) 启动离心机时从慢速开始，运转平稳后，再过渡到快速。离心时间和转速由沉淀性质决定。结晶形紧密沉淀，以转速 $1000r \cdot min^{-1}$，离

图 3-21 电动离心机

心 $1 \sim 2min$ 即可；无定形疏松沉淀沉降较慢，转速可提高至 $2000r \cdot min^{-1}$，离心 $3 \sim 4min$。若分离效果欠佳，则可加热或加入电解质，使沉淀凝聚后，再离心分离。关机后，待离心机转动自行停止后，再将离心管取出。不得在离心机转动时用手使其停止，以免受伤。

(3) 离心沉降后，用滴管把清液与沉淀分开，操作方法是用手指捏紧滴管上乳胶头，排出空气，将滴管轻轻插入清液，慢慢放松乳胶头，使溶液缓慢进入滴管中，如图 3-22 所示。随着试管中清液减少，将滴管逐渐下移至绝大部分清液吸入管内为止。滴管尖端接近沉淀时，要特别小心，勿使其触及沉淀。

(4) 如果要将沉淀溶解后再做鉴定，则必须在溶解之前将沉淀洗涤干净，以便除去沉淀中的溶液和吸附的杂质。常

图 3-22 用滴管把清液与沉淀分开

用洗涤剂是纯水，加洗涤剂后，用小玻璃棒充分搅拌，离心分离，清液用吸管吸出，反复洗涤两三次。

2. 倾析

在物质制备、过滤、结晶等过程中，当生成沉淀的密度较大或结晶颗粒较粗，静置后容易沉降至容器底部时，可采用倾析法(又称为倾泻法、倾注法)分离或洗涤。

操作方法如图 3-23 所示：先将烧杯倾斜静置，待沉淀下沉至烧杯底角后，右手拿起

烧杯，食指按住横架在烧杯口上的玻璃棒(玻璃棒下端从烧杯嘴处穿过向下，并伸出烧杯嘴 $2 \sim 3cm$)，小心地将沉淀上部清液沿玻璃棒缓缓地倾入另一个容器中，而使沉淀留在烧杯底部。若需洗涤沉淀，则可在转移完上部清液后，在沉淀中加少量洗涤液，充分搅拌后，按上述方法静置，沉降，再倾去洗涤液。如此重复三次，即可将沉淀洗涤干净。

图 3-23 倾析法分离与洗涤

3. 过滤

过滤是固液分离最常用的方法,分为三种:普通过滤、减压过滤和趁热过滤。

1)普通过滤

溶液黏度、温度、过滤时压力、滤纸孔隙大小及沉淀性质等因素都会影响过滤速度、效果。细晶形沉淀或胶体沉淀一般选择普通过滤,缺点是过滤速度较慢。

(1)滤纸和漏斗的选择。滤纸有定性滤纸和定量滤纸两种,按孔隙大小可分为快速、中速和慢速三种。一般过滤用定性滤纸,在重量分析中,需将滤纸和沉淀一起灼烧后称量,必须使用定量滤纸。定量滤纸灼烧后,残留的灰分在 0.1mg 以下(可忽略不计),也称无灰滤纸。另外,还应根据沉淀性质选择不同滤纸,如 $BaSO_4$、$CaC_2O_4 \cdot 2H_2O$ 等细晶形沉淀,宜选用致密慢速滤纸,以防穿孔;$Al_2O_3 \cdot nH_2O$、$Fe_2O_3 \cdot nH_2O$ 等胶体沉淀,则选用快速滤纸,否则过滤速度太慢。

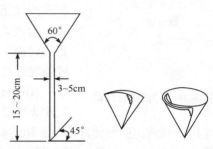

图 3-24　漏斗和滤纸的折叠

普通过滤应选用长颈漏斗,如图 3-24 所示。漏斗大小应与滤纸大小相适应。折叠后滤纸边缘应低于漏斗上沿 0.5～1.0cm。

(2)滤纸的折叠和安放。将一张圆形滤纸对折两次展开成约 60°圆锥形(一侧三层,另一侧一层),如图 3-24 所示,并调节滤纸圆锥形角度与漏斗角度相当。将三层滤纸外两层撕下一小角(撕下的小角滤纸留作以后擦拭烧杯用),可使漏斗与滤纸紧贴。将折叠好的滤纸放入漏斗,三层部分应放在漏斗出口短的一侧,一手按住三层滤纸一边,一手用洗瓶吹入少量蒸馏水将滤纸润湿,然后用干净玻璃棒(或手指)轻压滤纸赶走滤纸和漏斗之间的气泡,使其与漏斗紧贴。加水至滤纸边缘,漏斗颈内应充满水形成水柱。如果滤纸内的水全部漏尽后水柱不能保持,则说明滤纸与漏斗没有完全密合;如果有水柱形成,但有气泡使水柱不连续,说明滤纸边有微小空隙,需再将滤纸边按紧。在过滤过程中,漏斗颈必须一直被液体所充满,借液柱的重力而产生抽吸作用,加快过滤速度。将准备好的漏斗放在漏斗架(或铁圈)上,漏斗下面放一洁净的烧杯接收滤液。漏斗斜出口尖端紧贴烧杯内壁,使滤液沿杯壁流下。放置漏斗的高度以过滤完后漏斗出口不接触滤液为宜。漏斗应放端正,即其边缘在同一水平面上。

(3)过滤。过滤一般分三步进行:

(ⅰ)用倾析法将上层清液倾入滤纸中,留下沉淀。先将烧杯倾斜放在木块或瓷砖边缘,待沉淀下沉后,左手拿玻璃棒斜立于三层滤纸上方,尽量接近滤纸,但不能接触滤纸。右手拿起盛着沉淀的烧杯,使烧杯嘴紧贴玻璃棒,缓慢倾斜烧杯,尽量不搅起沉淀,将上层清液缓慢沿玻璃棒注入漏斗中,如图 3-25 所示。注意倾泻速度,以漏斗内液面低于滤纸边缘约 0.5cm 为宜,以免液体从滤纸与漏斗之间流下。

图 3-25　过滤的方法

暂停倾出溶液时,应将烧杯沿玻璃棒上提 1～2cm,并逐渐扶正烧杯。在此过程中,烧杯嘴不能离开玻璃棒,防止烧杯嘴上液滴流到烧杯外壁。确保烧杯嘴溶液不漏失的情况下,烧杯才能离开玻璃棒,并将玻璃棒放回烧杯中,但不要靠在烧杯嘴处。如此继续过滤,直至沉淀上面的清液几乎全部倾入漏斗为止。

倾完上层清液后，用洗瓶或滴管加洗涤液，从上到下旋转冲洗烧杯内壁，使黏在烧杯内壁上的沉淀冲洗到烧杯底部，每次用 10～20mL 洗涤液。用玻璃棒搅动沉淀，充分洗涤，待沉淀沉降后，再以倾析法倾出上层清液。一般晶形沉淀需洗涤两三次，胶体沉淀需洗涤五六次。

　　（ii）将沉淀转移到漏斗中的滤纸上。初步洗涤沉淀若干次后，加少量洗涤液并搅动，然后将悬浮液沿玻璃棒一次倾到滤纸上。再向烧杯中加入少量洗涤液，搅起沉淀，以相同方法

图 3-26　冲洗转移沉淀

转移悬浮液。重复几次，使大部分沉淀转移到滤纸上。最后余下的少量沉淀，如图 3-26 所示，可将烧杯倾斜置于漏斗上方，烧杯嘴朝漏斗，玻璃棒架于烧杯嘴上，并伸出烧杯嘴 2～3cm，玻璃棒下端对着三层滤纸处，右手用洗瓶从上至下吹洗烧杯内壁，使沉淀连同溶液一起流入漏斗中。重复上述操作，直至沉淀完全转移。再用折叠滤纸时撕下的小角滤纸擦拭黏附在烧杯壁和玻璃棒上的沉淀，将擦拭过的滤纸也放在漏斗中的滤纸上。

　　（iii）沉淀洗涤。沉淀全部转移到滤纸上后，需洗涤沉淀，以除去沉淀表面吸附的杂质和残留母液。洗涤方法是用洗瓶流出的细流冲洗滤纸边缘稍下部位，按螺旋形向下移动，如图 3-27 所示，使沉淀冲洗到滤纸底角。待前一次洗涤液流尽后，再进行下一次洗涤，直至沉淀洗净。为了提高洗涤效果，应采用"少量多次"的原则，即在洗涤液总体积相同的情况下，尽可能分多次洗涤，每次用量要少，且前一次洗涤液流尽后，再进行下一次洗涤。

图 3-27　洗涤漏斗中沉淀

　　充分洗涤沉淀后，用洁净的小试管或表面皿承接约 1mL 滤液，选择灵敏且能迅速显示结果的定性反应来检验沉淀是否洗净。例如，用硝酸酸化的硝酸银溶液检验滤液中是否有氯离子存在，若无白色氯化银浑浊生成，表明沉淀洗涤已经完全，如仍有浑浊，则需继续洗涤，直至检验无浑浊。

　　2）减压过滤

　　采用真空泵抽气，使过滤器内外产生压力差而快速过滤，并抽干沉淀中溶液的过滤方法，称为减压过滤，又称为抽滤。它可以加速大量溶液与沉淀分离，适用于过滤颗粒较粗的晶形沉淀。减压过滤装置由布氏漏斗、抽滤瓶、安全瓶和真空泵组成，如图 3-28 所示。其原理是利用真空泵（一般用水泵或油泵）将抽滤瓶中的空气抽出，使瓶内压力降低，布氏漏斗内液面与抽滤瓶内产生压力差，从而使过滤速度明显加快。安全瓶（又称缓冲瓶）安装在抽滤瓶和真空泵之间，其作用是防止真空泵中的水或油吸入抽滤瓶中（倒吸现象），沾污滤液。若不要滤液，也可不用安全瓶。

　　减压过滤操作如下：

　　（1）抽滤前，检查装置，要求安全瓶长管接水泵，短管接抽滤瓶，布氏漏斗斜口对准抽滤瓶支管口（抽气口）。

　　（2）滤纸应剪成比布氏漏斗内径略小，以能盖住瓷板上所有小孔为宜。将剪好的滤纸平铺在布氏漏斗中，以少量水将滤纸润湿，按图 3-28 连

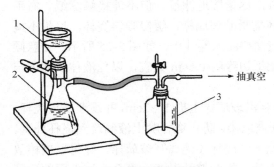

图 3-28　减压过滤装置

1. 布氏漏斗；2. 抽滤瓶；3. 安全瓶

抽真空

接好过滤装置。打开安全瓶上的活塞接通大气，开启真空泵，慢慢关闭安全瓶上的活塞，先稍微抽气，使滤纸贴紧在漏斗上。

（3）过滤时，用玻璃棒引流向漏斗内转移上层清液。注意：布氏漏斗内溶液量不要超过漏斗容积的 2/3。全部关闭安全瓶上活塞，抽滤，待溶液漏下后，借助玻璃棒转移沉淀，并将其平铺在滤纸上。黏附在容器壁上的沉淀可用少量洗涤液洗出，继续抽干沉淀中的溶液。

注意：停止抽滤时，应先将安全瓶上的活塞打开通大气，或拔掉抽滤瓶支管上的橡皮管，才可关闭真空泵，否则真空泵中的液体将会倒吸入安全瓶中。为了尽量抽干沉淀，可用一个洁净的平顶玻璃钉挤压沉淀，并随同抽气尽量除去母液。

（4）沉淀洗涤。洗涤沉淀前，先停止抽滤，加入少量洗涤液，用玻璃棒或钢铲搅松沉淀，使洗涤液充分接触沉淀。稍候，重新抽滤，将沉淀抽干。如此重复几次，即可把沉淀洗净。

（5）过滤完毕，应先将安全瓶上的活塞打开通大气，或拔掉抽滤瓶支管上的橡皮管，关闭真空泵。将布氏漏斗取下，使漏斗颈口向上，用手轻敲布氏漏斗边缘，或用洗耳球在颈口用力吹，可使滤纸及沉淀脱离漏斗，将沉淀转移至预先准备好的滤纸上。根据沉淀性质选用晾干或烘干。滤液由抽滤瓶上口倾出，抽滤瓶支管必须朝上。

3）趁热过滤

为了避免过滤时结晶析出在滤纸上，可采用趁热过滤。其方法是将玻璃漏斗置于铜质热漏斗内，铜质热漏斗金属夹层中装热水，其支管处继续加热，以维持热水温度。热过滤要用菊花形滤纸，以加速过滤。

菊花形滤纸的折法如图 3-29 所示，将滤纸对折，再对折，展开，得（a）；以 1 对 4 折出 5，3 对 4 折出 6，1 对 6 折出 7，3 对 5 折出 8，得（b）；以 3 对 6 折出 9，1 对 5 折出 10，得（c）；在相邻两折痕之间，从相反方向再按顺序对折一次，得（d）；然后展开滤纸成两层扇面状，再把两层展开成菊花形，得（e）。

注意：折叠时，不要每次都把尖嘴压得太紧，以防过滤时滤纸中心因磨损被穿透。

使用时，把滤纸打开并整理好，放入玻璃漏斗中，使其边缘比漏斗边缘低 0.5cm 左右，然后将玻璃漏斗放入铜质热漏斗内，加热保温，并趁热过滤，如图 3-30 所示。

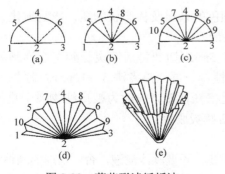

图 3-29　菊花形滤纸折法

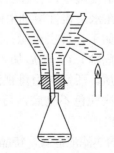

图 3-30　热过滤

注意：不得先润湿滤纸，否则菊花形滤纸会变形。由于菊花形滤纸与溶液接触面积是普通折叠法的两倍，所以过滤速度较快。其缺点是留在滤纸上的沉淀不易收集，适用于可以弃去沉淀的过滤。

3.2.2 重结晶

重结晶是根据混合物各组分在某种溶剂中溶解度不同加以分离的方法。重结晶是提纯、精制固体化合物最常用的方法。重结晶的一般过程是先选择合适的溶剂，将粗产品溶于适宜热溶剂中，制成饱和溶液，然后趁热过滤，除去不溶性杂质。若溶液含有色杂质，可加适量活性炭，煮沸脱色，再过滤。接着冷却溶液或蒸发溶剂，使之析出晶体，而杂质留在母液中（或杂质析出，而欲提纯的物质留在母液中），抽滤并洗涤晶体（或弃杂质，取滤液蒸发或冷却结晶），除去附着的母液，干燥，称量，并计算回收率。重结晶应注意以下几点：

1）溶剂的选择

根据"相似相溶"原理，极性物质应选择极性溶剂；非极性物质则选择非极性溶剂。理想溶剂应具备下列条件：

(1) 不能与被提纯物质发生化学反应。

(2) 被提纯物质必须在温度较高时，溶解度较大，而在低温时，溶解度显著下降。

(3) 杂质在溶剂中溶解度很大（当被提纯的物质析出晶体时，杂质仍留在母液中）或很小（当被提纯物质溶解时，杂质已结晶，则过滤除去杂质）。

(4) 毒性小，价格低廉，沸点适宜，且易与被提纯物质分离。

(5) 被提纯物质能生成较整齐的晶体。

溶剂可选用如水、乙醇、丙酮、乙酸乙酯等单一溶剂或乙醇-水、丙酮-水、乙酸-水、乙醇-苯、乙酸乙酯-乙醇、乙酸乙酯-石油醚等混合溶剂。在实际工作中，溶剂选择应由实验来确定。

2）样品的溶解

若选用水为溶剂，可在烧杯或锥形瓶中加热溶解；若选有机溶剂，必须用锥形瓶或圆底烧瓶作为容器，避免直接在明火上加热，最好安装回流冷凝管，在加热回流下，添加溶剂（溶剂可从冷凝管上口加入）至被提纯的物质刚好完全溶解，以防溶剂挥发造成火灾。溶解固体时，应加入比所需量稍少的合适溶剂，视溶剂的沸点选择合适热浴。加热至沸腾，若固体未全部溶解，再分批加入溶剂，每次加入溶剂后均应搅拌或振摇至物质全部溶解，最后再多加10%~20%的溶剂。

3）活性炭脱色

在有机化学反应中，往往会产生有颜色的杂质及树脂状物质，影响纯化效果，可以用活性炭脱色，其在水及极性溶剂中脱色效果最好。

操作方法如下：移去火源，自然冷却5min（切勿将活性炭加到正在沸腾的溶液中，这样会造成暴沸，危险！）。然后加入适量活性炭，再加热煮沸5~10min，趁热过滤，除去活性炭和不溶性杂质。活性炭用量视溶液颜色深浅而定，一般为被提纯物质干重的1%~5%，不可过多。若一次脱色不彻底，可再次用活性炭脱色。

4）晶体析出

将过滤后的热滤液静置，待晶体慢慢析出。不要骤冷滤液，否则形成的晶体会很细，表面积较大，吸附杂质多，难于过滤或干燥；但也不宜使晶体颗粒太大，因晶体太大会包埋很多母液，也难于干燥。当有晶体慢慢析出时，可轻轻摇动，使之形成较均匀的晶体。如果溶液冷却至过饱和，仍未析出晶体，可用玻璃棒摩擦器壁或投入晶种，提供晶核，使溶液迅速产生晶体。如果不析出结晶而形成油状物，则应加热溶液使其澄清，慢慢冷却至开始有油状物析出时，立即剧烈搅拌，使油状物分散，促使其结晶。为了避免油状物出现，最好重新选择溶剂。

3.2.3 萃取分离

萃取是利用物质在不同溶剂中溶解度不同来分离和提纯物质的方法。利用萃取可从固体混合物中或液体混合物中提取所需物质。萃取时，遵从"少量多次，萃取效率高"的原则，即在萃取剂总量一定的情况下，把萃取剂分成几次萃取，比用全部量的萃取剂一次萃取，萃取效果要好得多。通常萃取次数不超过 5 次，一般萃取 3 次即可。

1. 液体物质的萃取(或洗涤)

1)萃取剂应具备的条件

(1)与水不能互溶，也不能发生反应。

(2)被萃取物质在萃取剂中溶解度要比在水中大。

(3)沸点比较低，用蒸馏容易除去。

(4)毒性小，价格廉价。

一般根据被萃取物质在水中的溶解度选择萃取剂。水溶性较小的物质用石油醚萃取；水溶性较大的物质可选用苯或乙醚；水溶性极大的物质可选用乙酸乙酯。从水溶液中萃取时的常用溶剂见表 3-2。

表 3-2 从水溶液中萃取时的常用溶剂

比水轻的溶剂	比水重的溶剂
乙醚	二氯甲烷
戊烷、己烷、石油醚	氯仿
乙酸乙酯、甲苯	四氯化碳

2)操作方法

液体物质的萃取(或洗涤)常在分液漏斗中进行。分液漏斗容积大小，应根据被萃取液体容积来定。分液漏斗容积应比被萃取溶液体积和萃取剂体积总和大一倍以上。

萃取(或洗涤)前，先将分液漏斗洗干净后，取出活塞，用吸水纸吸干活塞与磨口处的水分，在活塞孔两边各涂上薄薄一层凡士林，然后小心地将活塞插入孔道，并向同一方向旋转数圈，使凡士林分布均匀。关闭活塞，在分液漏斗中盛少量水，检查有无漏水，再打开活塞，观察液体是否能通畅流下。然后盖上顶塞，用手指抵住顶塞，倒置漏斗，检查顶塞处有无漏水。在确认不漏水后，方可使用。

关闭活塞，从分液漏斗上口倒入被萃取溶液和萃取剂，盖紧顶塞。取下分液漏斗，右手掌顶住顶塞，左手握在漏斗活塞处，左手拇指和食指压紧活塞(活塞旋面应向上)，中指和无名指分叉在漏斗两侧。两手振摇漏斗时，将漏斗下口稍向上倾斜，前后旋动振摇，使两层液体充分接触，如图 3-31 所示。振摇几下后，打开活塞，排出产生的气体(注意：排气时，漏斗下口不要对准他人或自己)。如果漏斗盛有挥发性溶剂或用碳酸钠或碳酸氢钠等萃取剂中和有机酸时，要经常

图 3-31 分液漏斗的振摇

松开活塞排气，否则漏斗内压力过大，容易发生冲开塞子等事故。反复振摇几次后，将分液漏斗放在铁圈上，静置分层。

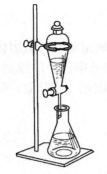

图 3-32　分离两相液体

静置至两层液体界面清晰后，即可进行分液操作。先打开顶塞，使漏斗与大气相通，再把漏斗斜出口尖端紧靠在接受器内壁上，视线盯住两相界面，缓慢打开活塞，放出下层液体，如图 3-32 所示。当两相界线接近活塞处时，暂时关闭活塞，将分液漏斗轻轻振摇一下，静置片刻，使下层液聚集多一些，再打开活塞，仔细放出下层液体。当液面界线移至活塞小孔中心时，关闭活塞。最后应将上层液体从漏斗上口倒出，以免下层液体污染上层液体。如需多次萃取，则将液体倒回分液漏斗中，再加新的萃取剂萃取，一般萃取 3～5 次。

在实训结束前，不要将萃取后的溶液立即倒掉，以防万一出错无法挽救。将所有萃取液合并，加合适干燥剂干燥，视其性质不同，采用蒸馏、重结晶等操作进行纯化。

使用分液漏斗时，应注意：

(1)分液漏斗的塞子、活塞必须原配，不得调换，并用塑料绳将塞子、活塞系在漏斗上；检查顶塞、活塞与仪器是否吻合，不能有漏水现象。

(2)不能将活塞上涂有凡士林的分液漏斗放在烘箱内烘干。

(3)不能用手握住分液漏斗进行分液操作。

(4)打开顶塞后，才能开启分液漏斗活塞分液。

(5)用碱性萃取剂萃取后的分液漏斗必须清洗干净，晾干后，在塞子与磨口间垫上薄纸片，以防塞死。

萃取时，若在水层溶液中加入一定量的电解质如氯化钠，利用盐析作用可降低有机化合物和萃取剂在水中的溶解度，改善萃取效果。

萃取某些含有碱性物质时，常产生乳化现象，导致没有明显的两相界面，无法分离。可采取如下方法破乳：①较长时间静置；②加入少量电解质如氯化钠，利用盐析作用破乳，同时氯化钠可增大水层密度；③若因碱性而产生乳化，可加入少量稀酸或采用过滤等方法消除；④加热破乳或滴加乙醇等破乳物质，可改变表面张力。

若利用化学反应进行萃取洗涤，其操作同上。常用萃取剂有 5% NaOH、5%或 10% Na_2CO_3、5%或 10% $NaHCO_3$、稀 HCl、稀或浓 H_2SO_4 等。碱性萃取剂主要能除去混合物中酸性杂质，酸性萃取剂主要能除去混合物中碱性杂质。使用浓硫酸还可以从饱和烃中除去不饱和烃，从卤代烷中除去醇和醚等。

2. 固体物质的萃取

从固体物质中萃取有机化合物是利用溶剂对样品中被提取物质和杂质之间溶解度不同而达到分离提取的目的，常用冷浸法或索氏提取器(又称脂肪提取器)提取。冷浸法常用于天然产物的萃取，主要是靠溶剂长期浸润溶解而将固体物质中需要的成分浸溶出来，其特点是设备及操作简单，不破坏物质成分，但溶剂用量大，萃取效率较低。

索氏提取器主要由圆底烧瓶、提取器和冷凝管三部分组成，如图 3-33 所示。它是利用溶剂蒸发、回流及虹吸原理，

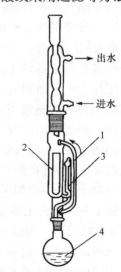

→ 出水

→ 进水

图 3-33　索氏提取器

1. 蒸气上升管；2. 素瓷套筒(滤纸套筒)；
3. 虹吸管；4. 萃取剂

使固体物质连续多次被溶剂萃取, 萃取效率高。

使用时, 先在圆底烧瓶中加入溶剂(一般不宜超过其容积的 1/2)。为了增大液体浸溶面积, 萃取前应先将物质研细, 用滤纸包好放入滤纸套筒内, 封好上、下口, 置于提取器中, 提取器下端接圆底烧瓶, 上端接冷凝管。安装好装置后, 对溶剂进行加热。当溶剂沸腾时, 蒸气通过蒸气上升管进入冷凝管内, 被冷凝为液体, 滴入提取器中, 浸溶固体并萃取出部分物质, 当液面超过虹吸管最高点后, 立即虹吸流回圆底烧瓶。溶剂再受热蒸发、回流、冷凝、提取、虹吸, 循环多次, 直至大部分物质被提取出来。提取结束后, 固体中可溶物质富集到圆底烧瓶中, 提取液经浓缩后进一步处理, 得到所要提取的物质。

3.2.4　蒸馏

蒸馏是提纯液体物质或分离液体混合物的常用方法。蒸馏还可测定液体物质沸点或检验物质纯度。蒸馏通常有常压蒸馏、减压蒸馏、水蒸气蒸馏和分馏等。

1. 常压蒸馏

蒸馏是把液体加热到沸腾状态, 使液体气化, 再将其蒸气冷凝成液体的过程。混合液体蒸馏, 先蒸出的是沸点低的物质, 后蒸出的主要是沸点较高的物质, 不挥发的物质则留在蒸馏瓶内, 故通过蒸馏可分离和提纯液体有机化合物。

纯液态有机化合物沸点是恒定的, 变动很小, 一般在 0.5~1.5℃。不纯的液态有机化合物没有恒定沸点, 蒸馏过程中沸点变动大, 因此测定沸点可鉴别化合物纯度。但并非所有具有固定沸点的液体有机化合物都是纯净化合物, 这是因为某些有机化合物往往能和其他组分形成二元或三元恒沸物, 也有固定沸点。

蒸馏沸点比较接近的液体混合物时, 各物质的蒸气将同时被蒸出, 只不过是馏出液中低沸点组分多一些, 故难以达到分离提纯的目的。此时要借助于分馏(实际是连续多次简单蒸馏)来分离提纯。常压蒸馏只能将沸点相差大于 30℃ 的液体混合物分离。

为了消除在蒸馏过程中的过热现象和保证沸腾平稳进行, 以免液体突然暴沸, 一般在加热前向烧瓶中加入两三粒沸石, 以便形成液体气化中心, 防止暴沸发生。

常压蒸馏装置适用于蒸馏沸点低于 140℃ 的一般液体有机化合物, 如图 3-34 所示。蒸馏沸点高于140℃ 的液体时, 改用空气冷凝管代替水冷凝管。因为水冷凝管冷凝 140℃ 以上蒸气时, 温差大, 容易破裂。

常压蒸馏操作如下:

按图 3-34 安装蒸馏装置, 从热源(电炉、电热套或水浴等)处开始, 按"从下而上, 从左至右"的顺序装配。

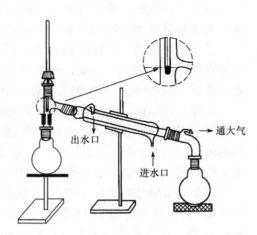

图 3-34　常压蒸馏装置

先把热源放在合适位置, 然后在其上方合适高度处用烧瓶夹垂直夹好蒸馏烧瓶(注意: 烧瓶夹内要垫上石棉布, 不能直接夹烧瓶颈; 瓶底与石棉套或电热套保持 1cm 左右距离, 以便利用空气浴来加热)。安装冷凝管时, 要先调整好其位置使之与蒸馏烧瓶支管同轴, 然后使冷凝管沿此轴移动和蒸馏烧瓶相连，冷凝管夹夹在冷凝管中部使之固定（注意：冷凝管夹内要垫上石棉布，不能直接夹冷凝管），再在其尾部连接接液管和接受瓶。

整个装置要求整齐端正，可从三个方面检查：①从正面看，温度计、蒸馏烧瓶、热源的中心轴线在同一条直线上，简称为"上下一条线"；②从侧面看，接受器、冷凝管、蒸馏瓶的中心轴线在同一平面上，简称为"左右同一面"；③装置要稳定牢固，各磨口接头连接要严密，铁夹要夹牢，所有铁夹和铁架台都应尽可能整齐地安置在仪器背部。

取下温度计，通过长颈漏斗向蒸馏烧瓶中加入混合物溶液（液体体积不能超过烧瓶容积的2/3），加入两三粒沸石。装上温度计，检查全部装置连接是否紧密不漏气，必要时，应做最后调整。先向冷凝管下口通冷水，把上口流出的水引入水槽，然后缓慢加热烧瓶使混合物溶液逐渐升温。注意观察蒸馏烧瓶中的现象和温度计读数变化。当瓶内液体开始沸腾时，蒸气逐渐上升，待达到温度计水银球时，温度计读数急剧上升，此时应适当调节火焰或浴温，以控制馏出液滴以每秒1~2滴为宜。只有控制蒸馏速度，才能保证在蒸馏过程中，温度计水银球上始终附着有冷凝的液滴，此时温度计读数就是馏出液沸点。一般达到沸点之前也会有液体馏出，称为前馏分，应弃去。

蒸馏时，要认真控制加热温度，调节冷凝水流速。不能加热过猛，防止蒸馏速度太快，影响冷却效果。另外蒸馏速度也不能太慢，以免水银球周围蒸气短时间中断，导致温度下降。当温度达到接近沸点时，换上一个已称量的干燥锥形瓶作接受器，收集馏分。当烧瓶内只剩少量液体（0.5~1mL）时，若维持原来的加热温度，温度计读数会突然下降，即可停止蒸馏。注意不能将瓶内液体完全蒸干，以免发生意外。称量所收集馏分的质量，并计算回收率。

蒸馏结束，先停止加热，待装置冷却后，再停止通水，拆卸仪器顺序与装配时相反。

2. 减压蒸馏

液体的沸点是指它的蒸气压等于外界大气压时的温度。液体物质的沸点与外界压力有关，当外界压力降低时，液体的沸点则随压力降低而降低。在一个封闭体系中，在负压条件下（借助于真空泵降低体系压力至小于101.325kPa）和较低温度时蒸馏称为减压蒸馏。

当压力降低到2.67kPa（20mmHg）时，大多数有机化合物沸点比常压0.1MPa（760mmHg）的沸点低100~120℃。因此，减压蒸馏特别适用于分离、提纯高沸点的有机化合物（在常压下难以蒸馏）或在常压下蒸馏容易氧化、分解或聚合的有机化合物。

在减压蒸馏前，需预先估计物质在选定压力下的沸点，这对于减压操作和选择合适热浴、温度计或真空度范围以及控制收集馏分等都有参考意义。一般说来，当蒸馏在1333~1999Pa（10~15mmHg）下进行时，压力每相差133.39Pa（1mmHg），沸点相差1℃。也可查阅有关文献数据，如果缺乏文献数据，则用液体在常压和减压下的沸点近似关系（图3-35）来估计。

例如，苯甲醛在常压下（760mmHg）沸点为179.5℃，欲在100mmHg条件下减压蒸馏。在图3-35中B线上找到179.5℃点，在C线上找到100mmHg点，用小尺子连接这两个点并延长到A线，该交叉点为112，即是100mmHg压力下，苯甲醛的沸点近似为112℃。因此，选择热浴温度应在130~140℃（控制热浴温度要比体系温度高20~30℃）。

再如，二乙基丙二酸二乙酯在常压下沸点为220℃，欲在120℃以下进行减压蒸馏，真空度应为多少？连接A线120点，B线220点，延长到C线，交点为30mmHg，即要在120℃下减压蒸馏，系统压力必须减小到30mmHg以下。

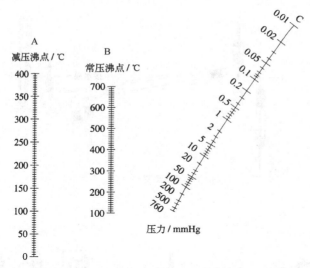

图 3-35　液体在常压和减压下的沸点近似关系图

1) 减压蒸馏装置

如图 3-36 所示，减压蒸馏装置由蒸馏、抽气(减压)以及安全系统和测压装置三部分组成。整套仪器均用圆形厚壁仪器，否则如果受力不均匀，减压时仪器易炸裂。

(1) 蒸馏部分。在减压蒸馏过程中，常易发生液体暴沸或迸溅。为了避免液体或泡沫冲入冷凝管，通常采用克氏蒸馏头。将一根末端拉成毛细管的厚壁玻璃管从克氏蒸馏头的直管口插入烧瓶底部，毛细管末端距瓶底 1～2mm，毛细管口要很细，又能冒气泡，以便能控制气量。玻璃管上端套上一段附有螺旋夹的橡胶管，用以调节空气进入量，从毛细管导入空气，既方便调节系统的真空度，又可在液体底部形成沸腾中心，防止暴沸，使蒸馏平稳。在克氏蒸馏头侧管中插入温度计，温度计位置要求与普通蒸馏相同。接受器用耐压圆底烧瓶，禁止使用受力不均的仪器，如平底烧瓶等。当需要分段接受馏分而又不中断蒸馏时，可使用双颈或多颈接液管。蒸馏时，只要转动多颈接液管便可使不同馏分流入不同接受器。

根据蒸馏物沸点不同，选择不同热浴(但严禁用明火加热)。选择水浴、油浴时，要求受热均匀，尽量避免局部受热。控制热浴温度要比液体的沸点高 20～30℃。

整套装置仪器磨口连接处要涂有真空油脂，使仪器密封，且操作完毕后易拆除。

(2) 减压部分。常用水泵或油泵对体系抽气减压。

水泵由玻璃或金属制成，其真空度与其构造、水压及温度有关。从理论上来说，它所能抽到的最低压力相当于在该水温下水的蒸气压。如果水泵的构造好，且水压又高时，其压力可达 1067～3333Pa(8～25mmHg)。这样的真空度可满足一般的减压蒸馏的需要。使用水泵的减压蒸馏装置比较简便，如图 3-36(a) 所示。

油泵真空度与其机械构造以及真空油好坏(油的蒸气压必须很低)有关。一般油泵真空度可达 0.67～1.33kPa(5～10mmHg)，好的油泵可达 0.1mmHg，比水泵真空度高。因油泵结构精密，故使用条件要求严格。蒸馏时，挥发性有机溶剂、水或酸雾等都会使其受到损坏。因此，使用油泵减压蒸馏时，需要设置防止有害物质入侵的保护系统，如图 3-36(b) 所示，装置也比较复杂。

(3) 测压和保护部分。常用水银压力计来测量减压系统压力。使用不同减压设备，其保护装置也不相同。使用水泵进行减压时，只需在接受器、水泵和压力计之间连接一个安全瓶(防止水倒吸)，安全瓶上装配二通活塞，以调节系统压力及放入空气缓解系统真空度。

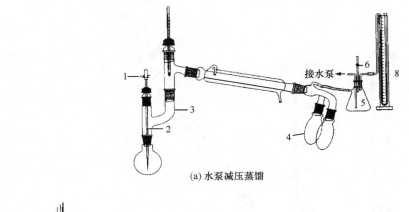

(a) 水泵减压蒸馏

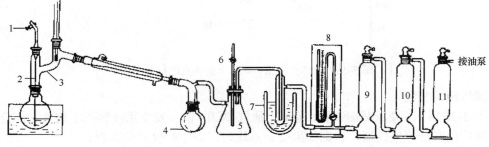

(b) 油泵减压蒸馏

图 3-36　减压蒸馏装置

1. 螺旋夹；2. 毛细管；3. 克氏蒸馏头；4. 接受器；5. 安全瓶；6. 二通活塞；7. 冷却阱；8. 水银压力计；
9. 无水氯化钙；10. 氢氧化钠粒；11. 片状石蜡

当用油泵进行减压时，为了防止易挥发的有机溶剂、酸性物质和水汽进入油泵，必须在接受器与油泵之间依次装上冷却阱(置于盛有冷却剂的广口保温瓶中)以及三个分别装有无水氯化钙、粒状氢氧化钠、片状石蜡的吸收塔，以冷却、吸收系统产生的水汽、酸雾及有机溶剂等，防止其进入油泵。一定要注意保护装置的连接顺序以及气路方向，气路方向为塔底进气，塔顶抽气。

2) 减压蒸馏操作

蒸馏前先查待蒸馏物质在不同压力下的沸点。当被蒸馏物质中含有低沸点物质时，应先进行普通蒸馏，然后用水泵减压蒸出低沸点物质，最后用油泵减压蒸馏。

(1)按照减压蒸馏装置要求，装配好仪器。

(2)仔细检查整个减压系统，装配时要注意仪器应安排得十分紧凑，既要做到体系通畅，不成封闭体系，又要做到不漏气，气密性好。

检查方法：先关闭压力计活塞，旋紧毛细管上的螺旋夹，打开安全瓶上的二通活塞，然后打开真空泵抽气。逐渐关闭安全瓶上的二通活塞，小心地旋开压力计活塞，从压力计上观察系统所能达到的真空度。若达不到需要的真空度，应检查各部分塞子和橡皮管是否紧密，必要时可用熔融的固体石蜡密封(必须在解除真空后才能进行)。如超过所需的真空度，可小心地旋转二通活塞，引进少量空气以调节系统真空度。调节毛细管上的螺旋夹，使液体中产生连续平稳的小气泡。当确认系统压力符合要求后，慢慢旋开活塞，放入空气，直到内外压力平衡，再关闭真空泵。

(3) 将待蒸馏液体加入圆底烧瓶中(液体量不得超过烧瓶容积的 1/2)。关闭安全瓶上的二通活塞,打开真空泵,通过毛细管上的螺旋夹调节空气进入量,使烧瓶内液体能冒出一连串小气泡为宜。

(4) 当系统内压力符合要求并稳定后,开通冷却水,选用合适热浴加热蒸馏(一般浴温要高出蒸馏温度 20~30℃,并且让圆底烧瓶至少有 2/3 浸入浴液中)。液体沸腾后,调节热源,控制馏出速度为每秒 1~2 滴。记录第一滴馏出液滴入接受器时的温度和压力。

(5) 在整个蒸馏过程中,都要密切注意蒸馏情况、温度计和压力读数。如有不符,则应注意调节。纯物质一般沸点范围不超过 1~2℃。当要达到蒸馏液沸点时,需调换接受器,继续蒸馏到结束。

(6) 蒸馏完毕,先撤去热源,缓慢松开毛细管上的螺旋夹,再逐渐旋开安全瓶上的二通活塞,使压力计汞柱缓慢恢复原状(注意:若活塞开得太快,汞柱快速上升,有时会冲破压力计)。待系统内外压力平衡后,关闭真空泵,停止通水,冷却后拆卸仪器。

3) 减压蒸馏注意事项

(1) 除厚壁安全瓶外,其余玻璃仪器必须为圆形且耐压。禁止使用有棱角的玻璃仪器(如锥形瓶、平底烧瓶等)。所有仪器都不能有裂纹。

(2) 磨口接头处要干净,并涂有真空油脂,所有橡皮管必须耐压。

(3) 先抽气,待到达真空度后,再进行加热,否则物料易冲出。

(4) 在蒸馏过程中,若压力突然升高,多为液体分解引起,此时应停止蒸馏。

(5) 停止或中断蒸馏时,一定要在蒸馏系统内外压力平衡后,再关闭真空泵,否则系统中压力低,油泵中的油有时会倒吸入吸收塔中。

3. 水蒸气蒸馏

水蒸气蒸馏是分离、纯化有机化合物的常用方法之一。当混合物中含有大量不挥发固体或含有焦油状物质,或在混合物中某种组分沸点很高,在进行常压蒸馏时会发生分解,可采用水蒸气蒸馏进行分离。

两种互不相溶的液体混合物其蒸气压等于两种液体单独存在时组分蒸气压之和。与水不相混溶的有机化合物和水共热时,根据道尔顿分压定律,整个体系的蒸气压 p 应为水的蒸气压 p_A 和有机化合物的蒸气压 p_B 之和,即

$$p = p_A + p_B$$

p 随着温度升高而增大,当整个体系温度升高到 p 等于外界大气压时,该体系开始沸腾,此时温度即为该体系的沸点。因此,有机化合物和水混合物的沸点低于每个组分单独存在时的沸点。利用水蒸气蒸馏可以将不溶或难溶于水的有机化合物在比自身沸点低的温度(低于 100℃)下蒸馏出来。蒸出的是水和与水互不相溶的有机化合物,很容易分离。

根据气体状态方程式,蒸出的混合蒸气中各组分的分压之比等于它们各组分物质的量之比,即 $\dfrac{p_A}{p_B} = \dfrac{n_A}{n_B}$。物质的量 n 等于质量 m 除以摩尔质量 M,将 $n_A = m_A/M_A$ 和 $n_B = m_B/M_B$ 代入上式,得 $\dfrac{m_A}{m_B} = \dfrac{p_A M_A}{p_B M_B}$。

水的相对分子质量较低,而蒸气压较高,可用来分离较高相对分子质量和较低蒸气压的物质。由于各种有机化合物或多或少溶于水,导致水的蒸气压降低,故实际蒸出的质量比理

论值略有偏差。

被提纯物质必须具有以下条件：①不溶或难溶于水；②长时间与水共溶不与水反应；③在100℃左右时，必须具有一定的蒸气压(1333.2Pa)。

水蒸气蒸馏装置一般由蒸气发生器和蒸馏装置两部分组成，如图 3-37 所示，包括水蒸气发生器、蒸馏部分、冷凝部分和接受器四个部分。水蒸气发生器一般由金属制成，也可以用1000mL 短颈(长颈)圆(平)底烧瓶代替，如图 3-37 所示。水蒸气发生器内盛水量以不超过其容积的 2/3 为宜。其中插入一支接近底部的长玻璃管作安全管用。当容器内压力增大时，水就沿安全管上升来调节内压，根据管中水柱高低可以估计水蒸气的压力大小。

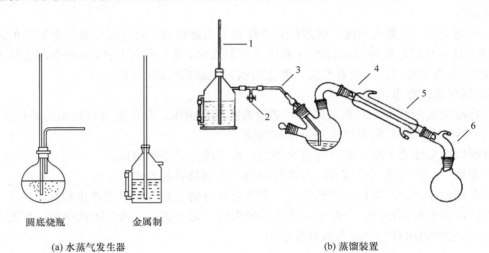

圆底烧瓶　　　　　金属制

(a) 水蒸气发生器　　　　　　　　　　　　　　　(b) 蒸馏装置

图 3-37　水蒸气蒸馏装置

1. 安全管；2. T 形管螺旋夹；3. 水蒸气导入管；4. 馏出液导出管；5. 冷凝管；6. 接液管

水蒸气发生器的蒸气导出管与一个 T 形管相连，T 形管的另一端与伸入三颈烧瓶(也可以用长颈圆底烧瓶)内的水蒸气导入管连接。T 形管的支管套上一根短橡皮管，橡皮管用螺旋夹夹住，其作用是可随时排出在此冷凝下来的积水，并可在系统内压力骤增或蒸馏结束时释放蒸气，调节内压。三颈烧瓶内盛放被蒸馏液体(不超过其容积 1/3)。伸入三颈烧瓶的蒸气导气管应尽量接近瓶底，但不能接触瓶底。三颈烧瓶的一侧口通过弯头依次连接冷凝管、接液管和接受器，另一个侧口用塞子塞上。混合蒸气通过蒸馏弯头进入冷凝管中被冷凝，并从接液管流入接受器。在蒸馏过程中，可通过水蒸气发生器安全管中的水面高低，观察整个水蒸气蒸馏系统是否畅通，若水位上升很高，则说明系统有某一部分阻塞了，应立即打开 T 形管螺旋夹，移去热源，拆下装置进行检查和处理(多数是水蒸气导入管下管被树脂状物质或焦油状物质堵塞)，否则可能发生危险。

4. 简单分馏

应用分馏柱分离和提纯沸点很接近的有机液体混合物。分离的原理与蒸馏一样，实际上是多次连续蒸馏。

1) 简单分馏柱

常用简单分馏柱有刺形分馏柱、蛇形分馏柱和填充式分馏柱，如图 3-38 所示。图 3-38(a)所示为刺形分馏柱，其结构简单，分馏柱黏附液体少，分离效率较低，适合于分离少量且沸点差距较大的液体。蛇形分馏柱如图 3-38(b)所示。填充式分馏柱如图 3-38(c)所示，在柱内填有各种惰性材料，以增加表面积。填料包括玻璃珠、玻璃管、陶瓷或螺旋形、马鞍形、网状等形状的金属片或金属丝，分离效率高，适合于分离一些沸点差距较小的化合物。

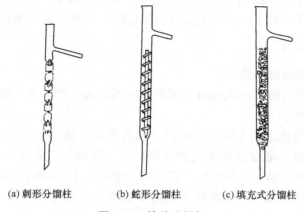

(a) 刺形分馏柱   (b) 蛇形分馏柱   (c) 填充式分馏柱

图 3-38　简单分馏柱

在分离过程中，应防止回流液体在柱内聚集，否则会减少液体和上升蒸气的接触，或者上升蒸气把液体冲入冷凝管中造成"液泛"，达不到分馏的目的。为了避免这种情况，通常在分馏柱外包扎石棉布等保温材料以保持柱内温度，提高分馏效率。

2) 简单分馏装置

实验室中简单分馏装置包括热源、蒸馏烧瓶、分馏柱、冷凝管和接受器五部分组成，如图 2-4 所示。安装操作与蒸馏相似，自下而上，先夹住蒸馏瓶，再装上分馏柱和蒸馏头。调节夹子使分馏柱垂直，装上冷凝管并在指定位置夹好夹子，夹子(内垫石棉布)一般不宜夹得太紧，以免压力过大夹破仪器。连接接受器并用尼龙绳固定，在接受器底垫上用铁圈支撑的石棉网或木块，以免发生意外。

3) 简单分馏操作

简单分馏操作与蒸馏大致相同，按图 2-4 安装好装置，在圆底烧瓶中加入待分馏的混合物和数粒沸石。分馏柱外围可用石棉布包裹，以减少柱内热量散发，减少通风和室温的影响。选择合适的热浴加热，液体沸腾后，要注意调节浴温，使蒸气慢慢升入分馏柱，10～15min 后，蒸气到达柱顶(可用手摸柱壁，若烫手表示蒸气已到达该处)。有馏出液滴出后，调节浴温使蒸出液体的速度控制在 2～3s 内滴 1 滴，可以得到较好的分离效果，待低沸点组分蒸完后，再逐渐升高温度，蒸馏高沸点的组分。

3.2.5　干燥和干燥剂

干燥是指除去固体、液体或气体中少量水分或残存溶剂的过程。物质在定性定量分析、波谱分析等物性测试之前需干燥处理。无机基准物质通常在规定温度下烘干一定时间，再保存在干燥器中；液体有机化合物在蒸馏前要先干燥除去水，以防有机化合物与水形成共沸物，或避免在加热条件下与少量水反应而影响产品纯度。许多有机反应需要在无水条件下进行，不但所有原料、溶剂、仪器要干燥，而且在反应过程中也要有严格干燥措施，防止空气中水分侵入反应容器。

根据除去水的原理不同，干燥方法可分为物理方法和化学方法。物理方法有加热、吸附、分馏、共沸蒸馏、冷冻等，除去相对较大量的水分或有机溶剂。化学方法是利用干燥剂与水发生反应除去水，根据除去水作用不同又可分为两类：第一类能与水发生可逆反应生成水合物，如无水 $CaCl_2$、无水 $MgSO_4$ 等；第二类能与水发生不可逆反应，生成新化合物，如金属 Na、CaO、P_2O_5 等。第一类干燥剂再生后可反复使用，而第二类干燥剂则不能反复使用。

1. 液体化合物的干燥

1) 利用分馏或共沸蒸馏干燥

如果液体化合物不与残余的水或有机溶剂生成共沸混合物，则可通过分馏来清除残余溶剂，如除去甲醇中的水分。

如果液体化合物与残余的水或有机溶剂生成共沸混合物，因为共沸混合物的共沸点低于液体化合物沸点，所以可通过蒸馏来达到分离目的。例如，工业上制备无水乙醇：在 95%乙醇中加入少量苯，利用苯、水和乙醇三者形成共沸混合物(共沸点 64.9℃)的特性，经加热气化，共沸物在 64.9℃时逸出，从而除去乙醇中的水分。

2) 使用干燥剂干燥

(1) 干燥剂的选择。选择干燥剂必须考虑：①干燥剂不与被干燥物质发生化学反应；②干燥剂不能溶解于被干燥的液体中；③干燥剂有一定的吸水容量和干燥效能。吸水容量是指单位质量干燥剂所能吸收水的质量。例如，$CaCl_2$、$MgSO_4$ 和 Na_2SO_4 吸水容量($g \cdot g^{-1}$)分别为 0.97、1.05、1.25，可看出 Na_2SO_4 吸水容量要大些。干燥效能是指达到平衡时液体被干燥的程度。对于吸水后生成水合物的无机酸盐类干燥剂，常用吸水后结晶水的蒸气压表示。例如，$CaCl_2$ 和 Na_2SO_4 在 25℃吸水达到饱和后，水蒸气压分别为 26.7Pa 和 256.0Pa，可见 $CaCl_2$ 干燥效能比 Na_2SO_4 好。此外，选用干燥剂时，干燥速度和干燥剂价格也要考虑；干燥剂的干燥性能可从文献查到。对于含水量较高而不易干燥的化合物，常先选用吸水容量大的干燥剂除去大量水后，再用干燥效能强的干燥剂除去微量水分。干燥各种有机化合物常用的干燥剂见表 3-3。

表 3-3　各类有机化合物适用的干燥剂

化合物的类型	干燥剂			
烃	$CaCl_2$	KOH	NaOH	P_2O_5
卤代烃	$CaCl_2$	$MgSO_4$	Na_2SO_4	P_2O_5
醇	CaO	$MgSO_4$	Na_2SO_4	K_2CO_3
醚	$CaCl_2$	Na	NaOH	KOH
醛	$CaCl_2$	$MgSO_4$	Na_2SO_4	
酮	$MgSO_4$	Na_2SO_4	K_2CO_3	
酸	P_2O_5	$MgSO_4$	Na_2SO_4	
酯	$CaCl_2$	$MgSO_4$	Na_2SO_4	K_2CO_3
胺	CaO	NaOH	KOH	K_2CO_3
硝基化合物	$CaCl_2$	$MgSO_4$	Na_2SO_4	

(2) 干燥剂的用量。干燥剂用量很重要，要视干燥剂的吸水量、水在液体中的溶解度以及液体分子的结构来估计。一般极性有机化合物和含亲水基团的化合物，干燥剂用量需稍多一

些。由于液体试样含水量不等，且受干燥剂的颗粒大小、干燥温度等诸多因素的影响，很难规定干燥剂的具体用量。一般每 10mL 液体需 0.5～1.0g 干燥剂。

（3）操作步骤。将被干燥的液体试样置于大小合适且洁净、干燥的锥形瓶中，先加入一些干燥剂，塞紧瓶口，振荡片刻后，静置观察，若发现干燥剂全部黏结在一起或附着在瓶壁上，说明干燥剂的用量不够，应补加干燥剂，直到出现没吸水的、松动的干燥剂颗粒为止。放置至少 30min（最好过夜）。干燥时间取决于干燥剂与水或有机溶剂相互作用的速度。例如，虽然 Na_2SO_4 吸水容量要比 $MgSO_4$ 大，但其水合反应速率远远低于后者，干燥试样时间较长。有时一些有机液体在干燥前呈浑浊，干燥后变为澄清，可以将其作为水分基本除去的标志。将已干燥好的液体通过置于有折叠滤纸或颈部塞有一团棉花的玻璃漏斗，直接滤入洁净、干燥的蒸馏瓶中进行蒸馏。

2. 固体化合物的干燥

物质制备或重结晶得到的固体常带有少量的水分或有机溶剂，应根据化合物的性质选择适当的干燥方法。

1）自然晾干

自然晾干适用于在空气中稳定、不吸潮的固体物质。干燥时，把样品放在洁净、干燥的表面皿或培养皿中，薄薄摊开，再于上面覆盖一张滤纸，让其在空气中慢慢晾干。该法最方便、最经济。

2）加热干燥

加热干燥适用于高熔点且遇热不分解的固体试样。把样品置于蒸发皿上，用红外灯或烘箱烘干。用红外灯干燥时，注意被干燥固体与红外灯保持一定的距离，以免温度太高使被干燥固体熔化或分解，而且加热温度一定要低于固体化合物的熔点或分解温度。

3）干燥器干燥

干燥器适用于干燥易吸潮、分解或升华的物质。干燥器分为普通干燥器、真空干燥器两种。

普通干燥器通过放在其内部的干燥剂来干燥试样，一般用于保存易潮解的药品，如图 3-39 所示。干燥器是一种保持物品干燥的厚壁玻璃器皿，具有磨口盖子，中部搁有一个多孔白瓷板，用来放被干燥物质，底部放适量干燥剂，使其内部空气干燥，磨口处涂有凡士林以防止水汽进入。干燥器常用于放置经烘干或灼烧过的坩埚、称量瓶、基准物质、试样等，或用来干燥物质。搬动干燥器时要同时按住盖子，防止盖子滑落，如图 3-40 所示。开关干燥器时，应一手朝里按住干燥器下部，用另一手握住盖上圆顶平推，如图 3-41 所示。当放入热的物体时，为防止空气受热膨胀把盖子顶起而滑落，可反复推、关盖子几次以放出热空气，直至盖子不再容易滑动。应注意保持干燥器清洁，不要存放潮湿物品，并且只能在存放或取出物品时打开。底部放置的干燥剂不能高于底部高度 1/2，以防污染存放的物品。干燥剂失效后，要及时更换。最常用的干燥剂有硅胶、CaO 和无水 $CaCl_2$ 等。硅胶是由硅酸凝胶（组成可用通式 $xSiO_2 \cdot yH_2O$ 表示）烘干除去大部分水后，得到的白色多孔固体，具有高度的吸附能力。为了便于观察，将硅胶放在钴盐溶液中浸泡后呈粉红色，烘干后变为蓝色，蓝色的硅胶具有吸湿能力。当硅胶变为粉红色时，表示已经失效，应重新烘干至蓝色。

真空干燥器是借助负压和干燥剂双重作用来干燥试样，其干燥效率高于普通干燥器。真空干燥器形状与普通干燥器一样，只是盖上带有活塞，用于抽真空，活塞下端呈弯钩状，口向上，防止与大气相通时，因空气流速太快将固体冲散。最好另用一表面皿覆盖盛有样品的容器。

图 3-39　普通干燥器

图 3-40　干燥器的搬移

图 3-41　干燥器的开启

3.2.6　色谱分离

色谱法又称层析法，是一种广泛应用的物理化学分离分析方法。它是利用混合物中各组分的物理化学性质的差异，当流动相携带待分离组分流经固定相时，利用各组分在两相中吸附、分配或其他亲和力的差异，产生不同速度的移动（差速迁移）而达到分离目的。色谱法可以进行分离、提纯、鉴定和测定化合物，已广泛用于化学化工、生物、食品等领域。

根据组分在固定相中的作用原理不同，色谱法可分为吸附色谱、分配色谱、离子交换色谱、凝胶色谱等；根据操作条件不同，可分为柱色谱、纸色谱、薄层色谱、气相色谱和高效液相色谱等。

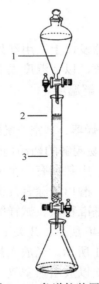

图 3-42　色谱柱装置

1. 洗脱剂；2. 砂层；3. 吸附剂；4. 砂芯层

1. 柱色谱

柱色谱是分离混合物和提纯少量有机化合物的有效方法之一，可分为经典柱色谱、气相色谱和高效液相色谱等。下面讨论经典柱色谱，其装置如图 3-42 所示。

1）色谱过程、吸附剂和流动相

柱色谱利用色谱柱来实现分离。色谱柱内装有吸附剂（固定相），如硅胶或氧化铝等。将含有不同组分的样品溶液从柱顶加入，在柱顶被吸附剂吸附，然后从柱顶加入流动相（洗脱剂）。各组分由于理化性质存在微小差异，被吸附剂吸附的能力不同，在柱中随洗脱剂以不同速度向下迁移。被吸附较弱的组分迁移速度快，先从色谱柱中流出；被吸附牢的组分后流出。各组分随洗脱剂按一定顺序从色谱柱下端流出，可用容器分别收集。

常用吸附剂有硅胶、氧化铝、氧化镁、碳酸钙和活性炭等。吸附剂颗粒大小、用量、极性等会影响分离效果。颗粒细，洗脱速度慢；颗粒粗，洗脱速度太快，分离效果不好。吸附剂用量一般为被分离物质质量的 20～50 倍，最高需要 100 倍以上。

硅胶广泛用于分离烃、醇、酮、酯、酸和偶氮化合物。氧化铝极性大、吸附能力强，分为酸性、中性和碱性三种，其中中性氧化铝应用最为广泛，可用于分离生物碱、挥发油、萜类、油脂、树脂、皂苷类以及常见酸性和碱性物质。

吸附剂的吸附能力（活性）与其含水量有关。含水量越低，活性越高。根据含水量不同，氧化铝和硅胶分为 Ⅰ～Ⅴ 五种活性等级，见表 3-4。

表 3-4　吸附剂的活性与含水量的关系

活性等级	I	II	III	IV	V
硅胶含水量/%	0	5	15	25	38
氧化铝含水量/%	0	3	6	10	15

洗脱剂对分离效果有极大的影响。选择洗脱剂要考虑吸附剂的活性、被分离各组分极性和溶解度等。氧化铝和硅胶等极性吸附剂宜选用非极性溶剂，而活性炭等非极性吸附剂则宜选用极性大的洗脱剂，如乙醇、水等。分离极性化合物宜选择极性洗脱剂洗脱；分离非极性化合物宜选择非极性洗脱剂；分离复杂组分的混合物，通常选用混合洗脱剂。

常用洗脱剂极性递增顺序为石油醚、环己烷、四氯化碳、苯、二氯甲烷、氯仿、乙醚、乙酸乙酯、丙酮、乙醇、甲醇、水、乙酸等。

2) 色谱柱及其填装

色谱柱的大小取决于分离物的量和吸附剂的性质，一般的规格是柱的直径为其长度的 $1/10\sim1/4$。实验中常用的色谱柱直径为 $0.5\sim10cm$。

色谱柱的填装要求吸附剂必须均匀填在柱内，不能有气泡和裂缝，否则影响洗脱和分离。通常采用糊状填料法，即把柱垂直固定好，关闭下端旋塞，底部塞紧脱脂棉，加入约 1cm 洗净干燥的石英砂层，然后加溶剂至柱体积 1/4；将吸附剂和溶剂按一定比例调成糊状，打开柱下端旋塞让溶剂逐滴滴出，迅速将糊状物倒入柱内，吸附剂随溶剂慢慢下沉，均匀填料。填料后，上面再覆盖 1cm 砂层。注意：始终不要使柱内液面降到吸附剂高度以下，否则将会出现气泡或裂缝。柱顶部 1/4 处一般不填吸附剂，以便在洗脱时保持一定液层。

2. 薄层色谱

薄层色谱法是一种微量、简单、快速的色谱法，可用于分离化合物、鉴定和精制化合物，是近代有机分析化学中用于定性和定量分析的一种重要手段。薄层色谱法具有设备简单、操作方便、分离速度快等特点，应用广泛。

薄层色谱法属于固-液吸附色谱。将细粉状的固定相(吸附剂)涂布于玻璃板或塑料板上，成均匀薄层板，将待分离的样品溶液点在薄层板一端，在密闭容器中用适当流动相(展开剂)展开，由于吸附剂对各组分具有不同的吸附能力，展开剂对各组分的溶解和解吸能力不同，即各组分的分配系数不同，在展开剂展开过程中产生差速迁移。易被吸附的组分移动得慢一些；较难被吸附的组分移动得快些，最后形成互相分离的组分斑点，如图 3-43 所示。

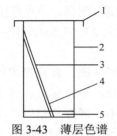

图 3-43　薄层色谱
1. 盖；2. 色谱缸；3. 薄层板；
4. 原点位置；5.展开剂

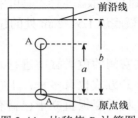

图 3-44　比移值 R_f 计算图

各组分在薄层板上斑点的位置可用比移值 R_f 来表示，如图 3-44，计算 R_f 公式如下：

$$R_f = \frac{原点至斑点中心的距离}{原点至溶剂前沿的距离} = \frac{a}{b}$$

R_f 随被分离物质的结构、固定相及流动相的性质、温度及薄层板的活化程度等因素而改变。当实验条件一定时，任何一种特定化合物的 R_f 是一个常数，可以作为定性的依据。由于影响 R_f 的因素很多，实验数据往往与文献值不完全相同，因此常用标准样品对照。

薄层色谱常用的吸附剂有硅胶、氧化铝、硅藻土、聚酰胺、纤维素等。硅胶和氧化铝的商品型号因助剂的不同而不同，见表 3-5。

表 3-5　硅胶和氧化铝的商品型号和所含的助剂

硅胶型号	助剂	氧化铝型号
硅胶 H	不含黏合剂和其他添加剂	氧化铝 H
硅胶 G	含有煅石膏作黏合剂	氧化铝 G
硅胶 HF254	含有荧光剂，可于 254nm 下观察	氧化铝 HF254
硅胶 GF254	既含有煅石膏又含有荧光剂	氧化铝 GF254

选择展开剂时，要求从被测物质的性质、吸附剂的活性及展开剂的极性三方面综合考虑。选择展开剂的一般原则是极性大的组分用极性大的展开剂，极性小的组分用极性小的展开剂。硅胶极性较小，适用于分离极性较大的化合物；氧化铝极性较大，适合于分离极性较小的化合物。

当单一溶剂展开不能很好地实现分离时，可考虑改变溶剂的极性或采用混合溶剂来展开。例如，某物质用苯溶剂展开时，R_f 较小，靠近原点，则可考虑加入适量极性大的溶剂，如乙醇、丙酮等，再根据分离情况适当改变加入的比例；反之，如果 R_f 太大，在溶剂前沿附近，可加入适量极性小的溶剂，如石油醚、环己烷等，使 R_f 符合要求。为了寻找适宜的展开剂，往往需要经过多次实验。

薄层色谱法的一般操作程序分为制板、点样、展开和显色四个步骤。

1）制板

制板常用的薄板为玻璃板，要求必须光滑、平整、洁净(洗净后不挂水珠)。玻璃板的大小根据实际要求而定，一般可用 18cm×6cm，较大的有 20cm×20cm。薄板有加黏合剂的硬板和不加黏合剂的软板两种。

2）点样

点样需先将样品溶于适当的有机溶剂(如氯仿、丙酮、甲酸、乙酸等)中，尽量避免用水，因水不易挥发，易使斑点扩散。点样工具可采用点样毛细管或微量注射器，原点直径为 2～3mm，点样的位置在距薄层板底边 1.5～2cm 处的起始线上，点间相距为 0.8～1.5cm(可用铅笔做记号)。

3）展开

展开必须在密闭的色谱缸中进行。色谱缸有长方形展开槽、直立形单槽色谱缸和双槽色谱缸等多种。展开方式也有多种：上行展开、近水平展开、下行展开、多次展开、双向展开等。上行展开是将薄层板直立于已盛有展开剂的色谱缸中，展开剂借助毛细管作用自下而上缓慢上升。近水平展开又称倾斜上行法，是将薄层板置于长方形展开槽中，板水平倾斜15°～30°。该法展开速度快，软板展开只能用此法。下行展开法的展开剂自上而下展开。多次展开法是用同一展开剂或改用一种新的展开剂多次重复展开。双向展开法是经第一次展开后，烘干，将薄层板转 90°后，改用另一种展开剂展开。这种方法常用于组分复杂、性质接近的难分离物质的分离。展开操作应注意的几个问题如下：

(1)色谱缸密闭性能要良好，使色谱缸中展开剂蒸气达到饱和，并维持不变。

(2)为防止边缘效应(同一组分的斑点在薄层板上出现两边缘部分 R_f 大于中间 R_f 的现象)，在展开前，色谱缸内空间必须为展开剂蒸气充分饱和后，再将点样后的薄层板放入缸中，在不接触展开剂的前提下和保持密闭的情况下，放置 15min，等缸内空间及薄层板被展开剂蒸气饱和后，再将薄层板下端浸入展开剂中，应注意不能浸到点样线，否则样品将溶解于展开剂中而不能展开。

(3)由于吸附色谱展开速度较快，需 10~30min，受温度影响较小，但分配色谱的展开往往需 1~2h，受温度影响较大。

4)显色

(1)首先在日光下观察，画出有色物质的斑点位置。

(2)在紫外灯(254nm 或 365nm)下，观察有无暗斑或荧光斑点，记录其颜色、位置及强度。

(3)对无色又无紫外吸收的物质，可采用化学试剂(显色剂)显色。显色方法可用直接喷雾法或浸渍显色法。例如，硫酸、碘是有机化合物的通用型显色剂，茚三酮是氨基酸和脂肪族伯胺的专用显色剂，三氯化铁的高氯酸溶液是吲哚类生物碱的显色剂。

薄层定性分析常将样品与标准品在同一张薄层板上点样、展开、显色。如果样品组分的 R_f 与标准品的 R_f 相同，表明该组分与标准品为同一物质。

定量分析可以分为两种：

(1)洗脱测定法。样品斑点定位后，以适当的溶剂洗脱后再用其他定量方法测定，测定的方法一般采用分光光度法或比色法。

(2)直接测定法。试样经色谱分离后，在薄层板上对斑点进行直接测定。最初用目视法或测面积法，目前用薄层扫描仪进行定量测定，以一定波长和一定强度的光束对分离后的各个斑点进行扫描，可进行透射、反射或荧光测定。

3. 纸色谱

纸色谱是一种微量的分析方法，可用于分离组成、结构、性质相类似的无机和有机混合物。它以滤纸为载体，固定相是纸纤维上吸附的水，流动相是与水不相溶的有机溶剂(也常用和水相混溶的有机溶剂)，利用各组分分配系数不同而得到分离，属于液-液分配色谱。纸色谱操作与薄层色谱一样，将样品点样干燥后放入盛有展开剂的密闭容器中，由于滤纸的毛细管作用，溶剂在滤纸上缓缓展开，样品中的各个组分因移动速度不同而在随溶剂展开的过程中得到分离。与薄层色谱相同，纸色谱常用比移值 R_f 来表示各组分在色谱中的位置，并以此作为定性分析的参数。

1)影响 R_f 因素

在纸色谱中，影响 R_f 的因素较多，主要影响因素如下：

(1)物质的结构。极性物质易溶于极性溶剂中，非极性物质易溶于非极性溶剂中。因此，极性大或亲水性强的物质在水中分配系数大，在以水为固定相的纸色谱中 R_f 小。反之，极性小或亲脂性强的物质分配系数小，R_f 大。

(2)展开剂的极性和溶剂蒸气的饱和程度。展开剂的极性直接影响组分的移动速度和距离，对 R_f 影响很大。例如，在展开剂中增加极性溶剂的比例，则亲水性极性溶质 R_f 就增大。在展开槽中，溶剂蒸气的饱和程度对 R_f 也有较大影响。在展开前，必须用展开剂蒸气使展开槽和色谱滤纸达到饱和，否则易造成斑点扩散和拖尾现象。

(3)pH 和温度。pH 影响弱酸和弱碱性物质的解离度，解离度的改变导致物质在两相中的分配改变，造成 R_f 改变。温度的变化会引起物质分配系数的变化，也会引起 R_f 改变。

2）操作方法

（1）色谱滤纸的选择。对色谱滤纸的要求是滤纸质地均匀，边缘整齐，以保证展开剂展开速度均一；有一定的机械强度，纸纤维松紧适宜。应根据分离对象选择滤纸型号。对 R_f 相差较小的组分，宜用慢速滤纸；对 R_f 相差较大的组分，宜用快速滤纸。

（2）固定相。纸色谱以吸附在纸纤维素上的水为固定相。在分离一些较小极性的物质或酸、碱性物质时，为了增加其在固定相中的溶解度，常用甲酰胺或二甲基甲酰胺、丙二醇或一定 pH 缓冲溶液作固定相。

（3）展开剂的选择。与薄层色谱不同，纸色谱的展开剂选择要考虑待测组分在两相中溶解度和展开剂的极性。在展开剂中溶解度较大的物质具有较大的 R_f。对极性物质的分离，通过增加展开剂中极性溶剂的比例，增大 R_f；若增加展开剂中非极性溶剂的比例，可减小 R_f。纸色谱最常用的展开剂是含水的有机溶剂，如水饱和的正丁醇、正戊醇、酚等。

纸色谱的操作步骤、定性定量方法与薄层色谱相似。

（本节编写人：戴静波）

3.3　称量仪器及其操作

称量是化学实训最基本的操作之一，配制溶液、分析试样、投料反应、测定数据等都离不开称量。常用的称量仪器是天平，化学实训室常用天平有托盘天平和分析天平。托盘天平又称架盘天平或台秤，称量精确度不高，一般能称准至 0.1g，有的可称准至 0.01g，常用于试样的粗称或准确度要求不高的溶液配制中称量。分析天平用于精确度较高的称量，一般能称准到 0.1mg，甚至 0.01mg 或 0.001mg。分析天平按其构造原理，一般可分为杠杆式机械分析天平和电子天平。

基于电磁力平衡重力原理制造的电子天平是目前最新一代天平，其性能先进、称量准确可靠、操作简便快速，具有数字显示、自动调零、自动校准、扣除皮重、输出打印等功能。电子天平尽管价格较贵，但随着我国经济的飞速发展，在实际工作中的应用已基本普及。

本书主要介绍托盘天平和电子天平。

3.3.1　托盘天平

托盘天平是依据杠杆平衡原理制成的，其构造如图 3-45 所示。

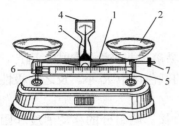

图 3-45　托盘天平

1. 横梁；2. 托盘；3. 指针；4. 刻度盘；
5. 游码标尺；6. 游码；7. 平衡螺丝

使用托盘天平时应注意：

（1）将游码归零，检查指针是否指在刻度盘中心线位置。若不在，可调节右盘下的平衡螺丝。当指针在刻度盘中心线左右等距离摆动时，则表示天平处于平衡状态，相当于指针在零点。

（2）左盘中央放被称物，右盘中央放砝码。用镊子先加大砝码，小砝码放在大砝码周围，一般 5g 以内的质量通过游码来添加，直至指针在刻度盘中心线左右等距离摆动（允许偏差 1 小格以内）。此时，砝码加游码的质量就是被称物的质量。

（3）托盘天平不能称量热的物品，称量物一般不能直接放在托盘上。要根据称量物性质和要求，将称量物置于称量纸上、表面皿上或其他容器中称量。称量纸可两个托盘各放一张相同质量的，表面皿或其他容器可先称出质量，然后增加所需称量药品质量的砝码或游码，最后在左盘添加药品至天平平衡。

(4)取放砝码应用镊子，不能用手拿，砝码不得放在托盘和砝码盒以外的其他任何地方。称量完毕后，应将砝码放回砝码盒，并使天平复原。

(5)经常保持天平清洁，托盘上有药品或其他污物时应立即清除。

3.3.2　电子天平

1. 电子天平的称量原理和种类

电子天平是根据电磁力平衡物体重力的原理制作而成的。在电子天平中，处于磁场中的通电导体产生电磁力。当通电导体与磁场方向垂直时，通电导体所受到的磁场力最大，可用下式表示：

$$F=BLI$$

式中，F 为电磁力；B 为磁感应强度；L 为受力导线长度；I 为电流强度。当电磁力与天平称盘的重力相等时，则有

$$F=mg=BLI$$

此式即为电子天平的电磁力平衡重力原理式。

当天平秤盘上加上载荷时，电磁力传感器将重力变化量通过比例-积分-微分调节器(PID调节器)和放大器转换为线圈中的电流信号，并在滑动变阻器上转化成与载荷相对应的电压信号，再经过低通滤波器和模数(A/D)转换器，变换为数字信号输送至计算机进行数据处理，并将称量结果显示在显示屏上，这就是电子天平称量的基本原理。

电子天平采取先进成熟的电磁力传感器技术，称量结果准确可靠、显示快速清晰，并且具有自动检测系统、简便的自动校准装置以及超载保护装置，代表着天平今后发展的趋势。

目前，电子天平种类很多，按照天平的精度(分度值)和用途可分为以下几类：

(1)电子台秤。如图 3-46 所示，最小称量为 0.01g，最大称量可到 1000g。

(2)超微量电子天平。最大称量为 2～5g，其分度值小于最大称量的 10^{-6}，如赛多利斯 SC2 型、梅特勒 UMT2 型等。目前，世界上精度最高(0.01μg)的超微量电子天平由德国赛多利斯科学仪器有限公司制造。

(3)微量天平。最大称量一般为 3～50g，其分度值小于最大称量的 10^{-5}，如赛多利斯 S4 型、梅特勒 AT21 型等。

(4)半微量天平。最大称量一般为 20～100g，其分度值小于最大称量的 10^{-5}，如赛多利斯 M25D 型、梅特勒 AE50 型等。

图 3-46　电子台秤

(5)常量电子天平。最大称量一般为 100～200g，其分度值小于最大称量的 10^{-5}，如岛津 AUY120 型、梅特勒 AE200 型、赛多利斯 A120S、A200S 型等。

2. 电子天平的主要部件和使用方法

电子天平种类繁多，其构造、使用方法基本相同。以岛津 AUY120 型电子天平为例，其各部件名称和功能如图 3-47 所示。使用方法如下：

(1)观察水泡是否位于水准仪中心，若有偏移，需调整水平调整螺丝，使天平水平。检查称量盘有无遗洒药品粉末，框罩内外是否清洁。若天平较脏，应先用毛刷清扫干净。检查电源，通电预热至所需时间。

(2)轻按下天平 POWER 键(有些型号为 ON 键)，系统自动实现自检，当显示屏显示"0.0000"后，自检完毕，即可称量。

(3)称量时，将洁净的称量纸或其他容器置于称量盘中央，关上侧门，稍候，待显示屏显示数值稳定时，轻按下天平 O/T 键(有些型号为 TARE 键)，即除皮键，天平自动校对零点。当显示屏显示"0.0000"后，开启右侧门，在称量盘上缓慢加入待称物质直至所需质量，随手关好门。显示屏出现的稳定数值即为待称物质质量(g)。

(4)称量结束，关闭天平门，轻按天平 POWER 键(有些型号为 OFF 键)，切断电源，罩上天平罩，并在记录本上记录使用情况。

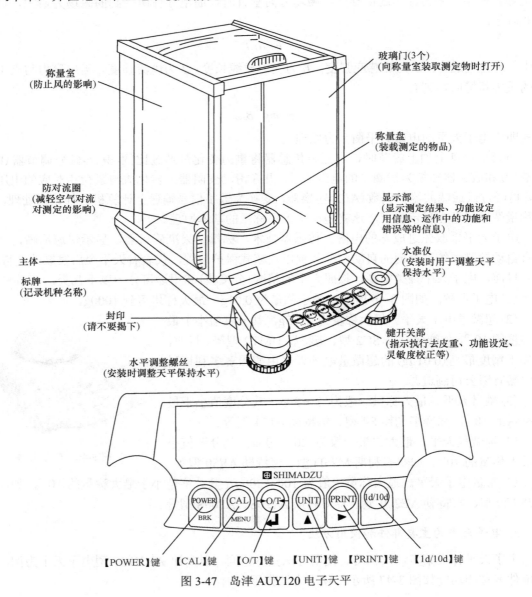

图 3-47　岛津 AUY120 电子天平

3. 电子天平的维护与保养

(1)电子天平是对使用环境高度敏感的精密电子测量仪器，天平室必须满足防尘、防震、防潮、防温度波动。天平应安装在牢固可靠的工作台上，避免震动、气流及阳光照射。在天平室实训时，应保持室内整齐、清洁、干燥，不得在室内喧哗、抽烟、饮食、洗涤等。

(2)电子天平重力电磁传感器(一般 6~8 片)细而薄，易受损，应特别加以保护。不得向天平上加载超载荷物体，不得用手压称量盘或使天平跌落在地上，搬动或运输天平时应将称量盘及其盘托取下。

(3)电子天平是测量地球对物体的引力即重力的仪器，地球不同位置的经纬度不同，则重力加速度不同。应按各型号电子天平说明书规定的方法用当地计量部门认可的标准砝码进行校正。

(4)电子天平安装完毕后，应检查电源电压是否符合要求，并插好电源插头。使用前，应检查天平是否水平，调整水准仪气泡至中央位置，按说明书要求预热至所需时间。

(5)称量易挥发或具有腐蚀性的物品时，必须将物品盛放在密闭容器中称量，以免腐蚀和损坏天平。

(6)如果天平出现故障，应及时检修。不合格天平应立即停用，交由专业人员修理。定期对天平计量性能进行检测，可以自校或外校以保持其处于最佳状态。经常清洗称量盘、外壳和风罩，一般可用清洁绸布沾少许乙醇轻擦。天平清洁后，框罩内应放置无腐蚀性的干燥剂，并定期更换。

(7)在对仪器清洗之前应先将仪器与电源断开，清洗时不要使用强力清洗剂，应使用中性清洗剂并用浸湿毛巾擦洗。注意不要让液体渗到仪器内部，用湿毛巾擦洗后，再用一块干燥软毛巾擦干。称量时若有药品粉末洒落，应立即用刷子小心清理或手持吸尘器清洁干净。

(8)电子天平应由专人保管和维护保养，同时设立技术档案袋用于存放说明书、检定证书、测试记录、使用记录情况等。

3.3.3　称量方法

1. 直接称量法

直接称量法适用于称量洁净干燥的器皿(如称量瓶、小烧杯、表面皿等)、块状或棒状的金属等物体。方法是：先将天平清零，然后将待称物置于称量盘中央，关上侧门，待天平读数稳定后，直接读出物体的质量，如图 3-48 所示。

2. 固定质量称量法

固定质量称量法(增重称量法)适用于称量不易吸湿，在空气中性质稳定，要求某一固定质量的粉末状或细丝状物质。方法是：将称量纸或其他

图 3-48　直接称量法

干燥洁净的容器置于称量盘中央，轻轻关上侧门，天平显示容器质量，轻轻按下 O/T 键(或 TARE 键)，即去皮重。然后打开天平侧门，用药匙缓慢向容器中加入试样，直至天平读数与所需质量一致，如图 3-49 所示，轻轻关上侧门，达到平衡后所显示数字即为所称取试样的质量。

注意：

(1)若加入的试剂不慎超过指定质量，可用药匙取出多余试剂，重复上述操作直至试剂质量符合指定要求。严格要求时，取出的多余试剂应弃去，不得放回原试剂瓶中。

图 3-49　固定质量称量法

(2)操作时,绝不能让试剂散落于称量盘上容器以外的地方。

(3)称好的试剂必须定量地由容器直接转入接受器中,若转移时有少量试剂黏附在容器上,应用蒸馏水吹洗入接受器中。

3. 减量称量法

减量称量法适用于称量一定质量范围的粉末状物质,特别是在称量过程中易吸水、易氧化或易与 CO_2 反应的物质。称取试样的量是由两次称量质量之差求得,因此称为减量称量法(或递减、差减称样法)。称量方法如下:

从干燥器中取出称量瓶(注意:不要让手指直接接触称量瓶和瓶盖,须用清洁纸条夹住称量瓶和瓶盖,或戴上洁净细纱手套),打开瓶盖,用药匙向称量瓶中加入适量试样(一般为称一份试样质量的整数倍略多),盖上瓶盖。必要时可用托盘天平粗称。

将清洁的纸条叠成称量瓶高 1/2 左右的三层纸带,紧套在称量瓶上,左手拿住纸带两端,如图 3-50 所示,将称量瓶置于称量盘中央,准确称出称量瓶加试样的质量,记为 $m_1(g)$。

用纸带紧套称量瓶将其取出,在接受器上方倾斜瓶身,用纸片夹取出瓶盖,用瓶盖轻轻敲瓶口上部内侧使试样缓慢落入容器中,如图 3-51 所示。当倾出的试样接近所需量(可从体积上估计或试重得知)时,一边继续用瓶盖轻敲瓶口内侧,一边逐渐将瓶身竖立,使黏附在瓶口上的试样落入容器或落回称量瓶中,然后盖好瓶盖。最后把称量瓶放回称量盘,准确称取其质量,记为 $m_2(g)$。

图 3-50　称量瓶拿法

图 3-51　从称量瓶中敲出试样

两次称量质量之差 $m_1-m_2(g)$,即为敲出试样的质量。按上述方法连续递减,可称量多份试样。倾样时,一般很难一次倾准,往往需几次(不超过 3 次)相同的操作过程,才能称取一份合乎质量范围要求的样品。

减量称量法可快速连续称取多份同一试样。

(本节编写人:蔡自由)

3.4　容量仪器及其操作

3.4.1　移液管和吸量管

移液管是用于准确移取一定体积溶液的量出式玻璃量器,它的中间有一膨大部分,如图 3-52(a)所示,常用规格有 10mL、25mL、50mL 等。移液管管颈上部刻有一圈标线,在标明的温度下,溶液弯月面最低点与标线相切时,使溶液按一定的方法自然流出,则流出的体积为管上标示的体积。

吸量管是具有分刻度的玻璃量器，如图 3-52（b）所示，常用规格有 0.1mL、0.2mL、0.5mL、1mL、2mL、5mL、10mL、50mL、100mL 等，最小分度有 0.01mL、0.02mL、0.05mL、0.1mL等。量取液体时每次都是从上端"0"刻度开始，放至所需体积刻度为止。小体积吸量管适用于量取非整数的小体积溶液，其量取溶液准确度不如移液管。

移液管和吸量管的使用方法如下：

1. 洗涤和润洗

移液管和和吸量管是带有精确刻度的容量仪器，不宜用刷子刷洗。先用自来水淋洗，若内壁仍挂水珠，则用洗液或装有洗涤液的超声波洗涤，最后用自来水和蒸馏水淋洗。

移取溶液前，先用少量待吸溶液润洗 3 次。用左手持洗耳球，将食指或拇指放在洗耳球上方，其他手指自然地握住洗耳球，右手拇指和中指拿住移液管或吸量管标线以上部分，无名指和小指辅助拿住移液管，将排气后的洗耳球对准移液管口，如图 3-53 所示。将管尖伸入溶液中吸取，待吸液吸至移液管或吸量管约 1/4 处（注意：勿使溶液流回，以免稀释待吸溶液）时，

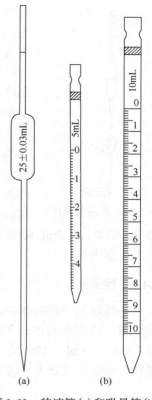

图 3-52　移液管（a）和吸量管（b）

用右手食指堵紧管口并移出移液管。将移液管横置，左手托住没沾溶液的部分，右手指松开，两手平持移液管并不断转动，让溶液润湿整个管内壁（注意：溶液不要超过管上部黄线或红线），润洗过的溶液应从管尖放尽弃去，不得从上口倒出。

为了确保操作溶液的准确浓度不受插入移液管的影响，也可将适量操作溶液倒入干净的小烧杯中，用移液管在小烧杯中吸取溶液进行润洗，最后用剩余的溶液润洗小烧杯内壁。如此重复 3 次。再将操作溶液倒入润洗过的小烧杯中，在小烧杯中移取溶液。

润洗的方法也适合于用洗液洗涤移液管或吸量管，不过洗涤过的洗液要从管尖放回原瓶，不得放入下水道。洗液洗过的仪器用自来水淋洗时，淋洗液也要统一回收处理。

图 3-53　用洗耳球吸液操作

2. 移取溶液

移液管经润洗后，移取溶液时，将管尖直接插入待吸液液面下 1～2cm 处。管尖不应伸入太浅，以免液面下降后造成吸空；也不应伸入太深，以免管外壁附有过多溶液。吸液时，注意容器中液面和管尖的位置，使管尖随液面下降而下降，以免吸空。当洗耳球缓慢放松时，管中液面徐徐上升；当液面上升至标线以上时，迅速移去洗耳球，同时用右手食指堵紧管口。将移液管提离液面，使管尖紧贴容器内壁，将管下端原伸入溶液部分沿容器内壁轻转两圈，以除去管外壁附有的溶液。然后将容器倾斜约 30°，使管垂直，管尖紧贴容器内壁，右手食指微微松动，使液面缓慢稳定下降，直至视线平视时，液体弯月面最低点与刻度标线相切，此

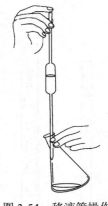

图 3-54　移液管操作

时立即用食指堵紧管口。左手改拿接受溶液的容器，使容器倾斜 30°左右，将移液管移入容器中，保持管垂直，使内壁紧贴管尖，然后放松右手食指，使溶液竖直地自然顺壁流下，如图 3-54 所示。待溶液流尽，等 15s 左右，移出移液管。这时，尚可见管尖部位仍留有少量溶液，除特别注明有"吹"字的移液管外，一般此管尖部位留存的溶液不能吹入接受器中。

用吸量管吸取溶液时，与上述操作大体相同。有些吸量管上标有"吹"字，特别是 1mL 以下的吸量管，要注意流完溶液要将管尖中留存的溶液吹入接受器中。注意：吸量管上的刻度，有的刻到末端收缩部分，有的只刻到距尖端 1～2cm 处，要看清刻度。在同一实验中，应尽量使用同一支吸量管的同一段，通常尽可能使用上面部分，而不用末端收缩部分。例如，用 5mL 吸量管移取 3mL 溶液，通常让溶液自"0"刻度流至 3mL，而避免从 2mL 刻度流至末端。

3.4.2　容量瓶

容量瓶是一种细颈梨形的平底玻璃瓶，用于将准确称量的物质配成准确浓度、准确体积的溶液，或将准确体积和准确浓度的浓溶液稀释成准确浓度和准确体积的稀溶液。常用规格有 10mL、25mL、50mL、100mL、250mL、500mL、1000mL 等。容量瓶带有磨口玻璃塞，用塑料绳固定在瓶颈上。容量瓶的使用和注意事项如下：

1. 检漏和洗涤

加自来水到容量瓶标线附近，盖好瓶塞后，用左手食指按住瓶塞，其他手指拿住瓶颈标线以上部分，用右手指尖托住瓶底边缘，如图 3-55（a）所示。将瓶倒立 2min，如不漏水，将瓶直立，转动瓶塞 180°后，再倒立 2min，如不漏水，方可使用。

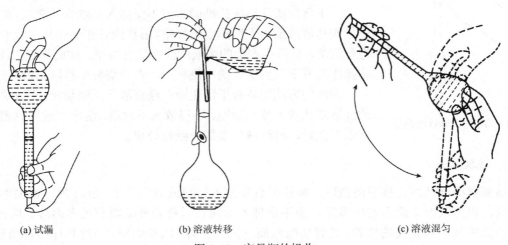

(a) 试漏　　　　　　　　(b) 溶液转移　　　　　　　　(c) 溶液混匀

图 3-55　容量瓶的操作

容量瓶先用自来水涮洗内壁，倒出水后，内壁如不挂水珠，即可用蒸馏水涮洗，备用，否则要用洗液洗。用洗液洗之前，先将瓶内残余水倒掉，装入适量洗液，转动容量瓶，使洗液润洗内壁后，稍停一会儿，将其倒回原瓶，再用自来水淋洗，淋洗液统一回收处理，最后从洗瓶挤出少量蒸馏水涮洗内壁 3 次以上即可。

2. 溶液的配制

将已准确称量的固体置于已洗净的小烧杯中，加入适量溶剂溶解，然后定量转移到容量瓶中。如果固体不易溶解，可适当加热促使其溶解，但应注意冷却至室温后，方可转入容量瓶中。转移时，烧杯口应紧靠玻璃棒。玻璃棒倾斜，其下端紧靠瓶颈内壁，其上部不要碰到瓶口。使溶液沿玻璃棒和内壁流入瓶内，如图 3-55(b)所示。烧杯中溶液流完后，将烧杯沿玻璃棒稍微向上提起，同时使烧杯直立，再将玻璃棒放回烧杯中。用洗瓶吹洗玻璃棒和烧杯内壁，如前法将洗涤液转移至容量瓶中，一般应重复 5 次以上，以保证定量转移。当加水至容量瓶约 3/4 容积时，用手指夹住瓶塞，将容量瓶拿起，旋转摇动几周，使溶液初步混匀(注意：此时不能加塞倒立摇动)。继续加水至距离标线约 1cm 处，等 1～2min，使附在瓶颈内壁的溶液流下后，改用胶头滴管加水(用洗瓶加水容易超过标线)。注意：滴管加水时，勿使滴管触及瓶颈内壁。当加水至溶液弯月面最低点与标线相切(有色溶液亦同)时，盖紧瓶塞，按检漏的操作方法倒转容量瓶，反复摇动 12 次以上，如图 3-55(c)所示。放正容量瓶(此时，因一部分溶液附于瓶塞附近，瓶内液面可能略低于标线，不应补加水至标线)，打开瓶塞，使瓶塞周围溶液流下，重新盖好塞子后，再倒转容量瓶，摇动 2 次，使溶液全部混匀。

如用容量瓶稀释溶液，则用移液管或吸量管移取一定体积浓溶液，在烧杯中稀释，冷却后，定量转移至容量瓶中，加水稀释至标线。若浓溶液稀释不放热，可将浓溶液直接放入容量瓶中加水稀释定容。

配好的溶液如需保存，应转移至磨口试剂瓶中，不要把容量瓶当作试剂瓶贮存溶液。

容量瓶用完后，应立即用水冲洗干净。如长时间不用，应用纸片将玻璃塞与磨口隔开，以免玻璃塞将来可能不易打开。

3.4.3　滴定管

滴定管是滴定时准确测量流出溶液体积的量器，是具有精确刻度、内径均匀的细长玻璃管。管上刻度按流出溶液体积从上到下标示，最上方刻度为 0，最下方为滴定管最大体积刻度。滴定管体积规格最小为 1mL，最大为 100mL。常用 25mL 和 50mL，其最小刻度为 0.1mL，最小刻度间可估计到 0.01mL。有时也会使用 10mL，其最小刻度为 0.05mL，最小刻度间可估计到 0.005mL。在半微量和微量分析中常使用 10mL 以下滴定管。

滴定管按结构和用途分为三种：①下端带有玻璃旋塞的酸式滴定管，如图 3-56(a)所示，通过旋转玻璃活塞控制溶液滴出；②下端用橡皮管(内置玻璃珠)连接一支带有尖嘴小玻璃管的碱式滴定管，如图 3-56(b)所示，通过挤捏橡皮管内玻璃珠以控制溶液滴出；③近年新研制的采用聚四氟乙烯旋塞的酸碱两用滴定管，如图 3-56(c)所示，与酸式滴定管用法一样，通过旋转活塞控制溶液滴出。

酸式滴定管用来装酸性或氧化性溶液，但不宜装碱性溶液，因

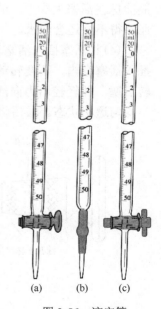

图 3-56　滴定管

为碱性溶液腐蚀玻璃磨口和旋塞，长时间存碱性溶液使活塞不能旋转；碱性滴定管用来装碱性或无氧化性溶液，凡腐蚀橡皮的物质，如强酸、高锰酸钾、碘、硝酸银等溶液，不能用碱

式滴定管来装；酸碱两用滴定管因活塞采用聚四氟乙烯材料，既能耐酸又能耐碱腐蚀，酸碱通用，且密封性好，一般不用涂油，但价格较贵。

滴定管有无色和棕色两种，棕色滴定管用于盛装见光易分解的物质，如高锰酸钾、硝酸银等溶液。

滴定管的使用方法如下：

1. 滴定管的准备

1）检漏

滴定管使用前应检查是否漏水，活塞是否转动自如，液体滴出是否能够灵活控制。

检查滴定管严密性的方法与容量瓶相似：将滴定管装满蒸馏水，垂直挂在滴定管架上，静置2min，用干滤纸片检查活塞缝隙和尖嘴处是否有水渗出。然后将活塞旋转180°，在滴定管架上静置2min，再检查一次。如果有水渗出，则重新涂油。

碱式滴定管使用前，应检查橡皮管是否老化，检查玻璃珠大小是否合适。玻璃珠过大，不便操作；玻璃珠过小，则会漏水。如玻璃珠不合适，应及时更换。

2）活塞涂油

为了使滴定管活塞转动灵活，并防止漏水现象，需将滴定管活塞涂凡士林或真空活塞油。操作方法如下：

（1）将滴定管平放在实验台上，取下活塞小头处橡皮筋，取出活塞（注意：勿使活塞跌落）。

（2）用吸水纸将活塞和活塞套擦干净，擦拭活塞套时，可将吸水纸卷在玻璃棒上伸入活塞套内。

（3）用手指均匀地涂一薄层油脂于活塞两头，不涂活塞套，如图 3-57（a）所示；也可用玻璃棒或火柴梗，将油脂薄而均匀地涂抹在活塞套小口内壁，如图3-57（b）所示，再用手指将油脂涂抹在活塞大头上。油脂涂得太少，活塞转动不灵活；涂得太多，活塞孔容易被堵塞。油脂涂得不好还会漏水。

（4）将活塞插入活塞套中，如图 3-57（c）所示。插入时，活塞孔道应与滴定管平行，径直插入活塞套内，不要转动活塞，这样可以避免将油脂挤到活塞孔中。然后向同一方向不断旋转活塞，并轻轻用力向活塞小头部分挤，以免来回移动活塞，直到油脂层中没有纹路，活塞呈均匀透明状态。最后将橡皮筋套在活塞小头部分沟槽上，固定活塞。

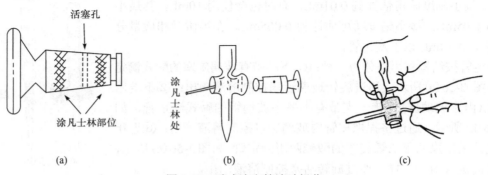

图 3-57　酸式滴定管涂油操作

若活塞孔或出水口管尖被油脂堵塞，可将它置于热水中温热片刻，然后打开活塞，使管内水突然流下，冲出软化油脂。必要时，取下活塞，用螺旋状金属丝将油脂带出。

2. 滴定管的洗涤和润洗

滴定管是具有精确刻度的仪器，不宜用毛刷蘸洗涤剂刷洗，但可用洗液泡洗。酸式滴定管可直接倒入洗液泡洗，但碱性滴定管应取下橡皮管，用准备废弃的橡胶乳头将滴定管下口封住，再倒入洗液泡洗，尖嘴玻璃管和玻璃珠可在小烧杯中用洗液泡洗。

如果滴定管太脏，可将洗液装满整支滴定管浸泡一段时间或使用热洗液泡洗。

如果滴定管只有少量污垢，可装入 10mL 洗液，双手平托滴定管两端，不断转动滴定管，使洗液润洗滴定管内壁，操作时管口对准洗液瓶口，以防洗液外流。洗完后，将洗液分别从两端放出，并倒回原瓶。再用自来水淋洗，淋洗液回收统一处理。最后用蒸馏水润洗干净。

为了保证滴定管所装溶液的浓度不被改变，应将试剂瓶中的溶液摇匀，使凝结在瓶内壁的水珠混入溶液；混合后溶液要从试剂瓶直接倒入滴定管中，不得借助其他容器(如漏斗、滴管、烧杯等)，以免增加污染机会；滴定管在装入溶液前，除要用蒸馏水进行润洗外，还要用所装溶液润洗 3 次。

对于常量滴定管润洗，第 1 次用 10mL 左右溶液，润洗时，两手平端滴定管，边转动、边倾斜管身，使溶液洗遍全部内壁，大部分溶液可由上口放出；第 2、3 次各用 5mL 左右溶液，润洗完后从下口放出。每次润洗尽量放干残留液。对于碱式滴定管，应特别注意玻璃珠下方管尖嘴部分的润洗。

3. 滴定管的装液、排气泡和调零刻度

滴定管用待装溶液润洗之后，关好活塞(活塞柄与管身垂直)，随即装入溶液。将溶液装入滴定管时，用左手前三指持滴定管上部无刻度处，使管略倾斜，右手握住盛溶液的试剂瓶，将溶液直接缓慢倒入滴定管至"0"刻度以上。如果是小试剂瓶，右手可握住瓶身(试剂瓶标签向手心)，直接倾倒溶液于滴定管中；如果是大试剂瓶或容量瓶，可将瓶放在桌面边沿，手握瓶颈，使瓶倾斜，让溶液缓慢倾入管中。如果试剂瓶或容量瓶确实太大，滴定管口很小，也可先将溶液转移入烧杯(注意：烧杯要干燥洁净，并事先用待装溶液润洗 3 次)，再倒入滴定管。

装液后，应检查滴定管尖嘴部分是否充满溶液，是否留有气泡，若有，要排出气泡。

酸式滴定管气泡一般很容易看出。当有气泡时，右手持滴定管上部无刻度部分，并使滴定管倾斜 30°，左手迅速打开活塞至最大流速，使溶液冲出管口，反复数次，一般可除去气泡。

对碱式滴定管排气泡，右手持滴定管上端，并使管稍向右倾斜，左手指捏住玻璃珠侧上部位，使橡皮管向上弯曲翘起，挤捏橡皮管，使气泡随溶液排出，如图 3-58 所示。再一边捏橡皮管玻璃珠侧上部，一边把橡皮管放直，注意待管放直后，再松开拇指和食指，否则出口管仍会有气泡。注意排气泡一定要挤捏玻璃珠侧上部位，不能挤捏玻璃珠下方橡皮管，否则出口管尖倒吸气泡。

图 3-58　碱式滴定管排气泡操作

排完气泡后，重新补充溶液至"0"刻度以上，再控制活塞或挤捏玻璃珠上部，将液面调节到"0"或"0"以下(0.5mL 内)某刻度，注意要防止出口管尖倒吸气泡。

4. 滴定操作

1) 滴定姿势

滴定时，将滴定管垂直挂在滴定管架上，高度要适宜。操作者面对滴定管，可坐着也可站着。滴定一般在锥形瓶中(也可以在烧杯中)进行，瓶底高出滴定台 2～3cm，滴定管尖嘴插入锥形瓶或烧杯口内约 1cm。左手控制滴定管，右手振摇锥形瓶，如图 3-59、图 3-60 所示。

 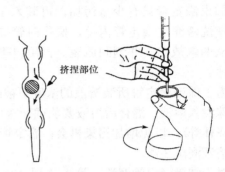

图 3-59　酸式滴定管滴定操作　　　　　图 3-60　碱式滴定管滴定操作

2) 酸式滴定管的滴定操作

操作酸式滴定管时，左手拇指在前，食指、中指在后，手心内凹，手指微屈，轻轻往内扣住活塞转动，无名指和小指向手心自然弯曲，无名指可轻轻靠住出水管口，如图 3-59 所示。注意：手指往里扣用力，不要往外用力，以免推松活塞造成漏水。当然也不要过分向里用力，以免造成活塞旋转困难。

滴定时要自如转动活塞，控制溶液滴出速度。要求通过反复练习做到：使溶液逐滴流出，不要成柱流下；只放出一滴溶液，不要使几滴溶液连续流出；使溶液悬而未落，即半滴，然后让其沿着容器内壁流入容器中，再用少量蒸馏水冲洗容器内壁。

3) 碱式滴定管的滴定操作

操作碱式滴定管时，左手拇指在前，食指在后，其余三指辅助夹住尖嘴小玻璃管，使其垂直而不摆动，拇指和食指指尖往外挤捏于玻璃珠侧上部位，如图 3-60 所示。通常向右边挤捏玻璃珠侧上方橡皮管，使其与玻璃珠之间形成一条缝隙(其实左右挤捏均可，通常向右比较省力)，使溶液以一滴或半滴流出。

注意：不要从正中相反方向用力挤捏玻璃珠的中心位置，这样徒劳挤捏放不出溶液；不要使玻璃珠上下滑动，不要挤捏玻璃珠下部橡皮管，以免管尖倒吸气泡；在整个滴定过程中，始终要保持玻璃珠下部橡皮管和管尖内没有气泡，否则影响读数结果。

4) 边滴边摇瓶，要配合协调

滴定时双手要协调。在锥形瓶中滴定时，右手拇指、食指和中指握住锥形瓶颈，其余手指辅助在下侧。左手控制滴定管滴加溶液，右手用腕力均匀旋转(通常顺时针)摇动锥形瓶，使溶液做圆周运动，要协调配合。注意：右手不允许前后振动或甩动锥形瓶。如果有滴定液溅在锥形瓶内壁上，要立即用水冲入溶液中。在烧杯中滴定时，右手持玻璃棒均匀搅拌使溶液做圆周运动，左手控制滴定管滴定。使用带有磨口玻璃塞的碘量瓶滴定时，应将玻璃塞夹在右手中指和无名指之间。

注意：在整个滴定过程中，左手始终不应离开滴定管任溶液自流，始终不允许滴定管中存在气泡或倒吸气泡；旋转锥形瓶时勿使锥形瓶内壁碰到滴定管尖；玻璃棒不要碰烧杯壁和底；近终点时要注意观察溶液颜色变化，不要一直关注刻度而忽视滴定终点。

5）滴定速度控制和半滴操作

滴定开始时，速度可以快一些，每秒钟 3～4 滴（10mL·min⁻¹），切勿使溶液成柱流下；临近滴定终点时，每加一滴应摇匀，若有液滴溅在瓶内壁上，立即用洗瓶吹洗内壁并摇匀；最后，每加半滴，立即用洗瓶吹洗内壁，摇匀。仔细观察溶液颜色变化。

半滴操作如下：使用酸式滴定管时，轻轻转动旋塞，使液滴悬挂在管尖嘴上，悬而未落，用锥形瓶内壁将其沾落，再用洗瓶吹洗；使用碱式滴定管时，轻轻挤捏橡皮管，使液滴悬挂在管尖嘴上未落，松开拇指与食指，用锥形瓶内壁将其沾落，再用洗瓶吹洗。

5. 滴定管的读数

为了准确读数，在滴定管装满或放出溶液后，必须等 1～2min，使附着在内壁上的溶液完全流下后，方可读数。如果放出溶液的速度较慢（如接近终点时），等 0.5～1min，即可读数。注意：读数时，滴定管尖不能挂水珠，管内、管尖不能有气泡，否则会影响滴定结果。

读数时，应将滴定管从滴定管架上取下，右手拇指和食指捏住管上部无刻度处，使滴定管自然下垂读数。一般不宜采用滴定管挂在滴定管架上读数，因为这样很难确保滴定管垂直和读数准确。

由于水的附着力和内聚力的作用，滴定管内液面呈弯月形，无色或浅色溶液比较清晰。读数时，可读弯月面下缘实线最低点，即视线、刻度与弯月面下沿实线最低点应在同一水平上，如图 3-61（a）所示。对于有色溶液，如 $KMnO_4$、I_2 等，其弯月面不够清晰，读数时，视线与弯月面两侧最高点相切，这样比较容易读准，如图 3-61（b）所示。一定要注意初读数与终读数要采用同一标准读。

常量滴定管读数时，必须读至毫升小数点后第 2 位，即估读到 0.01mL。滴定管两小刻度之间为 0.1mL，要求估读十分之一值。液面在两小刻度中间读 0.05mL；在两小刻度三分之一处读 0.03mL 或 0.07mL；在两小刻度五分之一处读 0.02mL 或 0.08mL 等。

用有蓝线的滴定管盛液时，从蓝线对面看将会出现两个类似弯月面的蓝交叉点，此处即为读数正确位置，如图 3-61（c）所示。蓝交叉点比弯月面实线最低点略高些。

初学者可将黑白板放在滴定管背后，使黑色部分在弯月面下方，此时即可看到弯月面反射层全部成为黑色，然后读此黑色弯月面实线最低点，如图 3-61（d）所示。

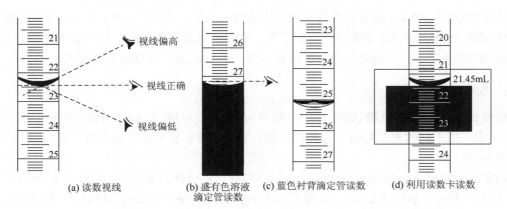

(a) 读数视线　　(b) 盛有色溶液滴定管读数　　(c) 蓝色衬背滴定管读数　　(d) 利用读数卡读数

图 3-61　滴定管的读数

6. 注意事项

(1) 平行测定时，每次滴定都应从零刻度或略低于零某刻度开始滴定，这样可减少滴定管刻度不均引起的仪器误差。不同的滴定管读数方法略有不同，不同人读数标准略有差异。一次滴定的两次读数始终要由同一人按同一标准用同一方法读数，这样才能保证滴定结果的准确性。

(2) 整个滴定过程中，滴定管内、管尖始终不能有气泡，否则严重影响滴定结果准确性。

(3) 为了便于观察溶液颜色变化，滴定时可在锥形瓶后或烧杯下放一块白瓷板作对照，也可以配制适当参比溶液作对照。

(4) 摇动锥形瓶时，应微动腕关节，使溶液向同一方向(顺时针、逆时针均可，一般顺时针)旋转，形成旋涡，不能前后左右摇动或甩动锥形瓶。摇动时，要求有一定速度，但不能让溶液溅出，也不能摇得太慢，以免影响反应速率。

(5) 滴定过程中，始终不应听到滴定管下端与锥形瓶内壁的撞击声，在烧杯中滴定，也不应听到玻璃棒搅拌的撞击声。

(6) 滴定时，要聚精会神地观察液滴落点周围颜色变化。不要只顾看滴定管刻度变化，而不顾滴定反应进行。

(7) 滴定通常在锥形瓶中进行，而碘量法(滴定碘法)、溴酸钾法等，要在碘量瓶中反应和滴定。碘量瓶是带有磨口玻璃塞的锥形瓶，喇叭形瓶口与瓶塞柄之间形成一圈水槽，槽中可加水形成水封，防止溴或碘等挥发。

(8) 滴定结束后，滴定管内溶液应弃去，不要倒回原瓶中，以免沾污操作溶液。

(9) 滴定结束后，要立即将滴定管洗净，用蒸馏水充满全管，挂在滴定管架上，上口用一微量烧杯罩住，备用，或倒尽水后收在仪器柜中。

(10) 酸式滴定管若长时间不用，应清洗干净，拆下旋塞，擦干净活塞和塞孔凡士林，在活塞和塞孔间垫上薄纸，箍好橡皮筋，放阴凉通风处保管；碱式滴定管长时间不用时，应将橡皮管拔下，挤干其中水分，加滑石粉保存。

(本节编写人：蔡自由)

3.5　酸度计和分光光度计及其使用

3.5.1　酸度计

酸度计(也称 pH 计)是用直接电位法测量溶液 pH 的一种电子仪器。实训室常用的酸度计有雷磁 pHS-25 型，pHS-2 型和 pHS-3C 型等。它们的原理基本相同，结构略有差异。下面介绍 pHS-3C 型酸度计，其他型号酸度计的使用方法基本相似，可查阅有关使用说明书。

1. 基本原理

酸度计是利用参比电极(饱和甘汞电极或银-氯化银电极)和指示电极(玻璃电极)在不同 pH 溶液中产生不同的电动势这一原理设计的。它除了可以测量溶液酸度外，还可以测量电池电动势(mV)。

饱和甘汞电极由金属汞、氯化亚汞(甘汞)和饱和氯化钾溶液组成，如图 3-62 所示。其电极组成 $Hg \mid Hg_2Cl_2(s) \mid KCl(c)$，电极反应为 $Hg_2Cl_2(s)+2e \Longrightarrow 2Hg(l)+2Cl^-$。25℃电极电势 $E=E^{\ominus}-0.0592\lg c(Cl^-)$，其中，$E^{\ominus}$ 为标准电极电势。

由此可见，甘汞电极电势只与温度和溶液中氯离子浓度(严格讲是活度)有关，不随溶液 pH 变化而变化。25℃时，饱和甘汞电极电势为 0.2412V。

银-氯化银电极由金属银、氯化银和饱和氯化钾溶液组成，在一定温度下，电极电势也是恒定的，因其体积小，一般作为内参比电极。

玻璃电极的电极电势随溶液 pH 变化而改变，如图 3-63 所示。其主要部分是头部的球泡，由特殊的敏感玻璃膜构成。薄膜对氢离子有敏感的响应作用，当它浸泡入被测溶液中时，被测溶液的氢离子与电极球泡表面水化层进行离子交换，球泡内外层产生电极电位。由于内层氢离子浓度不变，而外层氢离子浓度在变化，因此内外层电位差也在改变，其电极电势随待测溶液 pH 变化而变化。

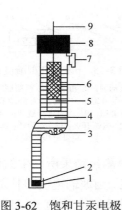

图 3-62　饱和甘汞电极

1. 胶帽；2. 多孔物质；3. 氯化钾晶体；
4. 氯化钾饱和溶液；5. Hg$_2$Cl$_2$；6. 汞；
7. 胶塞；8. 胶木帽；9. Pt 丝

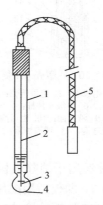

图 3-63　玻璃电极

1. 玻璃管；2. 内参比电极(Ag/AgCl)；
3. 内参比溶液(0.1mol · L^{-1} HCl)；
4. 玻璃薄膜；5. 接线

25℃时，$E_{玻}=K-0.0592\text{pH}$，其中，K 是由玻璃电极本性决定的常数。

将玻璃电极和饱和甘汞电极浸泡入被测溶液中，组成原电池，并连接上精密电位计，即可测定电池电动势 ε。

在 25℃时，$\varepsilon=E_{正}-E_{负}=E_{甘汞}-E_{玻}=E_{甘汞}-K+0.0592\text{pH}=K'+0.0592\text{pH}$

整理上式得 $\qquad\qquad\qquad \text{pH}=(\varepsilon-K')/0.0592$

K' 可用已知 pH 缓冲溶液代替待测溶液测得，0.0592 是与溶液温度 25℃有关的常数，若溶液温度不是 25℃，可用酸度计温度补偿调节旋钮调节。酸度计可直接将测得的电极电势表示为 pH。

目前有一种复合电极，它是由玻璃电极和参比电极(银-氯化银电极)组合在一起的塑壳可充式电极，其构造如图 3-64 所示。只要将它插入待测溶液中即可组成完整原电池。

2. pHS-3C 型酸度计及其使用

pHS-3C 型酸度计外形如图 3-65 所示，各调节旋钮的作用如下：

温度补偿调节旋钮用于补偿由于溶液温度不同对测量结果产生的影响。因此在测定 pH 和校正时，必须将此旋钮调节至该溶液温度值。

斜率补偿调节旋钮用于补偿电极转换系数。由于实际电极系统并不能达到理论上的转换系数(100%)。因此，设置此调节旋钮是便于用两点校正法对测量结果进行 pH 校正，使仪器能更精确测量溶液 pH。

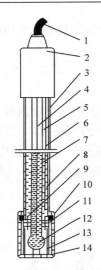

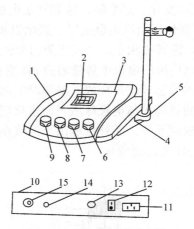

图 3-64　201 型塑壳 pH 复合电极

1. 电极导线；2. 电极帽；3. 电极塑壳；4. 内参比电极；
5. 外参比电极；6. 电极支持杆；7. 内参比溶液；
8. 外参比溶液；9. 液接面；10. 密封圈；11. 硅胶圈；
12. 电极球泡；13. 球泡护罩；14. 护套

图 3-65　pHS-3C 型酸度计

1. 机箱盖；2. 显示屏；3. 面板；4. 机箱底；5. 电极杆插座；
6. 定位调节旋钮；7. 斜率补偿调节旋钮；
8. 温度补偿调节旋钮；9. 功能选择旋钮；10. 仪器后面板；
11. 电源插座；12. 电源开关；13. 保险丝；14. 参比电极接口；
15. 测量电极插座

定位调节旋钮用于消除电极的不对称电位和液接电位对测量结果所产生的误差。该仪器的零电势 pH 为 7，即仅适用配用零电势 pH 为 7 的玻璃电极。当玻璃电极和甘汞电极(或复合电极)浸入 pH 为 7 的缓冲溶液时，其电势不能达到理论上的 0mV，而有一定值，该电势差称为不对称电位。这个值的大小取决于玻璃电极膜材料的性质、内外参比体系、待测溶液性质和温度等因素。为了提高测定准确度，在测定前必须通过定位调节旋钮消除不对称电位。

功能选择旋钮(pH、mV)供选定仪器测量功能。

pHS-3C 型酸度计使用方法：

1) 准备

(1) 接通电源。将 9V 直流电源输入插头插入 220V 交流电源上，直流输出插头插入仪器后面板"DC9V"电源插孔。

(2) 安装电极。将复合电极装在电极架上，拔去仪器后电极插座上的短路插头，接上电极插头。

(3) 按下电源开关，预热 5min。

2) 校正

仪器附有 $0.05 \text{mol} \cdot \text{kg}^{-1}$ 邻苯二甲酸氢钾、$0.025 \text{mol} \cdot \text{kg}^{-1}$ 混合物磷酸盐、$0.01 \text{mol} \cdot \text{kg}^{-1}$ 四硼酸钠 3 种标准缓冲溶液，可根据实际情况，选用与被测溶液 pH 较接近的缓冲溶液对仪器进行校正(又称定位、标定)。3 种缓冲溶液 pH 与温度的关系见附录 5。

酸度计的校正分为一点校正(用一种缓冲溶液定位，一般用于粗略测量)、两点校正(用两种缓冲溶液定位，一般用于精密测量)和三点校正(用于精确测量)。两点校正的操作步骤如下：

(1) 将功能选择旋钮调到 pH 挡，温度补偿调节旋钮调至与待测溶液温度一致，斜率补偿调节旋钮顺时针旋到底(调到 100%位置)。

(2) 用去离子水清洗复合电极，用软质滤纸轻轻吸干玻璃泡上的水分。

(3)将复合电极插入标准缓冲溶液(如 0.025mol·kg^{-1} 混合物磷酸盐)中，调节定位调节旋钮，使仪器显示 pH 与该温度下标准缓冲溶液 pH 一致。

(4)取出电极，用去离子水清洗电极后，用软质滤纸轻轻吸干玻璃泡上的水分。

(5)将复合电极插入另一种标准缓冲溶液(如 0.05mol·kg^{-1} 邻苯二甲酸氢钾或 0.01mol·kg^{-1} 四硼酸钠)中，调节斜率补偿调节旋钮，使仪器显示 pH 与该温度下标准缓冲溶液 pH 一致。重复(2)~(5)。

注意：经校正后，斜率补偿调节及定位调节旋钮不应有变动；校正用的缓冲溶液 pH 应接近被测溶液 pH；一般来说，仪器在连续使用时，每天要校正一次。

3)测量溶液 pH

用去离子水和被测溶液分别清洗电极后，将电极插入被测溶液中，用玻璃棒搅拌(或摇动)使溶液均匀，在显示屏上读出待测溶液 pH。

若被测溶液与校正时所用的标准缓冲溶液温度不同，则调节温度补偿调节旋钮至待测溶液温度，再测量。精确测量时，被测溶液温度最好保持与校正溶液温度一致。

3. 仪器和电极的维护

(1)仪器的输入端(电极插口)必须保持清洁，不用时用短路插头插入插座，以防灰尘和水分侵入。在环境湿度较高时，应用干净布把电极插口擦干。

(2)测量时，电极的引入线需保持静止，否则会引起测量不稳定。

(3)仪器在测量前，必须用标准缓冲溶液校正，标准缓冲溶液 pH 与被测溶液 pH 越接近越好。

(4)使用复合电极时，应避免电极下部的玻璃泡与硬物或污物接触。若发现玻璃泡沾污，可用医用棉花轻擦球泡部分或用 0.1mol·L^{-1} 盐酸清洗。

(5)复合电极外参比溶液为 3mol·L^{-1} 氯化钾溶液，补充液可从电极上端的小孔中加入。

(6)复合电极使用后应清洗干净，套上保护套，保护套中加少量补充液以保持电极球泡的湿润。

(7)旋转温度补偿调节旋钮、斜率补偿调节及定位调节旋钮时勿用力太大，以防移动紧固螺丝位置。

(8)使用新的或长久不用的复合电极前，应将电极浸泡在 3mol·L^{-1} 氯化钾溶液中活化 24h。

3.5.2　分光光度计

分光光度计型号较多，如 721 型、721B 型、722 型和 752 型等。下面仅介绍 722 型分光光度计主要部件和使用方法。

1. 仪器主要部件

722 型分光光度计如图 3-66 所示，其光路图如图 3-67 所示。该仪器用卤钨灯为光源，波长范围为 330~800nm，波长精度为 ±2nm，光谱带宽为 6nm，色散元件为衍射光栅，样品架可放置 4 个比色皿。

2. 722 型光栅分光光度计的使用方法

(1)打开电源，指示灯亮，打开比色皿暗箱盖，预热 20min。

(2)将灵敏度调节旋钮调至"1"挡，选择开关置于"T"，调波长选择旋钮至所需波长。

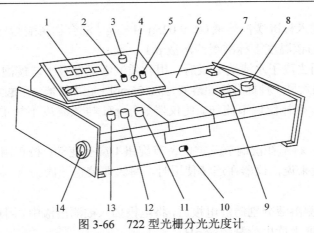

图 3-66　722 型光栅分光光度计

1. 数字显示器；2. 吸光度调零旋钮；3. 选择开关；4. 吸光度调斜率电位器；5. 浓度旋钮；6. 光源室开关；
7. 电源开关；8. 波长选择旋钮；9. 波长刻度窗；10. 试样架拉手；11. 100%T 旋钮；12. 0%T 旋钮；
13. 灵敏度调节旋钮；14. 干燥器

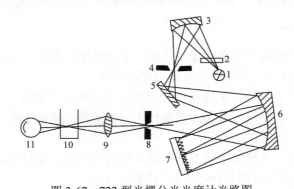

图 3-67　722 型光栅分光光度计光路图

1. 卤钨灯；2. 滤光片；3. 聚光镜；4. 入射狭缝；5. 反射镜；6. 准直镜；7. 光栅；8. 出射狭缝；
9. 聚光镜；10. 比色皿；11. 光电管

(3)将参比溶液推入光路，打开比色皿暗箱盖，调节"0%T 旋钮"，使数字显示为"00.0"，盖上比色皿暗箱盖，调节"100%T 旋钮"，使数字显示为"100.0"。再将选择开关置于"A"，旋动"吸光度调零旋钮"，使数字显示为".000"。

(4)若调不到"100.0"，则加大一挡灵敏度旋钮，以增大微电流放大器倍率(但尽可能使倍率置于低挡)，重新用参比溶液，调节"T"的"0"和"100%"，"A"的".000"。

重复(3)，直至仪器稳定，数字显示稳定。

(5)将选择开关置于"A"挡，将待测溶液推入光路，显示吸光度值。若将选择开关打到"T"挡，就是相应的透光率。

(6)改变波长或灵敏度测量时，重新用参比溶液，调节"T"的"0"和"100%"，"A"的".000"，再测吸光度。

(7)仪器使用完毕，取出比色皿，洗净、晾干。关闭电源开关，拔下电源插头，复原仪器(短时间停用仪器，不必关闭电源，只需打开比色皿暗箱盖)。

3. 使用和维护仪器的注意事项

(1)仪器使用时，注意每次改变波长或灵敏度时，都要用参比溶液调节"0%T 旋钮"和"100%T 旋钮"。

（2）比色皿装液不宜太满，液体量为比色皿容量的 4/5，若溶液溢出应擦干。手指拿比色皿时只能与磨砂面接触。

（3）每次使用完毕后，要用蒸馏水洗净比色皿，并倒置晾干后，存放在比色皿盒内。在日常使用中应注意保护比色皿透光面，使其不受损坏或产生划痕，以免影响透光率。

（4）为了减少误差，应使用同一比色皿测定标准溶液与试液。

（5）连续使用仪器时间不应超过 2h，最好间歇半小时后，再继续使用。

（6）仪器不能受潮。在日常使用中，应经常注意单色器上的防潮硅胶（在仪器底部）是否变色，如硅胶变红，应立即取出烘干或更换。

（7）在托运或移动仪器时，应注意小心轻放。

（本节编写人：陈静静）

3.6　溶液的配制及其操作

配制溶液并确定其浓度是化学实训室最基本的操作，也是从事其他相关学科教学、研究和生产的基础工作。溶液按溶剂可分为水溶液和非水溶液，按其浓度的准确程度和用途可分为一般溶液和标准溶液。配制溶液除需选择符合要求的溶质（化学试剂）和溶剂（通常为水）外，还需选择合适的仪器。

3.6.1　一般溶液的配制

一般溶液是指非标准溶液，在化学实训中常用于溶解样品、调节酸度、分离或掩蔽干扰离子、显色等。

一般溶液的浓度精度要求不高，只需保留 1～2 位有效数字。一般化学制备用化学纯或实验试剂配制溶液，普通试液与缓冲溶液等可采用分析纯或化学纯试剂配制。一般溶液的配制用三级水。化学试剂的质量用托盘天平或电子台秤称量，体积用量筒或量杯量取即可。配制操作如图 3-68 所示。

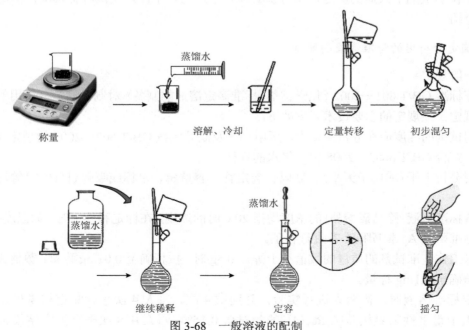

图 3-68　一般溶液的配制

一般溶液的标签书写内容包括：名称、浓度、介质、配制日期和配制人等。

3.6.2　标准溶液的配制

标准溶液是已知准确浓度的溶液。常用的标准溶液有如下三种：

(1)滴定分析用的标准溶液。在滴定分析中常用作滴定剂，故称为滴定液。主要用于测定试样的主体成分或常量成分。其浓度要求准确到 4 位有效数字，常用的浓度表示方法是物质的量浓度和滴定度。

(2)杂质测定用的标准溶液。杂质测定用的标准溶液包括元素标准溶液、标准比对溶液(如标准比色溶液、标准比浊溶液等，因配成一系列不同浓度，又称为标准系列溶液，用于绘制标准曲线或作计算标准)。主要用于对样品中微量组分或杂质(元素、分子、离子等)进行定量、半定量或限量分析。其浓度通常以质量浓度来表示，常用的单位是 $mg \cdot L^{-1}$、$\mu g \cdot L^{-1}$ 等。

标准系列溶液是先将待测组分的标准物质配成一定浓度的储备液，再准确量取一定量的储备液，稀释成另一个较高浓度的标准溶液，然后再逐级准确稀释成所需要的不同浓度的系列溶液。在仪器定量分析中，通过测定标准系列溶液的某些理化性质(如吸光度、电极电势等)，以标准系列溶液的浓度为横坐标，某些理化性质(仪器的响应值)为纵坐标，绘制标准曲线，利用标准曲线对试样中微量组分或杂质进行定量分析。

(3)测量 pH 用的标准缓冲溶液。测量 pH 用的标准缓冲溶液具有准确的 pH 数值，由 pH 基准试剂进行配制。用于对 pH 计进行校准，也称定位。

标准溶液浓度的准确程度直接影响分析结果的准确度。因此，制备标准溶液在方法、使用仪器、量具和试剂等方面的国家标准中都有严格的规定和要求。国家标准 GB/T 601—2002 对滴定分析用标准溶液有严格规定，规定其适用于滴定法测定化学试剂的纯度及杂质含量，也可供其他行业选用。国家标准 GB/T 602—2002 对杂质测定用的标准溶液也有严格规定，规定其适用于化学试剂中杂质的测定，也可供其他行业选用。下面对这两种标准溶液的配制方法作简单介绍。

1. 滴定分析用的标准溶液的配制

1)一般规定

国家标准 GB/T 601—2002《化学试剂 标准滴定溶液的制备》对制备滴定分析用的标准溶液作了规定，该规定的主要技术要求如下：

所用试剂的纯度应在分析纯以上，所用制剂及制品应按 GB/T 603—2002 的规定制备，实验用水应符合 GB/T 6682—2008 中三级水的规格。

所用分析天平(或电子天平)、砝码、滴定管、容量瓶、单标线吸管(移液管)等均需定期校正。

制备标准溶液(除高氯酸外)的浓度均指 20℃时的浓度，在标定和使用时，如温度有差异，应按本标准附录 A(本书附录 7)进行补正。

称量工作基准试剂的质量的数值小于等于 0.5g 时，按精确至 0.01mg 称量；数值大于 0.5g 时，按精确至 0.1mg 称量。

标定标准溶液时，需两人进行实验，分别做 4 次，每人 4 次平行测定结果极差的相对值不得大于重复性临界极差$[C_rR_{95}(4)]$的相对值 0.15%，两人共 8 次平行测定结果极差的相对值不得大于重复性临界极差$[C_rR_{95}(8)]$的相对值 0.18%。取两人 8 次平行测定结果的平均值作为测定结果。在运算过程中保留 5 位有效数字，浓度值报告结果取 4 位有效数字。

标准溶液浓度平均值的扩展不确定度一般不应大于 0.2%，可根据需要报出，其计算参见本标准附录 B。

配制标准溶液的浓度值应在规定浓度值的±5%范围以内。

配制浓度等于或低于 $0.02\text{mol} \cdot \text{L}^{-1}$ 的标准溶液时，应在临用前将浓度高的标准溶液用煮沸并冷却的纯水稀释，必要时重新标定。

滴定分析用的标准溶液在常温(15～25)℃下，保存时间一般不得超过 60 天。当溶液出现浑浊、沉淀、颜色变化等现象时，应重新制备。

2)配制和标定方法

标准溶液的制备有直接配制法和间接配制法两种。

(1)直接配制法。用分析天平或电子天平准确称取一定量(精确至 4～5 位有效数字)的按有关规定干燥至恒量的基准物质，溶解后定量转移到容量瓶中，稀释至一定体积，摇匀。根据称取基准物质的质量和容量瓶的体积，计算出该标准溶液的准确浓度(要求 4～5 位有效数字)。只有溶质为基准物质的标准溶液，才能采用直接配制法配制。

(2)间接配制法(标定法)。很多试剂不符合基准物质的条件，不能直接配制，应采取间接配制法配制。一般先将这些试剂配成近似所需浓度的溶液，再用基准物质(或已用基准物质标定过的标准溶液)来标定其准确浓度。标准溶液有两种标定方法。

(i)基准物标定法。准确称取一定量的基准物质，溶于纯水后用待标定溶液滴定至反应完全，根据所消耗待标定溶液的体积和基准物的质量，计算出待标定溶液的准确浓度。例如，用基准物无水碳酸钠标定盐酸或硫酸溶液，就属于此标定方法。

(ii)比较标定法。有些标准溶液没有合适的用于标定的基准试剂，只能用另一种已知准确浓度的标准溶液来标定，称为比较标定法。比较标定法的系统误差比基准物标定法要大些。例如，用盐酸标准溶液标定碳酸钠溶液，用高锰酸钾标准溶液标定草酸溶液等都属于此标定方法。

2. 杂质测定用的标准溶液的配制

为了确保杂质测定用标准溶液浓度的准确度，GB/T 602—2002 对杂质测定用标准溶液的制备和使用作了一般规定。

所用试剂的纯度应在分析纯以上，所用标准溶液、制剂及制品应按 GB/T 601—2002、GB/T 603—2002 的规定制备，实验用水应符合 GB/T 6682—2008 中三级水的规格。

杂质测定用标准溶液应使用分度吸管量取。每次量取时，以不超过所量取杂质测定用标准溶液体积的三倍量选用分度吸管。

杂质测定用标准溶液的量取体积应为 0.05～2.00mL。当量取体积小于 0.05mL 时，应将杂质测定用标准溶液按比例稀释；当量取体积大于 2.00mL 时，应在原杂质测定用标准溶液制备方法基础上，按比例增加所用试剂和制剂的加入量。

杂质测定用标准溶液在常温(15～25)℃下，保存期一般为 60 天。当出现浑浊、沉淀或颜色变化时，应重新制备。

标准溶液标签书写内容包括：溶液名称、浓度类型、浓度值、介质、配制日期、配制温度、瓶号、校核周期和配制人等。

3.6.3 按照《中华人民共和国药典》配制的标准溶液

《中华人民共和国药典》(以下简称《中国药典》)将容量分析中用于滴定被测物质含量的标准溶液称为滴定液。它具有准确浓度(取 4 位有效数字),单位以 $mol \cdot L^{-1}$ 表示,其基本单元根据《中国药典》规定。滴定液的浓度值与其名义值之比称为 F 值,用于容量分析中的计算。《中国药品检验标准操作规范》对滴定液的主要技术要求如下:

分析天平或电子天平的分度值(感量)应为 0.1mg 或小于 0.1mg;分析天平毫克组砝码需经校正,并列有校正表备用;电子天平需按规定的方法用当地计量部门认可的标准砝码进行校正。10mL、25mL 和 50mL 滴定管应附有该滴定管的校正曲线和校正值。10mL、15mL、20mL 和 25mL 移液管的真实容量应经校准,并附有校正值。250mL 和 100mL 容量瓶应符合国家 A 级标准,或附有校正值。

试药与试液均应按《中国药典》附录 XVF "滴定液"项下的规定取用,基准试剂应有专人负责保管与领用。

滴定液的配制方法有间接配制法与直接配制法,应根据规定选用,并应遵循如下规定:

(1)所用溶剂"水"是指蒸馏水或去离子水,在未注明其他要求时,应符合《中国药典》"纯化水"项下的规定。

(2)采用间接配制法时,溶质与溶剂的取用量均应根据规定量进行称取或量取,并且制成后滴定液的浓度值应为其名义值的 0.95~1.05;当在标定中发现其浓度值超出其名义值的 0.95~1.05 范围时,应加入适量的溶质或溶剂予以调整。当配制量大于 1000mL 时,其溶质与溶剂的取用量均应按比例增加。

(3)采用直接配制法时,其溶质应采用基准试剂,并按规定条件干燥至恒量后称取,取用量应为精密称量(精确至 4~5 位有效数字),并置于 1000mL 容量瓶中加溶剂溶解,然后稀释至刻度,摇匀。配制过程中应有核对人,并在记录中签名以示负责。

(4)配制浓度等于或低于 $0.02mol \cdot L^{-1}$ 的滴定液时,除另有规定外,应于临用前精密量取浓度等于或大于 $0.1mol \cdot L^{-1}$ 的滴定液适量,加新煮沸过的冷水或规定的溶剂定量稀释制成。

(5)配制成的滴定液必须澄清,必要时可滤过。

滴定液的标定是指根据《中国药典》规定的方法,用基准物质或已标定的滴定液准确测定滴定液浓度($mol \cdot L^{-1}$)的操作过程;应严格遵守《中国药典》中各该滴定液项下的方法进行标定,并应严格遵守下列规定:

(1)所用分析天平及其砝码(或电子天平)、滴定管、容量瓶和移液管等,均应经过检定合格;其校正值与原标示值之比的绝对值大于 0.05% 时,应在计算中采取校正值予以补偿。

(2)标定工作宜在室温(10~30)℃下进行,并应在记录中注明标定时的室内温度。

(3)所用基准物质应采用基准试剂,取用时应先在玛瑙研钵中研细,并按规定条件干燥,置干燥器中放冷至室温后,精密称取(精确至 4~5 位有效数字);有吸湿性的基准物质宜采用减量称量法进行称量。如果是用另一种已标定的滴定液作标准溶液,通过比较进行标定,则该已标定的滴定液的取用应为精密量取(精确至 0.01mL),用量除另有规定外,应等于或大于 20mL,其浓度也应按《中国药典》规定准确标定。

(4)根据滴定液的消耗量选用适宜容量的滴定管;滴定管应洁净,活塞应密合、旋转自如;盛装滴定液前,应先用少量滴定液淋洗 3 次,盛装滴定液后,宜用小烧杯覆盖管口。

(5)标定中，滴定液宜从滴定管的起始刻度开始；滴定液的消耗量，除另有规定外，应大于 20mL，读数应估计到 0.01mL。

(6)标定中的空白试验，是指在不加供试品或以等量溶剂替代供试品的情况下，按同法操作和滴定所得的结果。

(7)标定工作应由初标者(一般为配制者)和复标者在相同条件下各做 3 次平行试验；各项原始数据经校正后，根据计算公式分别进行计算；3 次平行试验结果的相对平均偏差，除另有规定外，不得大于 0.1%；初标平均值和复标平均值的相对偏差也不得大于 0.1%；标定结果按初标和复标的平均值计算，取 4 位有效数字。

(8)直接法配制的滴定液，其浓度按配制时基准物质的取用量(精确至 4～5 位有效数字)与容量瓶的容量(加校正值)以及计算公式计算，取 4 位有效数字。

(9)临用前按稀释法配制浓度等于或低于 0.02mol·L^{-1} 的滴定液，除另有规定外，其浓度可按原滴定液(浓度等于或大于 0.1mol·L^{-1})的标定浓度与取用量(加校正值)，以及最终稀释成的容量(加校正值)计算而得。

滴定液在配制后应按《中国药典》规定的贮藏条件贮存，一般宜采用质量较好的具玻璃塞的玻璃瓶。应在滴定液贮瓶外的醒目处贴上标签，写明滴定液名称及其标示浓度，并在标签下方加贴包含如下内容的表格，根据记录填写。

×××滴定液(×.××××mol·L^{-1})

配制或标定日期	室温	浓度或校正因子(F 值)	配制者	标定者	复标者

滴定液经标定所得的浓度或其 F 值可在 3 个月内应用(除另有规定外)，过期应重新标定。当标定与使用时的室温相差未超过 10℃时，其浓度值可不加温度补正值(除另有规定外)；但当室温之差超过 10℃时，应加温度补正值，或重新标定。

当滴定液出现浑浊或其他异常情况时，该滴定液应立即弃去，不得再用。

3.6.4　饱和溶液的配制

配制固体溶质的饱和溶液时，先按该固体物质的溶解度计算出所需溶质的质量和溶剂的体积，然后称取比计算量稍多的固体试剂，磨碎后放入水中，长时间搅拌至固体不再溶解为止，静置后取上层澄清溶液，即为饱和溶液；对于溶解度随温度升高而增大的固体溶质，可加热至高于室温，并不断搅拌，再使溶液冷却至室温，此时析出固体溶质，上层澄清溶液便是饱和溶液。

若配制 H$_2$S、Cl$_2$ 等气体饱和溶液，一般在室温下将 H$_2$S、Cl$_2$ 等气体通入蒸馏水中一段时间，所得的溶液即为饱和溶液。

3.6.5　缓冲溶液的配制

缓冲溶液是一种能够抵抗外加少量强酸、强碱或水的稀释而本身 pH 基本不变化的溶液。在控制反应酸度条件、测定溶液 pH、电泳分离、药物制剂和生化研究等方面具有重要应用。缓冲溶液根据用途可分为如下几种：

(1)pH 基准试剂定值用一级 pH 缓冲溶液。此缓冲溶液的 pH 用无液接电位的双氢电极测定，准确度为 ±0.005pH，相当于国际纯粹与应用化学联合会(IUPAC)规定的 C 级，一般由国家控制生产，用于 pH 基准试剂的定值和高精密度 pH 计的校准。

（2）pH 基准试剂测定值用 pH 标准缓冲溶液。此缓冲溶液一般由试剂厂家生产，以一级 pH 基准试剂为标准，用有液接电位的双氢电极测定，准确度为 ±0.01pH，相当于 IUPAC 规定的 D 级，用于配制 pH 基准试剂和 pH 计的校准。

（3）化学品 pH 测定用标准缓冲溶液。此缓冲溶液的 pH 范围为 1.0～13.0，有一整套系列，在 pH1.0～10.0 范围每隔 0.1pH 就有一种标准溶液，在 pH10.0～13.0 范围每隔 0.2pH 就有一种标准溶液，准确度为 ±0.03pH。此溶液由一般试剂厂家生产，主要用于测定酸碱指示剂变色范围，但不能用于 pH 计的校准，也不能用于配位滴定控制酸度。

（4）配位滴定控制酸度用缓冲溶液。此溶液由实训室自配，用于配位滴定控制溶液酸度，如六亚甲基四胺-盐酸、氨水-氯化铵等。

（5）挥发性缓冲溶液。此类溶液一般用于电泳分离、色谱分离，常用甲酸、乙酸、吡啶类、吗啉类试剂配制而成。

（6）生化研究用缓冲溶液。此类溶液一般用于 DNA、蛋白质等生物大分子的研究过程中控制酸度，pH 范围为 5～8，如 4-吗啉乙磺酸、4-吗啉丙磺酸、三羟甲基氨基甲烷等。

1. 缓冲溶液的组成

缓冲溶液一般由具有同离子效应的弱酸及其共轭碱或弱碱及其共轭酸按一定浓度比混合而组成，或由不同浓度的两性物质组成。具体包括以下几种：①弱酸及其共轭碱，如 HAc-NaAc、H_2CO_3-$NaHCO_3$、H_3PO_4-NaH_2PO_4；②弱碱及其共轭酸，如 $NH_3 \cdot H_2O$-NH_4Cl；③多元酸的酸式盐及其共轭碱，如 $NaHCO_3$-Na_2CO_3、NaH_2PO_4-Na_2HPO_4 等；④两性物质，如 $NaHCO_3$、NaH_2PO_4、邻苯二甲酸氢钾等。

另外，高强度的强酸、强碱也具有缓冲作用。

用以配制缓冲溶液的试剂称为缓冲剂，共轭酸碱称为缓冲对。

2. 缓冲溶液的配制

1）选择合适的缓冲剂

在实际工作中，若溶液 pH 小于 2 或大于 12，一般选用强酸或强碱来控制酸度；pH 为 2～12，一般用共轭酸碱缓冲对来控制酸度；若需要用同一缓冲体系在较大的 pH 范围内能起缓冲作用，一般选用多元酸及其盐作缓冲体系。

选择缓冲对的原则是所配缓冲溶液的 pH 应在缓冲对的缓冲范围（$pK_a \pm 1$）内，且共轭酸的 pK_a（pK_w–pK_b）与所配缓冲溶液的 pH 尽量接近或相等，这样配制的缓冲溶液具有较大的缓冲容量。例如，配制 pH 为 5 的缓冲溶液，可选 HAc-NaAc 缓冲对，因为 HAc 的 pK_a 为 4.76，接近 5；配制 pH 为 9 的缓冲溶液，可选 NH_3-NH_4Cl 缓冲对，因为 NH_4^+ 的 pK_a 为 9.24，也可以选 H_3BO_3-$Na_2B_4O_7$ 缓冲对，因为 H_3BO_3 的 pK_a 为 9.27；配制 pH 为 7 的缓冲溶液，可选 NaH_2PO_4-Na_2HPO_4，因为 $H_2PO_4^-$ 的 pK_a 为 7.21。

2）所选的缓冲剂对反应无干扰

所选的缓冲剂不能与溶液体系中有关物质发生化学反应，特别是药用缓冲溶液，缓冲剂不能与主药发生配伍禁忌，不能产生毒性，且在加热灭菌和贮存期间要稳定。

3）缓冲溶液要有足够的缓冲容量

缓冲容量主要由总浓度来调节，总浓度太低，缓冲容量就太低；总浓度太高，则浪费试剂，如果是生化用缓冲溶液，渗透压会过大。在实际工作中，一般选择总浓度为 $0.05\sim0.5\text{mol}\cdot\text{L}^{-1}$。

　　4）计算和配制

　　为了方便计算和配制，经常使用相同浓度的共轭酸碱溶液，根据亨-哈公式：

$$pH = pK_a + \lg\frac{V_{B^-}}{V_{HB}}$$

式中，V_{B^-} 为共轭碱体积；V_{HB} 为共轭酸体积；$V_{B^-}+V_{HB}$ 为缓冲溶液总体积。

　　计算组成缓冲溶液所需相同浓度共轭酸和共轭碱的体积，分别量取共轭酸碱溶液混合配制成缓冲溶液。

　　5）校正

　　由于没有考虑离子强度对溶液 pH 的影响，采用上述方法计算和配制的缓冲溶液的 pH 的实际值与计算值之间存在一定差异，一般可用 pH 酸度计测定其 pH，再加酸或碱调整其 pH。

　　为了保证配制 pH 的准确性，校准 pH 计的标准缓冲溶液必须使用 pH 基准试剂配制。同时，配制标准缓冲溶液的用水要用重蒸馏水，如果配制碱性的标准缓冲溶液，还要除掉重蒸馏水中的 CO_2。标准缓冲溶液一般保存两三个月，如发现有浑浊、沉淀等现象，不能使用，要重新配制。

（本节编写人：林壮森）

3.7　基本物性常数的测定

3.7.1　温度的测量及控制

　　1. 温度计

　　温度是表征体系中物质内部大量分子、原子平均动能的宏观物理量。物质的理化性质、反应活性等与温度密切相关。测定温度和控制温度在化学实训中非常重要。

　　温度计是测定温度的仪器总称，种类很多，有玻璃液体温度计、热电偶温度计、电阻温度计等。玻璃液体温度计包括水银温度计和酒精温度计，实训室最常用水银温度计。

　　1）水银温度计

　　水银温度计是一种结构简单、测量准确、测定范围较大、使用方便的温度计。常见种类如下，可根据需要选用。

　　（1）普通水银温度计。一般测量范围有 $-5\sim105℃$、150℃、250℃、360℃等，刻度间隔有 2℃、1℃、0.5℃、0.2℃、0.1℃等。

　　（2）精密温度计。测量范围有 $9\sim15℃$、$12\sim18℃$、$15\sim21℃$、$18\sim24℃$、$20\sim30℃$等，刻度间隔为 0.01℃。

　　（3）贝克曼温度计。它是精确测量温差的水银温度计，最小刻度为 0.01℃，用放大镜可以读准到 0.002℃，量程只有 5℃；还有一种最小刻度为 0.002℃，可估读到 0.0004℃，量程只有 1℃。在测定溶液凝固点下降或沸点上升时可用此温度计。

　　（4）电接点温度计（电接触温度计）。它可以在某一温度点上接通或断开，与电子继电器等装置配套，可以用来控制温度。

　　2）使用水银温度计的注意事项

　　（1）将温度计垂直插入待测物体中，放置适当时间后读数。

(2)绝不允许将温度计当玻璃棒使用，边测温边搅拌溶液。

(3)读取温度时，视线必须与水银柱上沿在同一高度上。

(4)用水银温度计测定温度时，水银球必须全部插入待测物体中。

(5)温度计使用时间较长后，玻璃性质会有所变化，在精密测量中需要进行校正。

(6)温度计破损后，一定要将洒落的水银清理干净。

2. 自动控温简介

实训室一般都有自动控温设备，如电冰箱、恒温水浴、高温电炉等。现在一般采用电子调节系统进行温度控制。这类系统具有控温范围广、控温精度高、可任意设定温度等优点。

电子调节系统种类很多，但从原理上讲，它必须包括三个基本部件：变换器、电子调节器和执行机构。变换器的功能是将温度信号转换成电信号；电子调节器的功能是处理来自变换器的电信号，进行测量、比较、放大和运算后，发出某种形式的指令；执行机构根据这个指令进行加热或制冷。电子调节系统按其自动调节规律可以分为断续式二位置控制和比例-积分-微分控制两种。

(1)断续式二位置控制。实训室常用的电烘箱、电冰箱、高温电炉和恒温槽等大多采用这种控制方法。所用变换器的形式如下：

(i)双金属膨胀式。选择线膨胀系数差别较大的两种金属，线膨胀系数大的金属棒在中心，另外一个套在外面，两种金属内端焊接在一起，外套管的另一端固定，在温度升高时，中心金属棒便向外伸长，伸长长度与温度成正比。通过调节触点开关位置，可使其在不同温度区间内接通或断开，达到控制温度的目的。其缺点是控温精度差，一般范围为几开尔文。若控温精度要求在1K以内，实训室多用电接点温度计作变换器。

(ii)继电器。常用继电器有电子管继电器、晶体管继电器和动圈式温度控制器。电子管继电器一般与电接点温度计配合使用；晶体管继电器一般与热敏电阻温度计配合使用；动圈式温度控制器是一种用于高温控制的控制器，采用能工作于高温的热电偶作为变换器。

实训室控制恒温最常用的设备是恒温槽，根据控温范围不同可选用不同的液体介质。恒温槽主要由浴槽、加热器、温度调节器(电接点水银温度计)、搅拌器、继电器等组成。当温度未达到所要求的温度时，水银接点温度计中的水银柱与金属丝未接触，继电器有电流通过，加热器电源接通，开始加热。但温度达到设定温度时，水银接点温度计中水银柱与金属丝接通，继电器线圈中无电流通过，加热器停止加热。如此不断进行，浴槽内的液体可控制在某一温度。在这种控温过程中，电热棒处于加热或停止加热两种状态。

(2)比例-积分-微分控制(简称PID)。随着科学技术的发展，要求控制恒温和程序升温或降温的范围日益广泛，控温精度大大提高。在通常温度下，使用断续式二位置控制器比较方便，但是由于只存在通断两个状态，电流大小无法自动调节，控制精度比较低。PID调节器逐渐被采用，使用可控硅控制加热电流随温度偏差信号大小而作相应变化，提高控温精度，其工作原理这里就不赘述。

3.7.2　熔点的测定和温度计校正

固体物质加热到一定温度时，由固态转变为液态，此时温度称为该物质的熔点。影响熔点的主要因素是压强和纯度，人们一般所说的熔点是指一个大气压下的熔点。纯净的固体物质一般都有固定熔点，且初熔至全熔的温度范围称为熔距或熔程，一般不超过 0.5～1℃。当物质含有杂质时，熔点将下降，熔距也增大。因此，测定熔点可检验物质纯度。

有机化合物的熔点一般不超过 350℃，可通过测定熔点鉴别未知有机化合物或判断有机化合物纯度。但测定熔点鉴定某未知物时，即使测得未知物熔点和某已知物熔点相同或相近，也不能断定它们为同一物质，还要测它们混合物的熔点，若混合物的熔点保持不变，才能认为它们为同一物质。若测得混合物熔点降低，熔程增大，则说明它们属于不同的物质。

测定熔点的方法分为毛细管法和熔点仪测定法。

1. 毛细管法

毛细管法是一种测定熔点的经典方法，优点是样品用量少、操作方便，缺点是在测定过程中晶形变化看得不够清楚。此法测得的熔点，不是一个温度点，而是一个范围，称为熔距（或熔程），常常略高于真实熔点。影响测量结果准确度的因素有加热速度、毛细管壁厚薄和直径大小、样品颗粒粗细及样品装填是否结实、均匀等，此外还有温度计的准确程度。尽管如此，此法的准确度仍可满足一般要求。

（1）熔点管。选内径 1～1.2mm，长 70～75mm，一端封闭的毛细管作熔点管。

（2）装填样品。取少量干燥并研成粉末的样品（约 0.1g），放在洁净的表面皿上，聚成一小堆。然后将熔点管开口一端垂直插入样品堆，使样品挤入管内。再把熔点管开口端向上竖立在桌面上碰几下。最后，让熔点管开口端向上，通过一根长 30～40cm 的玻璃管的内部垂直自由落下，反复几次，使样品装填得紧密结实，保证装填样品高度为 2～3mm。一种样品同时填装 3 支毛细管，备用。

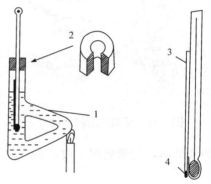

图 3-69　熔点测定装置

1. 提勒管；2. 缺口塞；3. 熔点管；4. 样品

（3）安装熔点测定装置。毛细管法中应用最多的仪器是提勒管，也称为 b 形管，如图 3-69 所示。将提勒管竖直固定在铁架台上，倒入导热液，使液面高度略高于上支口约 1cm。管口装一缺口塞子，温度计插在其中，刻度向着塞子缺口。用橡皮圈将装有样品的毛细管固定在温度计下端（注意：橡皮圈要高于导热液面，以免过热后软化，使熔点管脱落），使样品部分靠在温度计水银球中部。温度计水银球位于提勒管上下支口中间。加热时，火焰需与提勒管倾斜部分接触，受热液体因有温度差而发生对流循环，使温度均匀，测定准确。

（4）测定方法。每一种样品至少要测定两次。控制好升温速度是准确测量熔点的关键。第一次测定样品时，加热速度可快些，约 5℃·min⁻¹，粗略测定样品熔点。第二次测定时，要等到导热液温度下降至熔点以下 20～30℃时，换一支新的装有样品的毛细管精确测定。

开始升温速度可快些，当温度离熔点 15℃时，应调小火焰，使温度上升速度为 1～2℃·min⁻¹。可在加热中途移去热源，看温度是否上升，若温度立即停止上升，说明加热速度比较适中。当接近熔点时，加热速度要更慢，为 0.2～0.3℃·min⁻¹。此时应注意观察温度上升和毛细管中样品的变化情况。样品将依次出现发毛、收缩、液滴（塌落）、澄清等现象，如图 3-70 所示。记下样品有液滴出现（始熔）和样品全部消失（全熔）时的温度，其差值即为该化合物的熔程。例如，某样品 134.0℃开始收缩，134.8℃有液滴出现，135.8℃全部变为液体，应记录为熔点 134.8～135.8℃。

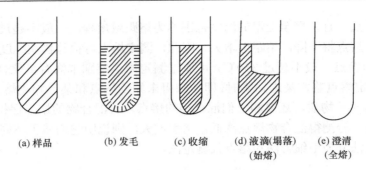

　　　　(a)样品　　　　(b)发毛　　　　(c)收缩　　　(d)液滴(塌落)　　(e)澄清
　　　　　　　　　　　　　　　　　　　　　　　　　　　(始熔)　　　　　(全熔)

图 3-70　毛细管中样品的变化

熔点测定完毕，取出温度计，注意温度计不要马上冲洗，以防破裂。

2. 熔点仪测定法

1) 显微熔点仪测定熔点

用显微熔点仪测定熔点的优点是样品用量少，能精确观测到样品熔化全过程。显微熔点

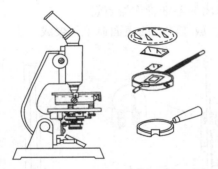

图 3-71　显微熔点测定仪

测定仪主要由电加热系统、温度计和显微镜组成，如图 3-71 所示。这类仪器的原理基本相同，都是通过显微镜观察加热时样品熔化全过程。

　　显微熔点仪的型号很多，这里介绍 X4 型熔点仪的操作方法：将样品放在两片洁净的载片玻璃之间，将载片玻璃放在加热台上，调节反光镜、物镜和目镜，使显微镜对准样品。开始将升温旋钮调高，快速加热，当温度低于熔点 10～15℃时，调节升温旋钮，使升温速度降到 $1～2℃ \cdot min^{-1}$。注意观察样品的变化，当晶体棱角开始变圆时为始熔，表示开始熔化，记录始熔温度；样品完全变为液体时，记录此时温度，为全熔温度。可重复测定几次。

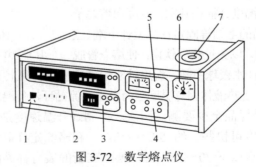

图 3-72　数字熔点仪

1. 电源开关；2. 温度显示单元；3. 起始温度设定单元；4. 调零单元；5. 速率选择单元；
6. 线性升降温控制单元；7. 毛细管插口

2) 数字熔点仪测定熔点

　　数字熔点仪(图 3-72)采用光电检测、数字温度显示等技术，利用物质熔化过程中的透光率变化来测定熔点，始熔、全熔温度自动显示，能自动控制升温速度，使熔点测定更快、更精确。以 WRS-1 数字熔点仪为例，其操作如下：

　　打开电源开关，仪器预热 20min 后，设定起始温度，此时预置灯亮。选择升温速度。当

预置灯熄灭时，可插入装有样品的毛细管，把电表指示调至零，按动升温钮，数分钟后，始熔灯先亮，然后出现全熔读数显示。想知始熔读数可按始熔钮，待记录好始熔、全熔温度后，按一下降温按钮，使其降至室温，最后切断电源。

3. 温度计校正

实验测定的熔点与真实熔点常有偏差，主要原因是温度计有误差。因此，在使用前，要先校正温度计。校正温度计有两种方法，一种方法是取一标准温度计，在相同条件下，比较它与待校温度计所指示的温度值；另一种是采用纯有机化合物的熔点作为校正标准。第二种方法比较常用，校正时，选择数种已知熔点的纯化合物作为标准，测定它们的熔点，以测得熔点为纵坐标，测得熔点与真实熔点差值为横坐标，绘制校正曲线。根据测得的温度，在校正曲线上可查得对应的校正值。例如，用温度计测得某化合物熔点为 100℃，在曲线中查得100℃时温度计误差值为-1.3℃，则校正后的温度值为 101.3℃。

用于校正温度计的标准样品见表 3-6，校正时，可以具体选择。

表 3-6　标准样品的熔点

样品	熔点/℃	样品	熔点/℃
水-冰	0	苯甲酸	122.4
对二硝基甲苯	174	尿素	132.7
α-萘胺	50	对羟基苯甲酸	214.5～215.5
二苯胺	54～55	水杨酸	159
对二氯苯	53.1	对苯二酚	173～174
苯甲酸苄酯	71	3,5-二硝基苯甲酸	205
萘	80.55	蒽	216.2～216.4
间二硝基苯	90.02	酚酞	262～263
二苯乙二酮	95～96	蒽醌	286
乙酰苯胺	114.3	邻苯二酚	105

3.7.3　沸点的测定

液体受热时，其蒸气压逐渐升高，当蒸气压升高到与外界大气压相等时，液体开始沸腾，此时的温度称为该液体的沸点。液体的沸点大小与外界大气压力有关，外界压力越大，液体沸点越高；反之，外界压力越低，沸点越低。人们通常所说的沸点是液体在一个大气压（101.325kPa）下的沸腾温度。

测定沸点方法很多，常用的有常量法和微量法，其中常量法液体用量较大，要 10mL以上。

1. 常量法

通过蒸馏来测定液体的沸点的方法称为常量法，其测定装置见图 3-34，操作与常压蒸馏相同。

2. 微量法

取两支粗细不同一端封闭的毛细管，一支长 7～8cm，直径约 5mm；另一支长 4～5cm，直径约 1mm。在粗毛细管中加入 4～5 滴乙醇，再将细毛细管开口向下插入粗毛细管中，组成沸点管。用橡皮圈将此沸点管固定在温度计水银球中部，如图 3-73 所示。

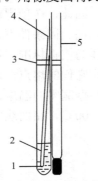

图 3-73　微量法测定沸点装置

1. 开口端；2. 液体样品；3. 橡皮圈；
4. 封口端；5. 温度计

将沸点管和温度计放入提勒管(内有导热液，若被测液体沸点低于 100℃，浴液选用水；若被测液体沸点为 100～220℃，浴液选用液体石蜡；若被测液体沸点为 220～250℃，浴液选用浓硫酸)中，温度计位置与测定熔点装置相同(注意：橡皮圈高于导热液面)。缓慢加热浴液，加热速度一般控制为 4～5℃·min^{-1}。气体受热膨胀，内管中会有断续的小气泡产生。液体沸腾时，会出现一连串小气泡，此时停止加热，使浴温缓慢下降，气泡逸出速度也逐渐减慢。当气泡停止逸出而液体刚要进入内管的瞬间(此时要细心观察！)，毛细管内蒸气压与外界压力相等，记录此时温度，即为液体沸点。重复测定一次，每次测定均需更换毛细管，两次测得沸点误差应不超过 1℃。

3.7.4　旋光度的测定

1. 旋光仪

测定旋光度的仪器称为旋光仪，一般主要由光源、起偏镜、样品管和检偏镜组成，如图 3-74 所示。市售的旋光仪有目测和自动显示两种。目测旋光仪构造，如图 3-75 所示。光源发出的光经过起偏镜，变为只在一个方向振动的偏振光。偏振光通过装有旋光性物质的样品管时，偏振光的振动平面会向左或向右旋转一定角度。只有将检偏棱镜向左或向右旋转同样角度，才能使偏振光通过到达目镜。向左或向右旋转的角度可以从旋光仪刻度盘上读出，即为该物质的旋光度 α。左旋用(-)表示；右旋用(+)表示。

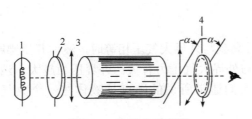

图 3-74　旋光仪示意图

1. 光源；2. 起偏镜；3. 偏振光；4. 检偏镜

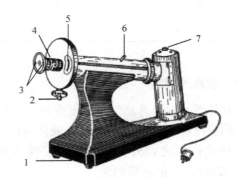

图 3-75　目测旋光仪

1. 底座；2. 刻度盘手轮；3. 读数放大镜；4. 视度调节螺旋；
5. 刻度盘游标；6. 镜盖手柄；7. 灯罩

物质的旋光度与溶液浓度(c)、溶剂性质、温度(t)、样品管长度(l)及入射光波长(λ)等诸多因素有关，因此常用比旋光度$[\alpha]_\lambda^t$表示：

$$[\alpha]_\lambda^t = \frac{\alpha}{lc}$$

式中，α 为测得的旋光度；t 为测定时温度（℃）；λ 为光源波长（nm）；l 为样品管长度（dm）；c 为样品质量浓度（$g\cdot mL^{-1}$）。

比旋光度是旋光性物质的一个重要物理常数。通常在 25℃时用钠光 D 线（$\lambda=589nm$）测定旋光度，此时比旋光度表示为$[\alpha]_D^{25}$。

通过测定旋光度不仅可以判断物质的旋光性，还可以测定物质的含量或纯度。

用目测旋光仪测定时，通过目镜分别可看到三种视场：如图 3-76（a）所示，中间明亮，两旁较暗；如图 3-76（b）所示，视场明暗均一；如图 3-76（c）所示，中间较暗，两旁明亮。视场明暗均一为零度视场。在校正或测定时，应将视场调节到明暗均一，才能读数。有些型号的旋光仪只有二分视场，即一边明一边暗，明暗均一为零度视场。

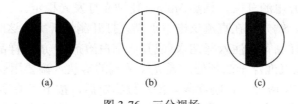

图 3-76　三分视场

2. 操作方法

1）目测旋光仪

这里介绍 WXG-4 圆盘旋光仪的操作。

（1）接通电源，打开钠光灯，预热 5min，使之发光稳定。

（2）配制待测溶液。用天平准确称取一定量的待测样品，在容量瓶中配成样品溶液。

（3）装待测溶液和蒸馏水。打开样品管一端螺丝帽盖，用蒸馏水洗干净，并用待测样品溶液润洗两三次。将样品管直立，装入待测样品溶液至液面凸出管口，将玻璃盖片沿管口边缘平推盖好，不能带入气泡。旋紧螺丝帽盖，但不能太紧，也不能有空隙，否则影响测定结果。用同样的方法，取另一个样品管装满蒸馏水，用作校正零点用。

（4）校正零点。旋光仪发光稳定后，把装满蒸馏水的样品管放入旋光仪（注意：若有气泡，则让气泡浮于凸颈处）。旋转视度调节螺旋，使三分视场清晰，转动刻度盘手轮使主刻度盘 0°与游标 0°对准，观察视场是否明暗度一致，若不一致，旋转刻度盘手轮调到一致，并记下读数。重复 3 次，取平均值即为零点。若零点相差太大时，应对仪器重新校正。

（5）旋光度的测定。将装有待测样品的样品管放入旋光仪，旋转刻度盘手轮找到三分视场明暗度一致（注意：此时稍左转或右转就变成另外两种视场），读数（注意：如果刻度盘分左右两个半圆的，则采用双游标读数法，将左右读数取平均值，消除刻度盘偏心差，如图 3-77 所示），则读数与零点之间差值即为该物质的旋光度。重复测定 3 次，取平均值。

（6）计算。记下样品管长度及溶液温度，然后按公式计算其比旋光度。通过已测定未知浓度的待测溶液的

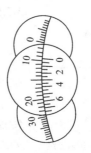

图 3-77　双游标读数示意图

左右读数均为 9.3°，取平均值为 9.3°

旋光度，计算相应的浓度。

目测旋光仪的使用注意事项如下：

(1)待测样品溶液不能含有微粒，否则应过滤除去。

(2)样品管使用后，应及时用蒸馏水洗干净，擦干放好。

(3)刻度盘为 0°～180°，读数时，先读游标"0"落在刻度盘上的整数值，再根据游标尺与刻度盘重合线从游标尺上读出小数值，如图 3-77 所示。

(4)仪器连续使用不宜超过 4h，如使用时间过长，应熄灯 10～15min，待灯冷却后再使用。

2)数字式旋光仪

数字式旋光仪采取光电检测器，自动测量，显示数值，简单便捷，灵敏度高，而且自动按键就可复测，对于目视旋光仪难以分析的低旋光度物质也能测定。以 WZZ-1S 自动指示旋光仪（图 3-78）为例，操作步骤如下：

(1)接通电源，打开电源开关，预热 5min，使钠光灯发光稳定。

(2)打开光源开关，钠光灯在直流供电下点亮。打开测量开关，这时数码管显示数字。

(3)零点校正。在样品管中注入蒸馏水(或其他空白溶剂)，放入样品室中，盖上箱盖。若样品管中有气泡，则让气泡浮于凸颈处。通光面两端的雾状水滴要用软布吸干；样品管螺帽不宜旋得过紧，以免产生应力，影响读数。待示数稳定后，按下"清零"按键。

(4)测定。将装有待测样品的样品管，按相同位置和方向放入样品室中，盖上箱盖。待指示灯点亮(表示示数稳定)后，再读取读数。

(5)重复测定。按下"复测"按键，读数，取几次测量的平均值作为测量结果。

(6)仪器使用完毕后，应依次关闭测量、光源、电源开关。

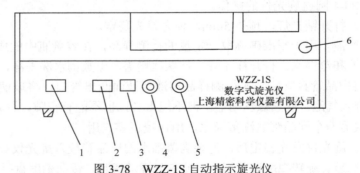

图 3-78　WZZ-1S 自动指示旋光仪
1. 电源；2. 光源；3. 测量；4. 复测；5. 清零；6. 钠灯指示窗

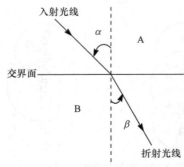

图 3-79　光的折射现象

3.7.5　折光率的测定

1. 光的折射原理和阿贝折光仪

折光率是液体有机化合物重要的物理常数之一，利用折光率可鉴定未知有机化合物，也可确定沸点相近的混合物的组成。

当光线从介质 A(如空气)进入介质 B(如丙酮)时，若它的传播方向不与两种介质的界面垂直，则光的方向会发生改变，如图 3-79 所示。根据折射定律，一定波长的单色光从介质 A 进入介质 B 时，两种介质的折光率 n_A 与 n_B 之比与入射角 α 正弦

和折射角 β 正弦成反比，即 $n_A/n_B=\sin\beta/\sin\alpha$。若 A 是真空，则 $n_A=1$，$n_B=\sin\alpha/\sin\beta$。

光线从真空进入某介质时，入射角 α 和折射角 β 的正弦之比称为该介质的绝对折光率。通常把空气看作近似真空。

物质的折光率与入射光波长 λ、温度 t 和压力 p 等因素有关，常用 n_D^t 表示，表示以钠光为光源，在 $t℃$ 时测得的折光率。

当物质的入射角接近或等于 90° 时，则 $\sin\alpha=1$，此时的折射角达到最大，称为临界角 β_0，因此 $n=1/\sin\beta_0$。测得临界角就可得到折光率，这就是阿贝折光仪测定折光率的原理，阿贝折光仪的主要部件，如图 3-80 所示。

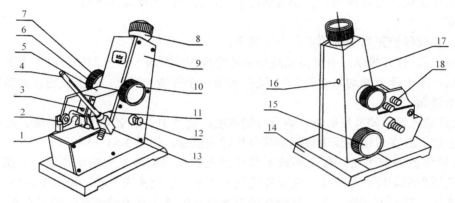

图 3-80　阿贝折光仪

1. 反射镜；2. 转轴；3. 遮光板；4. 温度计；5. 进光棱镜座；6. 色散调节手轮；7. 色散值刻度圈；8. 目镜；
9. 盖板；10. 手轮；11. 折射棱镜座；12. 照明刻度盘聚光镜；13. 温度计座；14. 底座；
15. 刻度调节手轮；16. 小孔；17. 壳体；18. 恒温器接头

在临界角以内的区域有光线通过，是明亮的，在临界角以外的区域没有光线通过，是暗的，在临界角上，正好是"半明半暗"。液体介质不同，临界角也不同，通过目镜观察到的明暗线位置也不同。每次测定时，使明暗界线与"+"字交叉线重合(表示光线入射角为 90°)，如图 3-81(c)所示，此时读数即为被测液体的折光率。

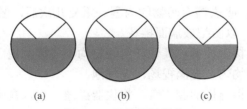

(a)　　　　　　　　(b)　　　　　　　　(c)

图 3-81　目镜视场图像

2. 操作方法

阿贝折光仪有双目和单目两类，尽管最近几年出现了数字折光仪，但价格昂贵，仍没有得到广泛应用。2WAJ 型阿贝折光仪(图 3-80)是目前常用的单目折光仪，下面介绍其使用方法及注意事项。

1)阿贝折光仪的校正

(1)将阿贝折射仪置于光亮处，套好温度计，将恒温器接头与恒温水浴相连，并调节到所需测量温度，恒温 20min 左右。

(2)打开棱镜，滴入 1～2 滴丙酮或无水乙醇于镜面上，合上棱镜，待镜面全部被湿润后，再打开棱镜，用擦镜纸沿同一方向轻轻将镜面揩拭干净。

(3)校正。阿贝折射仪一般可用下面两种方法校正。

（i）用重蒸馏水校正。打开棱镜，滴入 1～2 滴重蒸馏水，合上棱镜，并锁紧，打开遮光板，调节反射镜，使入射光进入棱镜组，从目镜中观察，使视场最亮；转动色散调节手轮，消除色散，使视场最清晰；转动刻度调节手轮，使读数等于重蒸馏水的折光率（$n_D^{20}=1.3329$，$n_D^{25}=1.3325$）；用螺丝刀旋转折光率仪后侧小孔内的螺钉，使明暗界线和"＋"字交叉点重合。

（ii）用标准折光玻璃校正。打开棱镜，在抛光面上滴入 1～2 滴 1-溴代萘（$n=1.6600$），玻璃块就黏附于镜面上，使玻璃块直接对准反射镜，然后按上述方法进行校正。

2）测定

阿贝折光仪经校正后即可测定，方法如下：

(1)恒愠后，打开棱镜，用擦镜纸蘸少量乙醇或丙酮顺着一个方向轻轻擦洗上下镜面。待溶剂挥发后，用干净滴管均匀滴入 2～3 滴待测液体于棱镜表面上，合上棱镜，并锁紧，使液体铺满整个镜面。

(2)打开遮光板，调节反射镜，调节目镜视度，使"＋"字交叉线成像清晰。此时，旋转刻度调节手轮，并在目镜视场中找到明暗分界线的位置，如图 3-81（a）所示。

(3)旋转色散调节手轮，使分界线不带任何色彩，得到清晰的明暗界线，如图 3-81（b）所示。微调折光率刻度调节手轮，使分界线位于"＋"字交叉线中心，如图 3-81（c）所示；适当转动聚光镜，使刻度清晰，此时目镜视场下方显示的数值即为被测液体的折光率。

(4)记录读数与温度，重复测定 3～5 次。

(5)打开棱镜，用擦镜纸轻轻吸干被测液体，用丙酮或乙醇润湿过的擦镜纸将棱镜处理干净。待溶剂挥发后，合上两块棱镜。

测定时的注意事项如下：

(1)折光仪应放在干燥且空气流通的室内，不能放在日光直射或靠近热源的地方。仪器应避免强烈振动或撞击，以防光学零件损伤及影响精密度。

(2)每次测定一次样品后，测下个样品前必须用丙酮或乙醇洗净镜面。要用擦镜纸贴在棱镜面上，用中指轻轻按住，吸去溶有污物的丙酮。重复几次后，敞开镜面，让溶剂挥发。不能用擦镜纸来回揩擦棱镜，以防把玻璃面擦花。

(3)滴样品时，滴管勿接触棱镜，其他任何硬物均不可接触镜面。

(4)加样时，要求液层均匀，充满视场，无气泡。

(5)用完后，拆下连接恒温槽的胶皮管，将仪器擦净，放入盒中。

（本节编写人：王永丽）

第4章　化学实训项目

4.1　基础实训项目

项目1　化学实训安全教育，常见仪器的认领、洗涤和干燥

一、预习要点

(1)化学实训基本常识和常用仪器(见 2.1、2.2.1)。

(2)玻璃仪器的洗涤和干燥(见 3.1.1)。

二、目的要求

(1)认识化学实训室安全的重要性，遇到实训事故能正确处理。

(2)认识常用仪器，熟悉其名称、规格、用途和使用注意事项。

(3)学会常用玻璃仪器的洗涤和干燥方法。

三、实训指导

化学实训室存放有大量仪器设备和各种化学药品，人身财产安全至关重要，必须防止如爆炸、着火、中毒、灼伤、触电等事故的发生，一旦发生事故，必须知道采取紧急处理措施，这是一名化学实训工作者必须具备的基本素质。

化学实训所用仪器要求必须十分洁净，仪器洗涤是否干净直接影响实训结果的准确性，甚至会导致实训失败。因此，洗涤仪器是实训中一项重要的技术性工作。

不论采取何种方法洗涤仪器，最后都要用自来水冲洗，当倾完水后，仪器内壁应被水均匀湿润而不挂水珠，如壁上挂水珠，说明仪器没有洗干净，必须重洗。洗干净的仪器最后还要用蒸馏水荡洗 3 次。

不同实训对仪器是否干燥及干燥程度的要求不同，应根据实训要求来干燥仪器。

四、实训内容

1. 准备仪器和试剂

化学实训常用仪器、铬酸洗液、去污粉、洗涤剂等。

2. 操作步骤

(1)以班为单位观看化学实训基本操作教学录像。

(2)按仪器清单认领化学实训常用仪器，熟悉其名称、规格、用途和使用注意事项。

(3)选用适当的洗涤方法洗涤已领取的仪器。

(4)选用适当的干燥方法干燥洗过的仪器。

(5)按是否加热、是容量仪器还是非容量仪器等将所认领的仪器进行分类。

五、实训注意事项

(1)铬酸洗液具有强氧化性和腐蚀性，使用时应注意安全，废洗液对环境有严重污染；洗

液洗过的仪器用自来水淋洗，淋洗液要回收统一处理，绝不能向下水道排放。

(2)量筒、滴定管、移液管和容量瓶等带有刻度的计量仪器，不宜用毛刷刷洗，不能用加热方法干燥。

六、实训思考

(1)化学实训室安全要注意什么？

(2)洗涤仪器和干燥仪器有哪些方法？

(3)玻璃仪器洗涤洁净的标志是什么？

(4)带有磨砂口的仪器是否可用加热方法干燥？

(本实训项目编写人：蔡自由)

项目 2　电子天平称量练习

一、预习要点

(1)电子天平(见 3.3.2)。

(2)称量方法(见 3.3.3)。

二、目的要求

(1)熟悉电子天平的称量原理、维护和保养方法。

(2)学会电子天平的使用方法、固定质量称量法和减量称量法。

三、实训指导

电子天平是根据电磁力平衡物体重力原理称量物体质量的新一代天平，具有称量准确可靠、显示快速清晰且带有自动检测、自动校准以及超载保护等装置。常量电子天平的载荷一般为 $100\sim200g$，分度值(感量)为 $0.1mg$，即精确至 $0.0001g$，读数必须读到小数点后第四位。

称量方法有直接称量法、减量称量法和固定质量称量法。

四、实训内容

1. 准备仪器和试剂

电子天平，托盘天平，称量瓶，塑料烧杯，表面皿，药匙，$K_2Cr_2O_7$ 固体粉末，无水 Na_2CO_3 固体粉末。

2. 操作步骤

(1)称量前准备。

检查天平是否水平，并调整天平水平。天平盘有无遗洒药品粉末，框罩内外是否清洁。若天平较脏，则用软毛刷清扫干净。检查电源，并通电预热至所需时间。

轻按下天平 POWER 键(有些型号为 ON 键)，系统自动实现自检，当显示器显示"0.0000"后，自检完毕，即可称量。

(2)固定质量称量练习。准确称量 $0.1000g$ $K_2Cr_2O_7$ 固体粉末。

将洁净干燥的表面皿置于天平盘中央，关上侧门，稍候，待显示屏显示数值稳定后，轻按下去皮键 TARE (有些型号去皮为 O/T 键)，天平自动校对零点。当显示器显示"0.0000"后，表面皿质量即被扣除，开启右侧门，将盛有少量 $K_2Cr_2O_7$ 固体粉末的药匙伸向天平盘表面皿中心部位上方 2～3cm 处，用食指轻弹药匙柄，使 $K_2Cr_2O_7$ 固体粉末缓慢落入表面皿中央，直到显示屏显示 0.1000g 为止，关上天平右侧门，记录质量。

(3)减量称量法称量练习。准确称取无水 Na_2CO_3 固体粉末 3 份，每份为 0.10～0.12g。

（i）在称量瓶中装入 0.4g(用托盘天平粗称)无水 Na_2CO_3 固体粉末，将清洁纸条叠成称量瓶高 1/2 左右的三层纸带，紧套在称量瓶上，将称量瓶置于天平盘中央，准确称其质量 $m_1(g)$。

（ii）用纸带将称量瓶紧套取出，在干燥塑料烧杯上方倾斜瓶身，用纸片夹取出瓶盖，用瓶盖轻敲瓶口上部内侧使固体粉末缓慢落入塑料烧杯中。当倾出固体粉末接近所需量(可从体积上估计或试重得知)时，一边继续用瓶盖轻敲瓶口内侧，一边逐渐将瓶身竖立，使黏附在瓶口上的固体粉末落入塑料烧杯或落回称量瓶中，盖好瓶盖。最后把称量瓶放回天平盘中央准确称取其质量 $m_2(g)$，记录数据。

第 1 份无水 Na_2CO_3 固体粉末质量=m_1-m_2(g)

要求敲样不超过 3 次，达到所需 0.10～0.12g 范围。

(iii)继续按照上述操作，准确称取第 2 份和第 3 份无水 Na_2CO_3 固体粉末。

(4)称量结束操作。

称量完毕，取出称量物，轻按下天平 POWER 键(有些型号为 OFF 键)。用软毛刷清扫天平，关好天平侧门，拔下电源插头，盖上天平罩，在使用登记本上登记，放回凳子。

五、实训思考

(1)称量方法有哪几种？固定质量称量法和减量称量法各有何优缺点？

(2)如何既准确又迅速地称量试样？谈谈你的体会。

六、实训拓展

国家标准规定，称量基准试剂质量数值≤0.5g 时，按精确至 0.01mg 称量，质量数值>0.5g 时，按精确至 0.1mg 称量；称量数值应在标准规定值的±5%范围以内。

《中国药典》规定，供试品与试药称量值的精确度可根据数值的有效数字位数来确定。例如，称取"2g"是指称取质量可为 1.5～2.5g，称取"2.0g"是指称取质量可为 1.95～2.05g，称取"2.00g"是指称取质量可为 1.995～2.005g；"精密称定"是指称取质量应准确至所取质量的千分之一；"称定"是指称取质量应准确至所取质量的百分之一；取用量为"约"若干时，是指取用量不得超过规定量的±10%；称取有吸湿性的基准物质宜采用减量称量法称量。

(本实训项目编写人：黄月君)

项目 3　溶液的配制

一、预习要点

(1)溶液的配制及其操作(见 3.6 节)。

(2)移液管(吸量管)和容量瓶的使用(见 3.4.1、3.4.2)。

二、目的要求

(1)学会一般溶液的配制方法及其有关计算。

(2)学会移液管(吸量管)、容量瓶的使用和定容操作。

三、实训指导

一般溶液浓度的准确度要求不高,只需保持 1～2 位有效数字,而标准溶液浓度要求准确到 4 位有效数字。

配制溶质为固体的溶液时,先根据所需溶液浓度和体积计算出溶质的质量,然后称取溶质(一般溶液溶质可用电子台秤或托盘天平称取,标准溶液溶质的基准物质则要用万分之一电子天平称取),在烧杯中用适量溶剂溶解,定量转移至容量瓶中,再加溶剂稀释至容量瓶刻度(定容),摇匀。

配制溶质为浓溶液的溶液时,先根据所配溶液浓度、体积及其浓溶液的浓度和密度,计算出浓溶液的体积,然后用吸量管或量筒(杯)量取浓溶液,在烧杯中用适量溶剂稀释,冷却后定量转移至容量瓶中,再加溶剂稀释至刻度,摇匀。如果用间接配制法配制标准溶液,还需用基准物质(或其他标准溶液)标定来确定其准确浓度。

四、实训内容

1. 准备仪器和试剂

容量瓶(100mL,2 个),烧杯(100mL,2 个),玻璃棒(2 支),药匙,电子台秤(精确至 0.01g),移液管(25mL,1 支),吸量管(2mL,1 支),洗耳球(一大一小),胶头滴管(2 支),$6mol \cdot L^{-1}$ HCl,Na_2CO_3(A.R.)等。

2. 操作步骤

(1)练习移液管(吸量管)、容量瓶的使用和定容操作。

(i)用自来水练习移液管(吸量管)的洗涤、吸液和放液等操作。

(ii)用自来水练习容量瓶的检漏、洗涤、定量转移溶液、定容和摇匀等操作。

(2)配制 100mL $0.1mol \cdot L^{-1}$ HCl 溶液。

(i)根据稀释定律 $c_1V_1=c_2V_2$,计算配制 100mL $0.1mol \cdot L^{-1}$ HCl 所需 $6mol \cdot L^{-1}$ HCl 的体积。

(ii)用 2mL 吸量管移取 $6mol \cdot L^{-1}$ HCl 溶液,沿烧杯壁缓慢注入盛有 20mL 蒸馏水的烧杯中,并不断搅拌。用玻璃棒引流,将烧杯中的溶液转移至 100mL 容量瓶中,再用少量蒸馏水洗涤烧杯和玻璃棒 3 次,并将洗涤液也转移至容量瓶中。

(iii)往容量瓶中加蒸馏水至 3/4 体积时,要初步混匀(不盖盖子平摇),当加水至液面离刻度线约 1cm 时,要改用胶头滴管加水至标线(要求弯月面实线最低点、视线与刻度标线水平),盖紧瓶塞,摇匀。放正容量瓶,打开瓶塞,使瓶塞周围溶液流下,重新塞好塞子,再摇匀。将配好的溶液装入指定的试剂瓶中,贴上标签。

(3)配制 100mL $0.1mol \cdot L^{-1}$ Na_2CO_3 溶液。

(i)计算配制 100mL $0.1mol \cdot L^{-1}$ Na_2CO_3 溶液所需 Na_2CO_3 的质量。

(ii)用电子台秤称取所需 Na_2CO_3 固体,置于烧杯中。

(iii)加约 20mL 蒸馏水,用玻璃棒搅拌(不要连续产生声音)使之溶解,冷却后,定容于 100mL 容量瓶中。将配好的溶液装入聚乙烯瓶中,旋紧塞子,贴上标签。

五、实训思考

(1)配制溶液时,容量瓶是否需要干燥?把烧杯里的溶液定量转移到容量瓶中,"定量"

体现在哪些操作上？

（2）用移液管（吸量管）放完溶液后，残留在管尖的少量液体应如何处理？

（3）用移液管吸液时，移液管管尖伸入液面太浅，又不随液面下降而下降，会发生什么情况？

（4）用 5mL 吸量管准确量取 2.00mL 溶液，从 0 刻度放到 2mL 刻度好，还是从 3mL 刻度放到管尖好？

六、实训拓展

微量移液器（micropipette）又称移液枪，是一种在一定体积范围内可调节的精密定量移取液体的器具（图 4-1）。它的基本原理是依靠装置内由调节轮控制的活塞的上下移动，推动按钮带动推动杆使活塞向下移动，排除活塞腔内的气体，活塞在复位弹簧作用下恢复原位，完成吸液过程。吸液范围一般在 0.5～1000μL。按原理和结构不同可分为空气垫移液器、活塞正移动移液器和多通道微量移液器等，常用于实验室少量或微量液体的定量精确移取，广泛用于生物、化学、医学等领域。

图 4-1　微量移液器

（本实例项目编写人：林壮森）

项目 4　酸碱滴定操作练习

一、预习要点

容量仪器及其操作（见 3.4 节）。

二、目的要求

（1）学会移液管（吸量管）、滴定管的使用和滴定操作。

（2）通过酚酞、甲基橙指示剂的使用，学会判断滴定终点。

三、实训指导

滴定分析法是将一种已知准确浓度的标准溶液滴加到被测物质溶液中（有时也可将被测物质溶液滴加到标准溶液中），直到反应完全（经常采用指示剂指示滴定终点），通过测量标准溶液的用量，根据标准溶液与被测物之间的化学计量关系，求得被测组分含量的方法。溶液体积测量的准确性、滴定操作技能和滴定终点判断正确与否直接关系到分析结果的准确度。

本实训项目练习盐酸和氢氧化钠的相互滴定。氢氧化钠滴定盐酸，以酚酞为指示剂指示滴定终点；盐酸滴定氢氧化钠，以甲基橙为指示剂指示滴定终点。

四、实训内容

1. 准备仪器和试剂

移液管（20mL），吸量管（10mL），酸式滴定管（25mL），碱式滴定管（25mL），酸碱两用滴定管（25mL），锥形瓶（250mL，3 个），烧杯（100mL，2 个），量筒（20mL），洗耳球（一大一小），吸水纸等。

$0.1mol \cdot L^{-1}$ HCl，$0.1mol \cdot L^{-1}$ NaOH，酚酞指示剂，甲基橙指示剂等。

2. 操作步骤和数据记录

(1)练习移液管(吸量管)的使用。用自来水练习移液管的洗涤、吸液、调液面和放液等操作。

(2)练习滴定管的使用和滴定操作。

(ⅰ)用自来水练习滴定管(酸式、碱式和两用)的检漏、洗涤、润洗、排气泡、调液面、读数以及滴液控制等操作。

(ⅱ)用装有水的锥形瓶练习滴定姿势、手法、锥形瓶摇动、滴液速度控制、半滴加入等操作。

(3)$0.1mol \cdot L^{-1}$ NaOH 溶液滴定 $0.1mol \cdot L^{-1}$ HCl 溶液练习。

取 1 支洗净的碱式滴定管(或酸碱两用滴定管),用少量 $0.1mol \cdot L^{-1}$ NaOH 溶液润洗 3 次,装入 NaOH 溶液,排除气泡,调整液面至 0.00mL 或 "0" 以下某刻度,并记录初读数。

取 1 支洗净的 20mL 移液管,用少量 $0.1mol \cdot L^{-1}$ HCl 溶液润洗 3 次,准确移取 20.00mL HCl 溶液置于 250mL 锥形瓶中,加蒸馏水 20mL,酚酞指示剂 2 滴,用 $0.1mol \cdot L^{-1}$ NaOH 溶液滴定,溶液显微红色 30s 不褪即为终点,记下消耗 NaOH 溶液体积。平行试验 3 次,每次消耗的 NaOH 溶液体积相差不得超过 0.04mL。

(4)$0.1mol \cdot L^{-1}$ HCl 溶液滴定 $0.1mol \cdot L^{-1}$ NaOH 溶液练习。

取 1 支洗净的酸式滴定管(或酸碱两用滴定管),用少量 $0.1mol \cdot L^{-1}$ HCl 溶液润洗 3 次,装入 HCl 溶液,排除气泡,调整液面至 0.00mL 或 "0" 以下某刻度,并记录初读数。

取 1 支洗净的 20mL 移液管,用少量 $0.1mol \cdot L^{-1}$ NaOH 溶液润洗 3 次,准确移取 20.00mL NaOH 溶液置于 250mL 锥形瓶中,加蒸馏水 20mL,甲基橙指示剂 2 滴,用 $0.1mol \cdot L^{-1}$ HCl 溶液滴定,溶液由黄色变为橙色即为终点,记下消耗 HCl 溶液体积。平行试验 3 次,每次消耗的 HCl 溶液体积相差不得超过 0.04mL。

为了节省滴定练习时间,可用 10mL 吸量管移取 10.00mL 溶液做滴定练习。

(5)实验结果记录和计算(表 4-1)。

表 4-1　实验数据记录

测定次数	1	2	3
NaOH 初读数/mL			
NaOH 终读数/mL			
V_{NaOH}/mL			
HCl 初读数/mL			
HCl 终读数/mL			
V_{HCl}/mL			
V_{NaOH}/V_{HCl}			
V_{NaOH}/V_{HCl} 平均值			
相对平均偏差/%			

五、实训思考

(1)对于移液管(吸量管)、滴定管、锥形瓶、量筒,哪些仪器需用待装溶液润洗?

(2)向滴定管中倒入操作溶液能否借助漏斗或烧杯？在滴定过程中有溶液溅在锥形瓶壁上，应如何处理？

(3)滴定管读数时，如果视线偏高或偏低，对读数有何影响？

(4)滴液速度应控制为多少？终点半滴应如何操作？滴定到达终点后，滴定管尖仍挂溶液，应如何处理？

六、实训拓展

非水滴定法是在非水溶剂中进行滴定的容量分析方法，以非水溶剂为滴定介质，能改变物质的化学性质(主要是酸碱强度和溶解度)，使在水中不能反应完全的滴定反应能在非水溶剂中顺利进行。其中以非水酸碱滴定法较常见，主要用于测定有机碱及其氢卤酸盐、硫酸盐、磷酸盐或有机酸盐、有机酸金属盐类药物，也用于测定某些有机弱酸的含量。

非水酸碱滴定的溶剂分为酸性、碱性、两性和惰性四种，常混合使用。滴定弱酸多用碱性溶剂，如胺类、酰胺等，标准溶液用甲醇钠的苯-甲醇溶液或碱金属氢氧化物的醇溶液，以百里酚蓝等为指示剂。滴定弱碱多用酸性溶剂，如乙酸、乙酸酐等，标准溶液用高氯酸的冰醋酸溶液，常用甲基紫为指示剂。除用指示剂指示终点外，还用电位滴定法指示终点。

非水滴定操作与一般水溶液滴定操作基本相同，为了节约非水溶剂，滴定液体积通常不要超过 10mL(用 10mL 滴定管，最小分度值为 0.05mL)，所有仪器用具均应洗净干燥。

(本实训项目编写人：王有龙)

项目 5　容量仪器的校准

一、预习要点

(1)电子天平和容量仪器的使用(见 3.3、3.4 节)。
(2)有效数字和滴定管校正曲线的绘制(见 1.3、1.4 节)。

二、目的要求

(1)学会容量仪器的校准方法和有关操作技术。
(2)学会用 Excel 绘制滴定管校正曲线。

三、实训指导

容量仪器(如滴定管、移液管、容量瓶等)的体积准确度会影响测定结果的正确性。国内生产的容量仪器的体积准确度可以满足一般分析工作的需要，一般不需校准，可直接使用。但在准确度要求较高的分析工作中或容量仪器使用时间较长时，必须对容量仪器体积进行校准。容量仪器的体积校准方法通常有两种。

1. 相对校准

当两种容积有一定比例关系的容量仪器配套使用时，可采取相对校准。例如，25mL 移液管与 100mL 容量瓶配套使用时，只要用 25mL 移液管量取 4 次溶液所得到的溶液总体积与 100mL 容量瓶所标示的容积相等(液面凹处最低点应与容量瓶的刻线相切)即可。如果不一致，则需将容量瓶刻度重新标记。经相对校准后，移液管与容量瓶可配套使用。

2. 绝对校准(称量法)

容量仪器的实际容积均可采用称量法校准，即用天平称得容量仪器容纳或放出的纯水的质量，然后根据该温度下水的密度，计算出该量器在20℃(称为标准温度)时的容积。

将一定温度下水的质量换算成容积时，必须考虑水的密度和玻璃容器的容积随温度的变化以及在空气中称量受到空气浮力的影响。考虑三项因素的综合影响后，得出20℃下容量为1mL的玻璃容器在不同温度时的盛水的质量，见表4-2。据此计算容器校正值十分方便。

表 4-2　在不同温度下 1mL 纯水在空气中的质量

$t/℃$	密度 $\rho_t/(g \cdot mL^{-1})$	$t/℃$	密度 $\rho_t/(g \cdot mL^{-1})$	$t/℃$	密度 $\rho_t/(g \cdot mL^{-1})$
10	0.99839	17	0.99766	24	0.99638
11	0.99832	18	0.99752	25	0.99616
12	0.99823	19	0.99736	26	0.99593
13	0.99814	20	0.99718	27	0.99569
14	0.99804	21	0.99700	28	0.99544
15	0.99793	22	0.99680	29	0.99518
16	0.99779	23	0.99660	30	0.99491

注：空气密度为 0.0012g · mL^{-1}，钙钠玻璃膨胀系数为 2.6×10^{-5}℃$^{-1}$。

根据表 4-2 中的数值，只要用称得的某温度下某标示值的容量仪器容纳或放出的纯水的质量，除以该温度下纯水的密度，即可计算出该量器在 20℃时的实际容积。

例如，25℃时滴定管放出 10.10mL 纯水，称得其质量为 10.04g，则这段滴定管在 20℃时实际体积为

$$V_{实际} = \frac{m_水}{\rho_t} = \frac{10.04g}{0.99616g \cdot mL^{-1}} = 10.08 \text{ mL}$$

故这段滴定管的校准值=$V_{实际} - V_{标示}$=10.08mL–10.10mL=−0.02mL。

四、实训内容

1. 准备仪器

电子天平，滴定管(25mL 或 50mL，酸式、碱式或两用)，移液管(25mL)，容量瓶(100mL，洁净干燥)，温度计(0~50℃或 100℃，公用)，带磨口塞的锥形瓶(50mL，内外壁洁净干燥)，洗耳球等。

2. 操作步骤和计算

(1)滴定管的校准。

(ⅰ)取内外壁洁净干燥的带磨口塞的锥形瓶，在天平上称量(称准至 0.01g 即可)，记为 m_1(g)。

(ⅱ)将待校准的 25mL 滴定管洗干净后，装入蒸馏水至零刻度以上，排除尖嘴气泡，调节液面至"0.00"刻度，除去尖嘴外的水，读取初读数，并记录水温。

(ⅲ)以约 10mL · min^{-1}(每秒 3~4 滴)流速从滴定管放出 5mL [要求在(5±0.1)mL 范围内] 水至锥形瓶中(注意：勿将水滴在磨口上)，读取终读数，滴定管终读数减去初读数，即

为此段滴定管管柱的标称体积。

（iv）盖紧锥形瓶瓶塞，在天平上称量，记为 m_2（g）。m_2-m_1（g）即为从滴定管中放出水的质量。此质量除以该温度下水的密度值（表 4-2），即为滴定管中该部分管柱的实际体积。实际体积减去标称体积，即为滴定管该部分管柱的校正值。

依此方法测定 0→10mL、0→15mL、0→20mL、0→25mL 滴定管管柱的实际容积，并求出相应管柱的校正值。注意：放出 0→25mL 时不能超过 25mL。数据记录及计算示例见表 4-3。

表 4-3　某 25mL 滴定管绝对校准数据记录及计算

记录内容	0→5mL	0→10mL	0→15mL	0→20mL	0→25mL
锥形瓶质量/g	59.19	59.23	59.31	59.25	59.18
滴定管初读数/mL	0.02	0.00	0.03	0.05	0.00
称量时水的温度/℃	26	26	27	27	27
滴定管终读数/mL	5.03	10.09	15.10	20.05	24.99
锥形瓶加水质量/g	64.16	69.27	74.33	79.19	84.11
标称体积/mL	5.01	10.09	15.07	20.00	24.99
称量质量/g	4.97	10.04	15.02	19.94	24.93
水密度/(g·mL^{-1})（相对 20℃）	0.99593	0.99593	0.99569	0.99569	0.99569
实际体积/mL	4.99	10.08	15.09	20.03	25.04
校正值/mL	−0.02	−0.01	+0.02	+0.03	+0.05

若为 50mL 滴定管，则依此方法测定 0→10mL、0→20mL、0→30mL、0→40mL、0→50mL 滴定管管柱的实际容积，并求出相应管柱的校正值。注意：放出 0→50mL 时不能超过 50mL。

在 Excel 上，以滴定管读数为横坐标，校正值为纵坐标，绘制滴定管体积校正曲线，并打印。注意：经校准的滴定管要贴上标签，写上名字，后续实训或考核中使用此管时要应用此校正曲线的校正值。

（2）移液管的校准。

将 25mL 移液管洗净，准确移取已测温度的蒸馏水，调节水的弯月面最低点至与标线水平后，放入已称量的带磨口塞的锥形瓶中，盖好瓶塞，称出盛水的锥形瓶的质量。根据水的质量计算该温度下的实际体积。同一支移液管应校准 3 次，要求称量差值不得超过 20mg，否则重新校准。

（3）移液管和容量瓶的相对校准。

用已校准的移液管对配套使用的容量瓶作相对校准。用 25mL 移液管重复移取已测温度的蒸馏水 4 次，分别注入 100mL 洁净干燥的容量瓶中（操作时，切勿让水碰到容量瓶磨口），观察弯月面最低点是否与原刻度相切。若不一致，则在容量瓶颈上重新标记。

由移液管的实际体积可得知重新标记后的容量瓶的实际体积。

五、实训思考

（1）本实训中将纯水从滴定管放至带磨口塞的锥形瓶中时，应注意什么？

（2）校准滴定管时，为什么锥形瓶和水的质量只需准确到 0.01g？

（3）滴定管中存在气泡对体积有何影响？应该如何除去？

（4）为什么移液管放完溶液要等一定时间？最后管尖内残留的溶液应如何处理？

六、实训拓展

1. 容量仪器的计量性能要求

滴定管、移液管和容量瓶按其准确度不同分为 A 级和 B 级，其部分计量性能要求见表 4-4～表 4-6。

表 4-4　滴定管计量要求一览表

标称容量/mL		1	2	5	10	25	50	100
分度值/mL		0.01	0.02	0.05	0.1	0.1	0.2	
容量允差/mL	A 级	±0.010	±0.010	±0.025	±0.04	±0.05	±0.10	
	B 级	±0.020	±0.020	±0.050	±0.08	±0.10	±0.20	
流出时间/s	A 级	20～35		30～45		45～70	60～90	70～100
	B 级	15～35		20～45		35～70	50～90	60～100
等待时间/s		30						
分度线宽度/mm		≤0.3						

表 4-5　移液管(单标线吸量管)计量要求一览表

标称容量/mL		1	2	3 5	10	15	20 25	50	100
容量允差/mL	A 级	±0.007	±0.010	±0.015	±0.020	±0.025	±0.030	±0.05	±0.08
	B 级	±0.015	±0.020	±0.030	±0.050	±0.050	±0.060	±0.10	±0.016
流出时间/s	A 级	7～12		15～25	20～30		25～35	30～40	35～45
	B 级	5～12		10～25	15～30		20～35	25～40	30～45
分度线宽度/mm		≤0.4							

表 4-6　容量瓶计量要求一览表

标称容量/mL		5	10	25	50	100	200	250	500	1000	2000
容量允差/mL	A 级	±0.020	±0.03	±0.05	±0.10	±0.15	±0.25	±0.40	±0.60		
	B 级	±0.040	±0.06	±0.10	±0.20	±0.30	±0.50	±0.80	±1.20		
分度线宽度/mm		≤0.4									

2. 温度和不同液体对容量仪器体积的影响

本实训项目的容量仪器校准是以 20℃ 为标准温度且用蒸馏水为液体进行校准的，严格地说，只有在温度为 20℃ 时且容量仪器量取蒸馏水的情况下，校正值的使用才是正确的。在实际工作中，容量仪器不一定是在 20℃ 下使用，也不一定是量取蒸馏水。因此，温度和不同溶液对容量仪器的体积是有影响的。表 4-7 给出了不同温度下每 1000mL 水溶液换算到 20℃ 时的体积校正值。

表 4-7　不同温度下每 1000mL 水溶液换算到 20℃ 时的体积校正值

$t/℃$	体积校正值 $\Delta V/(mL \cdot L^{-1})$		$t/℃$	体积校正值 $\Delta V/(mL \cdot L^{-1})$	
	纯水或 0.01mol·L^{-1} 溶液	0.1mol·L^{-1} 溶液		纯水或 0.01mol·L^{-1} 溶液	0.1mol·L^{-1} 溶液
5	+1.5	+1.7	20	0	0
10	+1.3	+1.45	25	-1.0	-1.1
15	+0.8	+0.9	30	-2.3	-2.5

例如，在 25℃下进行滴定，消耗 0.1mol·L^{-1} 某标准溶液 40.00mL，换算为 20℃温度下的体积为

$$V_{20} = 40.00 - \frac{1.1}{1000} \times 40.00 = 39.96(\text{mL})$$

（本实训项目编写人：戴静波）

项目 6　粗食盐的提纯与质量检验

一、预习要点

(1) 托盘天平称量，固体研磨，加热和灼烧，溶解，搅拌，热过滤，普通过滤，减压过滤，蒸发浓缩，结晶，试纸、滴管、量筒的使用等基本操作（见 3.1 节、3.2.1、3.2.2、3.3.1）。

(2) 粗食盐提纯的原理和步骤（操作流程图）。

二、目的要求

(1) 学会托盘天平称量，固体研磨，加热和灼烧，溶解，搅拌，热过滤，普通过滤，减压过滤，蒸发浓缩，结晶，试纸、滴管、量筒的使用等基本操作。

(2) 学会制备和提纯物质的方法和有关成分的定性鉴定。

三、实训指导

粗食盐中除含有少量泥砂等不溶性杂质和有机化合物外，通常还有 Ca^{2+}、Mg^{2+}、Fe^{3+}、SO_4^{2-}、CO_3^{2-}、K^+、Br^-、I^-、NO_3^- 等可溶性杂质离子，这些杂质可通过下列方法除去。

(1) 加热灼烧，除去有机化合物等杂质。

(2) 溶解、过滤，除去泥砂等不溶性杂质。

(3) 加入适当化学试剂，使杂质离子形成沉淀，过滤，除去 Ca^{2+}、Mg^{2+}、SO_4^{2-} 等杂质。

（ i ）加 $BaCl_2$，除 SO_4^{2-}。

$$Ba^{2+} + SO_4^{2-} = BaSO_4\downarrow$$

（ii）加 Na_2CO_3、$NaOH$，除 Mg^{2+}、Ca^{2+}、Fe^{3+} 和过量的 Ba^{2+}。

$$2Mg^{2+} + 2OH^- + CO_3^{2-} = Mg_2(OH)_2CO_3\downarrow$$
$$Ca^{2+} + CO_3^{2-} = CaCO_3\downarrow$$
$$Fe^{3+} + 3OH^- = Fe(OH)_3\downarrow$$
$$2Fe^{3+} + 3CO_3^{2-} + 3H_2O = 2Fe(OH)_3\downarrow + 3CO_2\uparrow$$
$$Ba^{2+} + CO_3^{2-} = BaCO_3\downarrow$$

(iii) 加 HCl，除过量 OH^-、CO_3^{2-}。

$$OH^- + H^+ = H_2O$$
$$CO_3^{2-} + 2H^+ = CO_2\uparrow + H_2O$$

(4) 由于钾盐的溶解度随温度变化比 $NaCl$ 大，故在 $NaCl$ 蒸发结晶时，可溶性杂质如 K^+、Br^-、I^-、NO_3^- 等，留在母液中与 $NaCl$ 晶体分离。

四、实训内容

1. 准备仪器与试剂

托盘天平，研钵，蒸发皿，坩埚钳，三脚架，玻璃棒，酒精灯（两盏），烧杯（100mL、200mL

各 1 个)，热漏斗，滴管，试管，点滴板，布氏漏斗，抽滤瓶，真空泵(每室 4 套)，漏斗(长、短各 1 个)，铁架台，铁夹，铁圈，石棉网，药匙，镊子，洗瓶等。

NaOH($0.02\ mol \cdot L^{-1}$、$2\ mol \cdot L^{-1}$)，HCl($0.02\ mol \cdot L^{-1}$、$2\ mol \cdot L^{-1}$)，AgNO₃($0.1\ mol \cdot L^{-1}$)，BaCl₂($1\ mol \cdot L^{-1}$)，H₂SO₄($1\ mol \cdot L^{-1}$)，氨试液($1\ mol \cdot L^{-1}$)，氨水($6\ mol \cdot L^{-1}$)，HNO₃($6\ mol \cdot L^{-1}$)，粗食盐，饱和碳酸钠，草酸铵试液，乙醇(95%)，溴麝香草酚蓝指示液。

滤纸(中速 9cm、11cm)，pH 试纸，称量纸。

2. 粗食盐提纯

(1)称量、研磨和炒盐。称取粗食盐 10.0g(若不做质量检验可用 5.0g 粗食盐，其余试剂用量相应减半)，置于研钵中研细后转移至蒸发皿中，用小火炒至无爆裂声，冷却。

(2)溶解和热过滤。将上述炒过的粗食盐转移至盛有 40mL 水的 100mL 烧杯中，加热并搅拌使其溶解，热过滤，弃去不溶性杂质，保留滤液。

(3)沉淀和减压过滤。边搅拌边逐滴加入 $1\ mol \cdot L^{-1}$ BaCl₂ 溶液 1.5～2mL 后，加热并继续搅拌滤液至近沸。停止加热和搅拌，待沉淀沉降，溶液变清后，沿烧杯壁加 1 滴 BaCl₂ 溶液，观察上层清液是否有浑浊。如有浑浊，表明 SO_4^{2-} 尚未除尽，需再滴加 BaCl₂ 溶液。待沉淀沉降，溶液变清后，沿烧杯壁加 1 滴 BaCl₂ 溶液，至上层清液无浑浊为止。继续加热 5min，使沉淀颗粒长大而易于沉降，减压过滤，弃去沉淀，滤液转移至另一个干净的烧杯中。

(4)再沉淀和普通过滤。边搅拌边滴加饱和 Na₂CO₃ 溶液 1.5～2mL，加热至沸，使 Ca^{2+}、Mg^{2+}、Fe^{3+} 和过量的 Ba^{2+} 生成沉淀并沉降。用上述检验 SO_4^{2-} 是否除尽的方法检验 Ca^{2+}、Mg^{2+}、Fe^{3+}、Ba^{2+} 沉淀是否完全。在此过程中注意补充蒸馏水，保持原体积，防止 NaCl 晶体析出。加入 $2\ mol \cdot L^{-1}$ NaOH 调节溶液 pH 为 10～11。继续煮沸 2～3min，冷却，普通过滤，弃去沉淀，滤液转移至洁净的蒸发皿中。

(5)中和。向滤液中滴加 $2\ mol \cdot L^{-1}$ HCl，调节 pH 为 2～3，除去过量的 OH^-、CO_3^{2-}。

(6)蒸发浓缩、结晶和减压过滤。加热、蒸发、浓缩溶液，至液面出现一层结晶膜时，改用小火加热，并不断搅拌，以免溶液溅出。当蒸发至糊状稠液时，停止加热(切勿蒸干)。冷却后，减压过滤，弃去滤液，用少量 95%乙醇淋洗产品晶体两三次。将晶体转移到洁净的蒸发皿中，加热炒干(不冒水汽，呈粉状，无劈啪响声)。冷却后称量，计算产率。

3. 质量检验

(1)酸碱度。取产品 0.5g，溶于 5mL 水中，加 2 滴溴麝香草酚蓝，如显黄色，加 0.1mL $0.02\ mol \cdot L^{-1}$ NaOH，此时应显蓝色；如显蓝色或绿色，加 0.2mL $0.02\ mol \cdot L^{-1}$ HCl，此时应显黄色。

(2)钡盐。取产品 1g，溶于 5mL 水中，溶液分为两份，一份中加入 2mL $1\ mol \cdot L^{-1}$ H₂SO₄，另一份中加 2mL 水，静置 15min，两份溶液应同样澄清。

(3)钙盐。取产品 1g，溶于 5mL 水中，加 1mL 氨试液，摇匀，加 1mL 草酸铵试液，5min 内不得发生浑浊。

(4)溶液的澄清度。取产品 0.5g，溶于 2.5mL 水中，溶液应澄清。溶液保留下步用。

(5)Cl⁻ 的检验。取 1～2 滴上述 NaCl 溶液，加入同量的蒸馏水，滴加 2 滴 $0.1\ mol \cdot L^{-1}$ AgNO₃，应有白色沉淀生成；滴加 $6\ mol \cdot L^{-1}$ 氨水，沉淀又溶解，再滴加 $6\ mol \cdot L^{-1}$ HNO₃ 使溶液呈酸

性，又有白色沉淀生成。

五、实训思考

(1)在除去 Ca^{2+}、Mg^{2+}、SO_4^{2-} 时，为什么要先加 $BaCl_2$ 溶液，再加 Na_2CO_3 溶液，最后加 HCl 呢？能否改变试剂加入的先后次序？

(2)为什么在溶液中加入沉淀剂（$BaCl_2$ 或 Na_2CO_3）后，要将溶液加热至沸？

(3)原料中所含的 K^+、Br^-、I^-、NO_3^- 等是怎样除去的？

(4)热过滤和减压过滤主要仪器有哪些？有什么优点？

六、实训拓展

过滤、重结晶、蒸馏和萃取是常见分离和提纯物质的方法，其适用范围、使用的主要仪器和实例见表 4-8。

表 4-8　常见分离和提纯物质的方法

分离、提纯方法	适用范围	主要仪器	实例
过滤	不溶性固体与液体分离	漏斗、滤纸、烧杯、玻璃棒等	粗食盐的提纯
重结晶	从混合物中分离溶解度不同的组分	漏斗、滤纸、烧杯、热源、玻璃棒等	从氯化钠和硝酸钾混合物中提取硝酸钾
蒸馏	从混合物中分离沸点不同的液体组分	蒸馏烧瓶、热浴、冷凝管、接液管、温度计等	石油的分馏
萃取	从固体或液体混合物中提取所需物质	分液漏斗、烧杯等	用乙酸乙酯提取溶于水的苯酚

（本实训项目编写人：李永冲）

项目 7　化学反应速率和化学平衡

一、预习要点

(1)化学反应速率和化学平衡的概念。

(2)影响化学反应速率和化学平衡的因素。

二、目的要求

(1)掌握浓度、温度、催化剂对化学反应速率的影响，以及浓度、温度对化学平衡的影响。

(2)学会在水浴中进行恒温操作。

三、实训指导

化学反应速率是以单位时间内反应物浓度的减少或生成物浓度的增加来表示。化学反应速率除与反应物的本性有关外，还受浓度、温度、催化剂等因素的影响。

$Na_2S_2O_3$ 被酸酸化生成 $H_2S_2O_3$，$H_2S_2O_3$ 分解析出 S，反应如下：

$$Na_2S_2O_3 + H_2SO_4（稀）== Na_2SO_4 + H_2O + SO_2\uparrow + S\downarrow$$

析出硫使溶液变浑浊，从反应开始到出现浑浊所需时间即可表示反应速率的快慢。

温度对反应速率有显著的影响，对于大多数反应来说，温度升高，反应速率加快。测定上述反应在不同温度下出现浑浊的时间，可表明温度对反应速率的影响。

催化剂可大大改变反应速率。例如，H_2O_2 水溶液在常温时较稳定，加入少量 $K_2Cr_2O_7$ 溶液或 MnO_2 固体作为催化剂后，H_2O_2 分解很快。

在可逆反应中，当正反应和逆反应速率相等时即达到化学平衡。化学平衡是有条件的，改变浓度、温度等条件，化学平衡就向着削弱这个改变的方向移动。

$CuSO_4$ 和 KBr 会发生下列可逆反应：

$$Cu^{2+}+4Br^- \rightleftharpoons [CuBr_4]^{2-}（黄色）$$

$FeCl_3$ 和 NH_4SCN 会发生下列可逆反应：

$$Fe^{3+}+nSCN^- \rightleftharpoons [Fe(SCN)_n]^{3-n}（n=1\sim6）（血红色）$$

通过改变浓度、温度等条件，上述反应化学平衡移动，溶液颜色会相应改变。

四、实训内容

1. 准备仪器与试剂

烧杯（100mL），试管（6支），量筒（10mL），秒表，温度计（100℃），水浴（冷、热）等。

$Na_2S_2O_3$（$0.04mol \cdot L^{-1}$），H_2SO_4（$0.04mol \cdot L^{-1}$、$1mol \cdot L^{-1}$），H_2O_2（3%），$K_2Cr_2O_7$（$0.1mol \cdot L^{-1}$），MnO_2（s），$CuSO_4$（$1mol \cdot L^{-1}$），KBr（s、$2mol \cdot L^{-1}$），$FeCl_3$（$0.1mol \cdot L^{-1}$），NH_4SCN（$0.1mol \cdot L^{-1}$）。

2. 操作步骤

（1）浓度对反应速率的影响。

取3支试管并编号，在1号试管中加入2mL $0.04mol \cdot L^{-1}$ $Na_2S_2O_3$ 溶液和4mL蒸馏水，在2号试管中加入4mL $0.04mol \cdot L^{-1}$ $Na_2S_2O_3$ 溶液和2mL蒸馏水，在3号试管中加入6mL $0.04mol \cdot L^{-1}$ $Na_2S_2O_3$ 溶液，不加蒸馏水。

再另取3支试管，各注入2mL $0.04mol \cdot L^{-1}$ H_2SO_4 溶液，并将这3支试管中的溶液同时加到上述1、2、3号试管中，充分振荡。立即看表，记下出现浑浊的时间（t）。

将实训结果记录于表4-9中，说明浓度对反应速率的影响。

表4-9　浓度对化学反应速率的影响

编号	试管1		试管2		混合后		溶液混合后变浑所需时间 t/s
	$V(Na_2S_2O_3)$/mL	$V(H_2O)$/mL	H_2SO_4 $c(H_2SO_4)/(mol \cdot L^{-1})$	V/mL	$c(Na_2S_2O_3)$/$(mol \cdot L^{-1})$	$c(H_2SO_4)$/$(mol \cdot L^{-1})$	
1	2	4	0.04	2			
2	4	2	0.04	2			
3	6	0	0.04	2			

（2）温度对反应速率的影响。

取3支试管，按表4-10分别加入等量的 $0.04mol \cdot L^{-1}$ $Na_2S_2O_3$ 溶液和等量的蒸馏水；再取3支试管，分别加入2mL $0.04mol \cdot L^{-1}$ H_2SO_4 溶液。将它们分成3组，每组包括盛有 $Na_2S_2O_3$ 和 H_2SO_4 溶液的试管各一支。

表 4-10 温度对化学反应速率的影响

编号	试管 1		试管 2	反应温度	出现浑浊所需时间/s
	$V(Na_2S_2O_3)$/mL	$V(H_2O)$/mL	$V(H_2SO_4)$/mL		
1	2	4	2	室温	
2	2	4	2	比室温高 10℃	
3	2	4	2	比室温高 20℃	

记下室温，将第 1 组两支试管中的溶液混合，记下开始混合到溶液出现浑浊所需时间。

第 2 组两支试管，先置于高于室温 10℃的水浴中，稍等片刻，将两支试管中的溶液混合，记下开始混合到溶液出现浑浊所需时间。

第 3 组两支试管，先置于高于室温 20℃水浴中，稍等片刻，将两支试管中的溶液混合，记下开始混合到溶液出现浑浊所需时间。

说明温度对反应速率的影响。

(3) 催化剂对反应速率的影响。

（i）均相催化。在盛有 2mL 3%H_2O_2 溶液的试管中，滴加 1mol·L^{-1} H_2SO_4 酸化，再加入 4 滴 $K_2Cr_2O_7$ 溶液，摇动试管，观察气泡产生的速率。

（ii）多相催化。在盛有 1mL 3%H_2O_2 溶液的试管中，加入少量 MnO_2 粉末，观察气泡产生的速率。另观察仅盛有 3%H_2O_2 的溶液，是否有气泡发生，并与上述两实验比较。

说明催化剂对化学反应速率的影响。

(4) 浓度对化学平衡的影响。

（i）在烧杯中加入 10mL 蒸馏水，然后加入 0.1mol·L^{-1} $FeCl_3$ 和 0.1mol·L^{-1} NH_4SCN 溶液各 2 滴，溶液显浅红色。将此溶液等分于两支试管中，在一支试管中逐滴加入 0.1mol·L^{-1} $FeCl_3$ 溶液，观察颜色变化，并与另一支试管中的颜色比较并解释。

（ii）在 3 支试管中分别加入 1mol·L^{-1} $CuSO_4$ 溶液 5 滴、5 滴和 10 滴，向第 1 支和第 2 支试管中加入 2mol·L^{-1} KBr 溶液 5 滴，再向第 2 支试管加入少量 KBr 固体，比较 3 支试管溶液的颜色并解释。

(5) 温度对化学平衡的影响。

在试管中加入 1mL 1mol·L^{-1} $CuSO_4$ 溶液和 2mL 2mol·L^{-1} KBr 溶液，混合均匀，将溶液平分于 3 支试管中，将第 1 支试管加热至近沸，第 2 支试管放入冷水浴中，第 3 支试管保持室温，比较 3 支试管颜色变化并解释。

五、实训思考

(1) 影响化学反应速率和化学平衡的因素有哪些？

(2) 在本实训操作步骤(2)中，哪些操作应特别注意？

六、实训拓展

在本实训操作步骤(1)中，如果再增加几个不同 $c(Na_2S_2O_3)$ 对反应速率影响的实验结果，以 $c(Na_2S_2O_3)$ 为横坐标，$1/t$ 为纵坐标，用坐标纸或 Excel 作图，可得到反应速率与反应物浓度的定量关系规律，这就是质量作用定律。

（本实训项目编写人：吴雪文）

项目 8　解离平衡和沉淀反应

一、预习要点

(1) 解离平衡和沉淀-溶解平衡。

(2) 滴管、试管和试纸的使用、物质的加热、试剂的取用等基本操作(见 3.1 节)。

(3) 离心分离(见 3.2.1)

二、目的要求

(1) 掌握同离子效应、盐类的水解及影响因素。

(2) 掌握溶度积规则的应用和影响沉淀-溶解平衡的因素。

(3) 理解沉淀生成和溶解的条件、分步沉淀、沉淀的转化和混合离子的分离。

三、实训指导

在弱电解质溶液中加入含有相同离子的另一种强电解质时，弱电解质解离程度降低，这种效应称为同离子效应。

弱酸及其盐或弱碱及其盐溶液，当将其稀释或在其中加入少量酸或碱时，溶液 pH 基本不改变，这种溶液称为缓冲溶液。

在难溶电解质饱和溶液中，未溶解的难溶电解质和溶液中相应的离子之间建立了多相离子平衡。例如，在 PbI_2 饱和溶液中，建立了如下平衡：

$$PbI_2(s) \rightleftharpoons Pb^{2+} + 2I^-$$

其平衡常数表达式为 $K_{sp}(PbI_2) = c(Pb^{2+}) \cdot c^2(I^-)$，$K_{sp}(PbI_2)$ 称为溶度积。

根据溶度积规则，可判断沉淀的生成和溶解。例如，将 $Pb(Ac)_2$ 和 KI 两种溶液混合时，如果

(1) $c(Pb^{2+}) \cdot c^2(I^-) > K_{sp}(PbI_2)$，溶液过饱和，有沉淀析出。

(2) $c(Pb^{2+}) \cdot c^2(I^-) = K_{sp}(PbI_2)$，溶液饱和。

(3) $c(Pb^{2+}) \cdot c^2(I^-) < K_{sp}(PbI_2)$，溶液未饱和，无沉淀析出。

如果溶液中同时含有几种离子，这些离子可以同时和某种试剂反应生成多种难溶化合物，那么溶解度小的需要沉淀剂的浓度小，将先被沉淀出来；溶解度大的需要沉淀剂的浓度大，将后被沉淀出来。这种先后沉淀的现象称为分步沉淀。

使一种难溶电解质转化为另一种难溶电解质，即把一种沉淀转化为另一种沉淀的过程称为沉淀的转化。对于同种类型的沉淀，溶度积大的难溶电解质易转化为溶度积小的难溶电解质；对于不同类型的沉淀，能否进行转化，要具体计算溶解度，溶解度大的沉淀转化为溶解度小的沉淀。

四、实训内容

1. 准备仪器和试剂

试管，离心管，离心机，药匙，烧杯(100mL)，量筒(10mL)，点滴板，pH 试纸等。

HAc($2mol \cdot L^{-1}$、$0.1mol \cdot L^{-1}$)，HCl($2mol \cdot L^{-1}$、$0.1mol \cdot L^{-1}$)，$NH_3 \cdot H_2O$($2mol \cdot L^{-1}$、$0.1mol \cdot L^{-1}$)，$AgNO_3$($0.1mol \cdot L^{-1}$)，NaOH($0.1mol \cdot L^{-1}$)，HNO_3($6mol \cdot L^{-1}$)，NH_4Ac(s、$1mol \cdot L^{-1}$、$0.1mol \cdot L^{-1}$)，NaAc(s、$1mol \cdot L^{-1}$、$0.1mol \cdot L^{-1}$)，NaCl($1mol \cdot L^{-1}$、$0.1mol \cdot L^{-1}$)，NH_4Cl(饱和溶液、$1mol \cdot L^{-1}$、$0.1mol \cdot L^{-1}$)，$Ca(NO_3)_2$($0.1mol \cdot L^{-1}$)，KNO_3($0.1mol \cdot L^{-1}$)，

$MgSO_4(0.1mol \cdot L^{-1})$，$MgCl_2(1mol \cdot L^{-1})$，$CaCl_2(0.1mol \cdot L^{-1})$，$Pb(NO_3)_2(0.1mol \cdot L^{-1}$、$0.001mol \cdot L^{-1})$，$K_2CrO_4(0.1mol \cdot L^{-1})$，$Fe(NO_3)_3 \cdot 9H_2O(s)$，$ZnCl_2(0.1mol \cdot L^{-1})$，$Pb(Ac)_2$ $(0.01mol \cdot L^{-1})$，$Na_2S(0.1mol \cdot L^{-1})$，$KI(0.1mol \cdot L^{-1}$、$0.02mol \cdot L^{-1}$、$0.001mol \cdot L^{-1})$，$Na_2CO_3$(饱和溶液、$1mol \cdot L^{-1}$、$0.1mol \cdot L^{-1}$)，$(NH_4)_2C_2O_4$(饱和溶液)，$NaHCO_3(0.1mol \cdot L^{-1})$，$Na_2HPO_4$ $(0.1mol \cdot L^{-1})$，$NaH_2PO_4(0.1mol \cdot L^{-1})$，$Na_3PO_4(0.1mol \cdot L^{-1})$，$Al_2(SO_4)_3$(饱和溶液)，酚酞指示剂，甲基橙指示剂等。

2. 实训步骤

1)同离子效应和缓冲溶液

(1)取 3 支有编号的试管，各加入 1mL $0.1mol \cdot L^{-1}$ $NH_3 \cdot H_2O$ 和 1 滴酚酞，在 2 号试管中加入 2 滴 $1mol \cdot L^{-1}$ NH_4Ac 溶液，在 3 号试管中加入 2 滴 $1mol \cdot L^{-1}$ NaCl 溶液，比较 3 支试管中颜色变化，并加以解释。

(2)取 3 支有编号的试管，各加入 1mL $0.1mol \cdot L^{-1}$ HAc 和 1 滴甲基橙，在 2 号试管中加入 2 滴 $1mol \cdot L^{-1}$ NH_4Ac 溶液，在 3 号试管中加入 2 滴 $1mol \cdot L^{-1}$ NaCl 溶液，比较 3 支试管中颜色变化，并加以解释。

(3)用 $0.1mol \cdot L^{-1}$ NaOH 代替 $0.1mol \cdot L^{-1}$ $NH_3 \cdot H_2O$，用 $0.1mol \cdot L^{-1}$ HCl 代替 $0.1mol \cdot L^{-1}$ HAc，重做(1)、(2)实验，比较酚酞、甲基橙颜色的变化，并加以解释。

(4)在烧杯中加入 10mL $0.1mol \cdot L^{-1}$ HAc 和 10mL $0.1mol \cdot L^{-1}$ NaAc，搅匀，用 pH 试纸测定其 pH；然后将溶液分成两份，一份加入 10 滴 $0.1mol \cdot L^{-1}$ HCl，测其 pH，另一份加入 10 滴 $0.1mol \cdot L^{-1}$ NaOH，测其 pH。于另一烧杯中加入 10mL 去离子水，重复上述实验。说明缓冲溶液的作用。

2)盐类的水解及其影响因素

(1)在点滴板上，用 pH 试纸测定浓度为 $0.1mol \cdot L^{-1}$ 下列各溶液的 pH：Na_2CO_3、$NaHCO_3$、NaCl、Na_2S、Na_2HPO_4、NaH_2PO_4、Na_3PO_4、NaAc、NH_4Cl、NH_4Ac，并与计算值相比较。

(2)取少量 NaAc 固体，溶于少量去离子水中，加 1 滴酚酞，观察溶液的颜色。在小火上将溶液加热，再观察颜色的变化。

(3)取少量 $Fe(NO_3)_3 \cdot 9H_2O$ 固体，用 6mL 去离子水溶解后，观察溶液的颜色。然后将溶液分成 3 份，一份加数滴 $6mol \cdot L^{-1}$ HNO_3，另一份在小火上加热煮沸，观察现象并比较。由于 Fe^{3+} 水解生成了 $Fe(OH)_3$ 胶体而使溶液呈黄棕色。通过上述现象说明加 HNO_3 和加热对水解平衡的影响。

(4)在一支装有 $Al_2(SO_4)_3$ 饱和溶液的试管中，加入饱和 Na_2CO_3 溶液，有何现象？通过实验证明产生的沉淀是 $Al(OH)_3$ 而不是 $Al_2(CO_3)_3$，并写出反应方程式。

3)溶度积规则的应用

(1)在试管中加入 0.5mL $0.1mol \cdot L^{-1}$ $Pb(NO_3)_2$ 溶液及 0.5mL $0.1mol \cdot L^{-1}$ KI 溶液各 1 滴，观察有无沉淀生成，用溶度积规则解释。

(2)改用 $0.001mol \cdot L^{-1}$ $Pb(NO_3)_2$ 溶液和 $0.001mol \cdot L^{-1}$ KI 溶液，观察有无沉淀生成，用溶度积规则解释。

4)沉淀的生成和溶解

(1)在试管中加入 1mL $0.1mol \cdot L^{-1}$ $MgSO_4$ 溶液，加入数滴 $2mol \cdot L^{-1}$ 氨水，此时生成的沉淀是什么？再向此溶液中加入 $1mol \cdot L^{-1}$ NH_4Cl 溶液，观察沉淀是否溶解。解释观察到的现象，写出相关反应式。

（2）取 2 滴 $0.1mol \cdot L^{-1} ZnCl_2$ 溶液加入试管中，加入 2 滴 $0.1mol \cdot L^{-1} Na_2S$ 溶液，观察沉淀的生成和颜色，再在试管中加入数滴 $2mol \cdot L^{-1} HCl$，观察沉淀是否溶解，写出相关反应式。

（3）酸度对沉淀生成的影响。

（ⅰ）在两支试管中分别都加入 0.5mL $(NH_4)_2C_2O_4$ 饱和溶液和 0.5mL $0.1mol \cdot L^{-1} CaCl_2$ 溶液，观察白色沉淀的生成。然后在一支试管中加入约 2mL $2mol \cdot L^{-1} HCl$ 溶液，搅匀，沉淀是否溶解？在另一支试管中加入约 2mL $2mol \cdot L^{-1} HAc$ 溶液，沉淀是否溶解？解释现象。

（ⅱ）在两支试管中分别加入 1mL $1mol \cdot L^{-1} MgCl_2$ 溶液，并分别滴加 $2mol \cdot L^{-1} NH_3 \cdot H_2O$ 至有白色沉淀生成。在一支试管中加入 $2mol \cdot L^{-1} HCl$ 溶液，沉淀是否溶解？在另一支试管中加入饱和 NH_4Cl 溶液，沉淀是否溶解？说明加入 HCl 和 NH_4Cl 对沉淀-溶解平衡的影响。

5）分步沉淀

在试管中加入 1 滴 $0.1mol \cdot L^{-1} AgNO_3$ 和 3 滴 $0.1mol \cdot L^{-1} Pb(NO_3)_2$，加入 2mL 蒸馏水稀释。摇匀后，先加 1 滴 $0.1mol \cdot L^{-1} K_2CrO_4$ 溶液，振荡试管，观察沉淀颜色，再继续滴加 $0.1mol \cdot L^{-1} K_2CrO_4$，沉淀颜色有何变化？根据沉淀颜色的变化和溶度积规则，计算两种难溶铬酸盐开始沉淀时 CrO_4^{2-} 的浓度，以判断沉淀先后顺序。

6）沉淀的转化

取 10 滴 $0.01mol \cdot L^{-1} Pb(Ac)_2$ 溶液加入试管中，加入 2 滴 $0.02mol \cdot L^{-1} KI$ 溶液，振荡，观察沉淀颜色。再向其中加入 $0.1mol \cdot L^{-1} Na_2S$ 溶液，边加边振荡，直到黄色沉淀消失，黑色沉淀生成。解释观察到的现象，写出相关反应式。

7）用沉淀法分离混合离子

在离心管中加入 1 滴 $0.1mol \cdot L^{-1} Pb(NO_3)_2$、2 滴 $0.1mol \cdot L^{-1} Ca(NO_3)_2$ 和 1 滴 $0.1mol \cdot L^{-1} KNO_3$ 溶液，然后滴加 $0.1mol \cdot L^{-1} KI$ 溶液，产生什么沉淀？离心分离后，在上层清液中加 1 滴 $0.1mol \cdot L^{-1} KI$ 溶液，如无沉淀出现，表示 Pb^{2+} 已沉淀完全，否则继续滴加 $0.1mol \cdot L^{-1} KI$ 溶液，直至沉淀完全，离心分离。用滴管将清液移入另一离心管中，滴加 $1mol \cdot L^{-1} Na_2CO_3$，直至沉淀完全，离心分离。写出分离过程流程图。

五、实训思考

（1）同离子效应与缓冲溶液的原理有何异同？

（2）如何抑制或促进水解？举例说明。

（3）是否一定要在碱性条件下，才能生成氢氧化物沉淀？不同浓度的金属离子溶液，开始生成氢氧化物沉淀时，溶液 pH 是否相同？

（4）什么是分步沉淀？根据什么判断溶液中离子被沉淀的先后顺序？

（5）沉淀转化的条件是什么？实训中 Ag_2CrO_4 沉淀为什么能转化为 AgCl 沉淀？用平衡常数值说明。

六、实训拓展

在定性分析中，沉淀的生成和溶解是重要的反应现象。根据溶度积规则，生成的沉淀溶度积（或溶解度）越小，沉淀反应就越灵敏。沉淀的生成和溶解、分步沉淀和沉淀的转化，是阴阳离子分组、分离和鉴定的主要依据。

（本实训项目编写人：庄晓梅）

项目 9　用酸度计测定溶液 pH

一、预习要点

(1) 酸度计及其使用(见 3.5.1)。

(2) 直接电位法、复合电极。

二、目的要求

(1) 学会酸度计、复合电极的使用方法。

(2) 学会用酸度计测定溶液 pH 的方法。

三、实训指导

玻璃电极的电极电势随溶液 pH 的变化而改变。在 25℃时，$E_{玻}=K-0.0592pH$，K 是由玻璃电极本性决定的常数。

复合电极是由玻璃电极(指示电极)和银-氯化银电极(参比电极)组合在一起的塑壳可充式电极。把它们插入待测溶液可组成完整原电池，连接上精密电位计(酸度计)，可测定电池电动势 ε。在 25℃时

$$\varepsilon=E_{正}-E_{负}=E_{银\text{-}氯化银}-E_{玻}=E_{银\text{-}氯化银}-K+0.0592pH=K'+0.0592pH$$

整理上式得

$$pH=(\varepsilon-K')/0.0592$$

K' 可用已知 pH 缓冲溶液测得，0.0592 是与溶液温度 25℃有关的常数。若溶液温度不是 25℃，则通过酸度计温度补偿调节旋钮调节。为了省去计算手续，酸度计可直接把测得的电极电势表示为 pH，并显示出来。

四、实训内容

1. 准备仪器和试剂

酸度计，复合电极，塑料烧杯(50mL)等。

邻苯二甲酸氢钾标准缓冲溶液($0.05mol\cdot L^{-1}$)，磷酸盐标准缓冲溶液($0.025mol\cdot L^{-1}$)，葡萄糖注射液，生理盐水溶液，去离子水，软质滤纸等。

2. 酸度计使用前准备

(1) 接通电源。将 9V 直流电源输入插头插入 220V 交流电源上，直流输出插头插入仪器后面板"DC9V"电源插孔。

(2) 安装电极。将复合电极装在电极架上，拔去仪器后电极插座上的断路插头，接上电极插头。

(3) 打开电源开关，预热 5min。

3. 仪器和电极校正

(1) 将酸度计功能选择旋钮调到 pH 挡，温度补偿调节旋钮调至与待测溶液温度一致，斜率补偿调节旋钮顺时针旋到最大(调到 100%位置)。

(2) 用去离子水清洗复合电极，用软质滤纸轻轻吸干玻璃泡上的水分。

(3)将复合电极插入混合磷酸盐标准缓冲溶液中，用玻璃棒搅拌(或摇动)使溶液均匀，调节定位调节旋钮，使仪器显示读数与标准缓冲溶液 pH 一致。

(4)取出复合电极，用去离子水清洗电极后，用软质滤纸轻轻吸干玻璃泡上的水分。

(5)将复合电极再插入邻苯二甲酸氢钾标准缓冲溶液中，用玻璃棒搅拌(或摇动)使溶液均匀，观察仪器显示数值，应该是当时温度下邻苯二甲酸氢钾标准缓冲溶液的 pH，否则调节斜率补偿调节旋钮，使仪器显示 pH 与该温度下缓冲溶液 pH 一致(混合磷酸盐、邻苯二甲酸氢钾标准缓冲溶液的 pH 见附录 5)。

(6)重复(2)~(5)。

注意：经校正后，pH 计斜率补偿调节及定位调节旋钮不应有旋动，校正用的缓冲溶液 pH 应接近被测溶液 pH；一般来说，仪器在连续使用时，每天要校正一次。

4. 测定葡萄糖注射液的 pH

用去离子水和被测溶液分别清洗电极后，将电极插入 10%葡萄糖注射液中，用玻璃棒搅拌(或摇动)使溶液均匀，在显示屏上读取其 pH。判断该注射液的酸度是否符合要求(《中国药典》规定 pH 应为 3.2~5.5)。

5. 测定生理盐水的 pH

用去离子水和被测溶液分别清洗电极后，将电极插入生理盐水溶液中，用玻璃棒搅拌(或摇动)使溶液均匀，在显示屏上读取其 pH。判断该生理盐水的酸度是否符合要求(《中国药典》规定 pH 应为 4.5~7.0)。

若被测溶液与校正时所用的标准缓冲溶液温度不同，则调节温度补偿调节旋钮至待测溶液温度，再测量。精确测量时，被测溶液温度最好保持与校正溶液温度一致。

6. 结束工作

测定完毕，洗净电极和塑料烧杯，将仪器还原，关闭仪器电源。复合电极使用完毕，将电极保护帽套上，帽内加入少量补充液，以保持电极球泡的湿润。

五、实训思考

(1)测定试样溶液 pH 时，为什么选择两种 pH 相差约 3 个单位的标准缓冲溶液校正酸度计，并且试样溶液的 pH 介于两者之间？

(2)酸度计的"定位调节旋钮"、"斜率补偿调节旋钮"和"温度补偿调节旋钮"的作用是什么？

(3)使用新的或长久不用的复合电极前，应将电极浸泡在 $3mol \cdot L^{-1}$ 氯化钾溶液中活化 24h，为什么？

六、实训拓展

超微电极简称微电极，是电极一维尺寸为微米或纳米级的电极，具有电极半径极小、信噪比高、传质速率快、响应时间短、电流密度高，且易于形成稳定电流等特点。在生物电化学方面，微电极不会损坏生物机体组织，不会因电解破坏测定体系的平衡，因此得到广泛应用。例如，微钾电极测定细胞外钾离子浓度的变化，研究中枢神经系统正常情况下以钾离子作为反馈剂的作用；微铂电极测定血清抗坏血酸，确定生物器官的循环障碍；微碳纤维电极用于测量脑神经组织中多巴胺及儿茶胺等物质浓度的变化，微碳纤维电极植入动物体内进行活体组织的连续测定等。

（本实训项目编写人：林壮森）

项目 10　缓冲溶液的配制和性质

一、预习要点

(1)缓冲溶液的配制(见 3.6.5)。

(2)酸度计及其使用(见 3.5.1)。

二、目的要求

(1)学会缓冲溶液 pH 的计算和配制方法。

(2)学会使用酸度计和复合电极测定溶液 pH。

(3)理解缓冲溶液的性质。

三、实训指导

缓冲溶液具有抵抗少量强酸、强碱或稍加稀释仍保持其 pH 几乎不变的能力。

缓冲溶液一般是由共轭酸碱对组成，其中弱酸为抗碱成分，共轭碱为抗酸成分。当弱酸和共轭碱的浓度相等时，pH 计算公式为

$$pH = pK_a - \lg \frac{V_{HB}}{V_{B^-}}$$

计算出所需的弱酸 HB 及其共轭碱 B^- 的体积，将所需体积的弱酸溶液及其共轭碱溶液混合，即得所需缓冲溶液。

缓冲溶液的缓冲能力用缓冲容量来衡量，缓冲容量越大，其缓冲能力越强。缓冲容量与总浓度及缓冲比有关，当缓冲比一定时，总浓度越大，缓冲容量越大；当总浓度一定时，缓冲比越接近 1，缓冲容量越大(缓冲比等于 1 时，缓冲容量最大)。

由上述计算配制所得的 pH 为近似值，需用酸度计和复合电极测定其 pH，再用酸或碱调整其 pH。

四、实训内容

1. 准备仪器和试剂

试管(6 支)，试管架，玻璃棒，滴管，洗瓶，吸量管(10mL、20mL)，烧杯(100mL)，量杯(5mL)，酸度计，复合电极，温度计，洗耳球，塑料烧杯(50mL，3 个)，精密 pH 试纸，点滴板等。

HAc($2mol \cdot L^{-1}$、$1mol \cdot L^{-1}$、$0.1mol \cdot L^{-1}$)，NaAc($1mol \cdot L^{-1}$、$0.1mol \cdot L^{-1}$)，NaH_2PO_4($2mol \cdot L^{-1}$、$0.2mol \cdot L^{-1}$)，Na_2HPO_4($0.2mol \cdot L^{-1}$)，HCl($1mol \cdot L^{-1}$、$0.1mol \cdot L^{-1}$)，NaOH($2mol \cdot L^{-1}$、$1mol \cdot L^{-1}$、$0.1mol \cdot L^{-1}$)，邻苯二甲酸氢钾标准缓冲溶液($0.05mol \cdot L^{-1}$)，混合磷酸盐标准缓冲溶液($0.025mol \cdot L^{-1}$)，溴酚红指示剂等。

2. 缓冲溶液的配制

(1)计算配制 pH=5.00 的缓冲溶液 20mL 所需 $0.1mol \cdot L^{-1}$ HAc(pK_a=4.76)溶液和

0.1mol·L^{-1} NaAc 溶液的体积。分别用吸量管移取所需量的 HAc 溶液和 NaAc 溶液，置于 50mL 塑料烧杯中，摇匀。用酸度计和复合电极测定其 pH，并用 2mol·L^{-1} NaOH 或 2mol·L^{-1} HAc 调节 pH 为 5.00，保存备用。

(2) 计算配制 pH=7.00 的缓冲溶液 20mL 所需 0.2mol·L^{-1} NaH$_2$PO$_4$（pK_{a_2}=7.21）溶液和 0.2mol·L^{-1} Na$_2$HPO$_4$ 溶液的体积。分别用吸量管移取所需量的 NaH$_2$PO$_4$ 溶液和 Na$_2$HPO$_4$ 溶液，置于 50mL 塑料烧杯中，摇匀。用酸度计和复合电极测定其 pH，并用 2mol·L^{-1} NaOH 或 2mol·L^{-1} NaH$_2$PO$_4$ 调节 pH 为 7.00，保存备用。

3. 缓冲溶液的性质

(1) 抗酸作用。取 3 支试管，分别量取 3mL 上述配制好的 pH 为 5.00、7.00 的缓冲溶液和蒸馏水，各加入 2 滴 1mol·L^{-1} HCl 溶液，摇匀，用精密 pH 试纸分别测定其 pH。

(2) 抗碱作用。取 3 支试管，分别量取 3mL pH 为 5.00、7.00 的缓冲溶液和蒸馏水，各滴入 2 滴 1mol·L^{-1} NaOH 溶液，摇匀，用精密 pH 试纸分别测定其 pH。

(3) 抗稀释作用。取 4 支干燥洁净的试管，分别加入 0.5mL 上述配制的 pH 为 5.00、7.00 的缓冲溶液、0.1mol·L^{-1} HCl 溶液、0.1mol·L^{-1} NaOH 溶液，各加入 5mL 蒸馏水，振荡试管，用精密 pH 试纸分别测定其 pH。

解释上述实验结果。

4. 缓冲容量的比较

(1) 缓冲容量与总浓度的关系。取两支试管，在一支试管中加入 0.1mol·L^{-1} HAc 溶液和 0.1mol·L^{-1} NaAc 溶液各 2mL，在另一支试管中加入 1mol·L^{-1} HAc 溶液和 1mol·L^{-1} NaAc 溶液各 2mL，测定两试管中溶液的 pH（是否相同？）。向两试管中各滴入 2 滴溴酚红（变色范围 pH 为 5.0～6.8，pH<5.0 呈黄色，pH>6.8 呈红色），然后向两支试管中分别滴加 1mol·L^{-1} NaOH 溶液，边滴加边振荡试管，直至溶液颜色变为红色。记录两试管所加 NaOH 溶液的滴数。

(2) 缓冲容量与缓冲比的关系。取两支试管，在一支试管中加入 0.1mol·L^{-1} NaAc 溶液和 0.1mol·L^{-1} HAc 溶液各 5mL，在另一支试管中加入 9mL 0.1mol·L^{-1} NaAc 溶液和 1mL 0.1mol·L^{-1} HAc 溶液。计算两缓冲溶液的缓冲比，用精密 pH 试纸测定两溶液的 pH。然后向每支试管中加入 1mL 1mol·L^{-1} NaOH 溶液，用精密 pH 试纸测量两溶液的 pH。

解释上述实验结果。

五、实训思考

(1) 若同样程度改变共轭酸及其共轭碱浓度，溶液 pH 是否改变？对缓冲容量有何影响？

(2) 配制 pH 为 9 的缓冲溶液，应选何种缓冲对？

六、实训拓展

计算机辅助化学研究是一个方兴未艾的研究领域，使用计算机可以解决用手算难以解决的科学问题。一元弱酸和弱酸盐组成的缓冲溶液中滴入强酸或强碱溶液后溶液 pH 的变化，可以利用计算机辅助精确计算。

（本实训项目编写人：钟国清）

项目 11　氧化还原反应和电极电势

一、预习要点

(1) 原电池、电极电势和电动势的概念。

(2) 能斯特方程式及其应用。

二、目的要求

(1) 理解原电池装置及有关的电极反应，学会测量原电池电动势。

(2) 掌握浓度、酸度对电极电势和氧化还原反应的影响。

三、实训指导

氧化还原反应伴随着电子的转移，可组成原电池，如铜锌原电池。

$$(-)\,Zn\,|\,ZnSO_4\,(c_1)\,\|\,CuSO_4\,(c_2)\,|\,Cu\,(+)$$

在原电池中，化学能转变为电能，产生电流和电动势，可用酸度计测量其电动势。

氧化剂和还原剂的相对强弱，可用其电对的电极电势大小来衡量。氧化还原反应能否自发进行，进行程度如何，可以通过电对的电极电势大小来判断。

若作为氧化剂所对应的电对的电极电势与作为还原剂所对应的电对的电极电势数值之差大于零，则氧化还原反应可自发进行，即 $E^{\ominus}$ 值大的氧化态物质可以氧化 $E^{\ominus}$ 值小的还原态物质，或 $E^{\ominus}$ 值小的还原态物质可以还原 $E^{\ominus}$ 值大的氧化态物质。

若两者的标准电极电势值相差不大，则要考虑浓度对氧化还原反应方向的影响。利用 25℃时的能斯特方程式：

$$E = E^{\ominus} + \frac{0.0592}{n}\lg\frac{c(\text{氧化态})}{c(\text{还原态})}$$

计算出不同浓度的电极电势值来判断氧化还原反应方向。

若有 H^+ 或 OH^- 参加氧化还原反应，还要考虑酸度对电极电势和氧化还原反应的影响。

四、实训内容

1. 准备仪器和试剂

酸度计，铜片电极，锌片电极，盐桥(填满琼胶和 KCl 饱和溶液的 U 形管)，烧杯(50mL，4 个)等。

HCl(浓、$1mol \cdot L^{-1}$)，H_2SO_4($2mol \cdot L^{-1}$、$3mol \cdot L^{-1}$)，$CuSO_4$($0.01mol \cdot L^{-1}$、$0.5mol \cdot L^{-1}$)，$ZnSO_4$($0.5mol \cdot L^{-1}$)，KBr($0.1mol \cdot L^{-1}$)，$SnCl_2$($0.2mol \cdot L^{-1}$)，KI($0.1mol \cdot L^{-1}$)，$FeCl_3$($0.1mol \cdot L^{-1}$)，H_2O_2(3%、10%)，$(NH_4)_2Fe(SO_4)_2$($0.1mol \cdot L^{-1}$)，$K_3[Fe(CN)_6]$($0.1mol \cdot L^{-1}$)，$K_2Cr_2O_7$($0.02mol \cdot L^{-1}$、$0.1mol \cdot L^{-1}$)，MnO_2(s)，NH_4SCN($0.1mol \cdot L^{-1}$)，$KMnO_4$($0.01mol \cdot L^{-1}$)，$Na_2S_2O_3$($0.1mol \cdot L^{-1}$)，Na_2SO_3($0.2mol \cdot L^{-1}$)，溴水，CCl_4，KI-淀粉试纸，砂纸等。

2. 操作步骤

1) 几种常见的氧化还原反应

(1) Fe^{3+} 的氧化性与 Fe^{2+} 的还原性。在试管中加入 5 滴 $0.1mol \cdot L^{-1}$ $FeCl_3$，再逐滴加入 $0.2mol \cdot L^{-1}$ $SnCl_2$，边滴边振荡试管，直至溶液浅黄色褪去。发生了什么反应？

在上述无色溶液中，滴加 4～5 滴 10% H_2O_2，观察溶液颜色变化。写出有关离子方程式。

(2)I^-的还原性与 I_2 的氧化性。在试管中加入 2 滴 0.1mol·L^{-1} KI、2 滴 3mol·L^{-1} H_2SO_4 和 1mL 蒸馏水，摇匀，再逐滴加入 0.01mol·L^{-1} KMnO$_4$ 至溶液呈淡黄色。产物是什么？

在上述溶液中滴加 0.1mol·L^{-1} $Na_2S_2O_3$ 至黄色褪去。写出有关离子方程式。

(3)H_2O_2 的氧化性和还原性

（i）氧化性。在试管中加入 2 滴 0.1mol·L^{-1} KI 溶液和 3 滴 3mol·L^{-1} H_2SO_4 溶液，然后加入 2～3 滴 10% H_2O_2 溶液，观察溶液颜色变化。再加入 15 滴 CCl_4，振荡，观察 CCl_4 层颜色，并加以解释。

（ii）还原性。在试管中加入 5 滴 0.01mol·L^{-1} KMnO$_4$ 和 5 滴 3mol·L^{-1} H_2SO_4，然后逐滴加入 10% H_2O_2 溶液，直至紫红色消失。有气泡放出吗？为什么？写出有关离子方程式。

(4)$K_2Cr_2O_7$ 的氧化性。在试管中加入 2 滴 0.1mol·L^{-1} $K_2Cr_2O_7$ 和 2 滴 3mol·L^{-1} H_2SO_4，然后加入 0.2mol·L^{-1} Na_2SO_3，观察溶液颜色由橙红变为绿。写出有关反应方程式。

2)原电池与电动势

按图 4-2 装配铜锌原电池，用酸度计测定其电动势，并写出有关的电极反应。

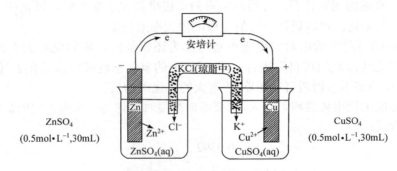

图 4-2　铜锌原电池装置示意图

3)浓度对电极电势的影响

将步骤 2)中 0.5mol·L^{-1} CuSO$_4$ 溶液换成 0.01mol·L^{-1} CuSO$_4$，重新测定电动势，与步骤 2)的实验数据进行比较，并加以解释。

4)氧化还原反应与电极电势的关系

(1)在试管中加入 0.5mL 0.1mol·L^{-1} KI 溶液和 2 滴 0.1mol·L^{-1} FeCl$_3$ 溶液，再加入 10 滴 CCl_4，观察 CCl_4 层颜色的变化，发生了什么反应？

(2)用 0.1mol·L^{-1} KBr 溶液代替 0.1mol·L^{-1} KI 溶液，进行上述实验，反应能否发生？

根据(1)、(2)实验结果，定性地比较 $E(Br_2/Br^-)$、$E(I_2/I^-)$、$E(Fe^{3+}/Fe^{2+})$ 的相对大小，并指出哪一种物质氧化性最强，哪一种物质还原性最强。

(3)自拟实验，根据电极电势值判断并验证 Fe^{2+} 能否与 3%H_2O_2 发生反应。

注意：H_2O_2 不宜加多，以免妨碍用 NH_4SCN 检验 Fe^{3+}。

5)浓度对氧化还原反应的影响

观察 MnO_2(s)分别与浓 HCl 和 1mol·L^{-1} HCl 的反应现象(此实验可以不加热)，并检验所产生的气体，写出有关反应方程式，并解释浓度对电极电势的影响。

6)酸度对氧化还原反应的影响

在试管中加入 0.5mL 0.1mol·L^{-1} KI 溶液和 0.5mL 0.02mol·$L^{-1}$$K_2Cr_2O_7$ 溶液，混匀后，

加入少量 CCl_4 并振荡，观察现象，再加入 10 滴 2mol·L^{-1} H_2SO_4 溶液，观察 CCl_4 层颜色的变化，写出有关反应方程式，并加以解释。

五、实训思考

(1)原电池装置中盐桥起什么作用？

(2)如何利用电极电势值来判断氧化还原反应的方向？本实训通过哪些反应来说明？

(3)如何通过实验比较下列物质的氧化性和还原性的强弱？

①Cl_2、Br_2、I_2 和 Fe^{3+}　　②Cl^-、Br^-、I^- 和 Fe^{2+}

(4)电极电势受哪些因素影响？如何影响？本实训通过哪些实验来证明的？

(5)在氧化还原反应中，为什么一般不用 HNO_3、HCl 作为反应的酸性介质？

六、实训拓展

具有高比能量和高比功率的电池称为高能电池。比能量和比功率是指单位质量或单位体积的电池所能提供的电能和功率。高能电池种类多、发展快。现介绍日常生活中的两种常用高能电池如下。

(1)银-锌电池。其电极为 Ag_2O 和 Zn，电解质溶液为 KOH 溶液，电池反应为 $Zn+Ag_2O+H_2O{=\!=\!=}Zn(OH)_2+2Ag$。此电池具有质量轻、体积小等优点，可制作为"纽扣"电池，用于电子手表、计算器、助听器等；也可制作大电流电池，用于宇航、火箭、潜艇等。

(2)锂-二氧化锰非水电解质电池。以锂为负极的非水电解质电池有几十种，其中性能最好、最有发展前途的是锂-二氧化锰非水电解质电池，这种电池以锂金属或者锂合金为负极，以 MnO_2 等材料为正极，以高氯酸及溶于碳酸丙烯酯和二甲氧基乙烷的混合有机溶剂为电解质溶液，以聚丙烯为隔膜。电池符号可表示为 $Li|LiClO_4|MnO_2|C$(石墨)，电池反应为 $Li+MnO_2{=\!=\!=}LiMnO_2$。此电池的电动势为 2.69V，具有体积小、质量轻、高能量、长寿命、贮存性能好等优点，广泛用于电子计算机、手机、无线电设备等。

(本实训项目编写人：王有龙)

项目 12　配位化合物的组成和性质

一、预习要点

(1)配合物的概念和组成，配位平衡及其影响因素。

(2)离心分离(见 3.2.1)。

二、目的要求

(1)理解配离子的生成和组成，配位平衡与沉淀-溶解平衡之间的相互转化。

(2)学会利用配位平衡和沉淀-溶解平衡分离鉴定混合阳离子。

三、实训指导

配合物一般是由中心离子、配体和外界组成。中心离子和配体组成配离子(内界)。例如，$[Cu(NH_3)_4]SO_4$，$[Cu(NH_3)_4]^{2+}$ 称为配离子(内界)，其中 Cu^{2+} 为中心离子，NH_3 为配体，SO_4^{2-} 为外界。配合物的内界和外界可完全解离，可用实验来确定。配离子的解离平衡是动态平衡，能向着生成更难解离或更难溶解的物质的方向移动。

配位反应常用于分离和鉴定某些离子。例如，欲使 Cu^{2+}、Fe^{3+}、Ba^{2+} 混合离子完全分离，分离过程如下：

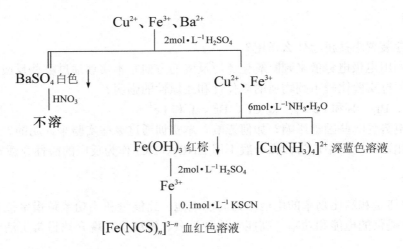

四、实训内容

1. 准备仪器和试剂

试管，离心管，离心机，烧杯等。

$CuSO_4(0.1mol \cdot L^{-1})$，$NH_3 \cdot H_2O(6mol \cdot L^{-1})$，$H_2SO_4(3mol \cdot L^{-1})$，$NaOH(2mol \cdot L^{-1})$，$AgNO_3(0.1mol \cdot L^{-1})$，$Al(NO_3)_3(0.1mol \cdot L^{-1})$，$FeCl_3(0.1mol \cdot L^{-1})$，$KBr(0.1mol \cdot L^{-1})$，$KSCN(0.1mol \cdot L^{-1})$，$KF(0.1mol \cdot L^{-1})$，$KI(0.1mol \cdot L^{-1})$，$NaCl(0.1mol \cdot L^{-1})$，$BaCl_2(1mol \cdot L^{-1})$，$K_3[Fe(CN)_6](0.1mol \cdot L^{-1})$，$K_4[Fe(CN)_6](0.1mol \cdot L^{-1})$，$HCl(2mol \cdot L^{-1})$，$NH_4F(4mol \cdot L^{-1})$，$Na_2S_2O_3(1mol \cdot L^{-1})$，$CCl_4$，铝试剂，pH 试纸等。

2. 操作步骤

(1) 配合物的生成和组成。在两支试管中各加入 10 滴 $0.1mol \cdot L^{-1}$ $CuSO_4$ 溶液，然后分别加入 2 滴 $1mol \cdot L^{-1}$ $BaCl_2$ 溶液和 2 滴 $2mol \cdot L^{-1}$ NaOH 溶液，观察生成的沉淀（分别检验 SO_4^{2-} 和 Cu^{2+}）。

另取 10 滴 $0.1mol \cdot L^{-1}$ $CuSO_4$ 溶液，加入 $6mol \cdot L^{-1}$ $NH_3 \cdot H_2O$ 至生成深蓝色溶液，然后将深蓝色溶液分于两支试管中，分别加入 2 滴 $1mol \cdot L^{-1}$ $BaCl_2$ 溶液和 2 滴 $2mol \cdot L^{-1}$ NaOH 溶液，观察是否都有沉淀产生。

根据上述实验结果，说明 $CuSO_4$ 和 NH_3 形成的配合物的组成。

(2) 简单离子与配离子的比较及配离子的颜色。

（i）在一支试管中滴入 5 滴 $0.1mol \cdot L^{-1}$ $FeCl_3$ 溶液，再加入 1 滴 $0.1mol \cdot L^{-1}$ KSCN 溶液（检验 Fe^{3+}），观察现象。将溶液用水稀释，逐滴加入 $4mol \cdot L^{-1}$ NH_4F，观察现象，并加以解释。

（ii）以 $0.1mol \cdot L^{-1}$ 铁氰化钾（$K_3[Fe(CN)_6]$）代替 $0.1mol \cdot L^{-1}$ $FeCl_3$，重复上述实验，观察现象是否与上述相同，并加以解释。

(3) 配位平衡与沉淀反应。在试管中加入 5 滴 $0.1mol \cdot L^{-1}$ $AgNO_3$ 溶液，按下列次序进行实验，写出每一步反应方程式。

（i）加 $1 \sim 2$ 滴 $0.1mol \cdot L^{-1}$ NaCl 溶液，至生成白色沉淀。

（ii）滴加 6mol·L^{-1} NH_3·H_2O 溶液，边滴边振荡，至沉淀刚溶解。

（iii）加 1～2 滴 0.1mol·L^{-1} NaBr 溶液，至生成浅黄色沉淀。

（iv）滴加 1mol·L^{-1} $Na_2S_2O_3$ 溶液，边滴边振荡，至沉淀刚溶解。

（v）加 1～2 滴 0.1mol·L^{-1} KI 溶液，至生成黄色沉淀。

根据上述实验结果，讨论沉淀-溶解平衡与配位平衡的关系，并比较卤化银 K_{sp} 大小和相关配离子的稳定性。

（4）配位平衡与氧化还原反应。取两支试管，分别加入 0.1mol·L^{-1} $FeCl_3$ 溶液 5 滴，在其中一支试管中逐滴加入 0.1mol·L^{-1} KF，摇匀，至浅黄色褪去，再多加几滴。

在两支试管中，分别加入 5 滴 0.1mol·L^{-1} KI 和 5 滴 CCl_4，振摇，观察两支试管中 CCl_4 层的颜色并解释，写出相关反应式。

（5）配位平衡与溶液的酸碱性。在试管中加入 1mL 0.1mol·L^{-1} $CuSO_4$ 溶液，逐滴加入 6mol·L^{-1} NH_3·H_2O，边加边振荡，至沉淀完全溶解。再逐滴加入 3mol·L^{-1} H_2SO_4，观察现象并解释，写出相关反应式。

（6）混合离子分离和鉴定。取 15 滴 Ag^+、Cu^{2+}、Al^{3+} 混合溶液，设计并进行分离和鉴定，写出分离和鉴定过程示意图。

五、实训思考

（1）通过实验总结简单离子形成配离子后，哪些性质会发生改变。

（2）影响配位平衡的主要因素是什么？

（3）Fe^{3+} 可以将 I^- 氧化为 I_2，而自身被还原成 Fe^{2+}，但 $[Fe(CN)_6]^{4-}$ 又可将 I_2 还原成 I^-，而自身被氧化成 $[Fe(CN)_6]^{3-}$，如何解释此现象？

（4）怎样根据实验结果推测铜氨配离子的生成、组成和解离？

（5）AgCl、$Cu(OH)_2$ 都能溶于过量氨水，PbI_2 和 $HgCl_2$ 都能溶于过量 KI 溶液中，为什么？它们各生成什么物质？

六、实训拓展

配体分为单齿配体和多齿配体，多齿配体与金属离子形成螯合物，最常用的多齿配体是氨羧配合剂乙二胺四乙酸（简称为 EDTA），它几乎可以跟所有金属离子（除碱金属离子外）形成稳定配合物，配位滴定法就是利用 EDTA 与金属离子形成稳定螯合物来测定各种金属离子的含量。

（本实训项目编写人：王有龙）

项目 13　熔点的测定和温度计的校正

一、预习要点

（1）熔点的定义和测定熔点的意义。

（2）熔点的测定和温度计校正（见 3.7.2）。

二、目的要求

（1）理解熔点的定义和测定熔点的意义。

（2）学会用毛细管法测定熔点的操作技术。

(3)学会温度计的校正方法和绘制校正曲线。

三、实训指导

加热试样，温度不断上升，当温度上升至熔点时，开始有少量液体出现，此时固相液相达到平衡。继续加热，温度不再变化，而固相不断转变为液相。固体全部熔化后，继续加热则温度呈线性上升。记下试样有液滴出现(始熔)和试样固相全部消失(全熔)时的温度，其差值即为该化合物的熔程。

在测定熔点时，当温度接近熔点时，加热速度一定要慢，$0.2 \sim 0.3℃ \cdot min^{-1}$，只有这样，测得的熔点才比较精确。

选择数种已知熔点的纯化合物作为标准，测定它们的熔点，以测得熔点为纵坐标，以测得熔点与真实熔点的差值为横坐标，绘制校正曲线。

四、实训内容

1. 准备仪器和试剂

提勒管，温度计(200℃)，酒精灯，一端封闭的毛细管(内径 0.9～1.1mm，长 15cm)，长玻璃管(内径约 0.5cm，长 60～70cm)，表面皿，小橡皮圈，缺口塞，导热液(液体石蜡)，肉桂酸，尿素(C.P.)，苯甲酸，乙酰苯胺。

2. 操作步骤

(1)装样。取少量(约绿豆大小)已研磨成粉末的试样，置于洁净的表面皿上，聚成一小堆。然后将熔点管开口一端垂直插入试样堆中，使试样挤入管内。再把熔点管开口端向上竖立在桌面上磕几下。最后，将熔点管开口端向上，通过一根长 60～70cm 的玻璃管垂直自由落下，反复几次，使试样装填得紧密结实，保证装填试样高度为 2～3mm。一种试样同时填装 3 支毛细管，备用。

(2)安装熔点测定装置。如图 3-69 所示，将提勒管竖直固定在铁架台上，加入导热液，使液面高度略高于上支口约 1cm。用小橡皮圈将装有试样的毛细管固定在温度计下端(小橡皮圈应高于导热液面，以免小橡皮圈受热熔化)，使试样部分靠在温度计水银球中部。温度计水银球位于提勒管上下支口中部。然后将温度计插入一个有缺口的塞子中，温度计刻度向着塞子的缺口。

(3)测定熔点。加热提勒管倾斜部分，开始升温速度可快些，当温度离熔点差 15℃时，应调小火焰，使温度上升速度为 $1 \sim 2℃ \cdot min^{-1}$。当接近熔点时，加热速度要更慢，$0.2 \sim 0.3℃ \cdot min^{-1}$。此时应注意观察温度上升和毛细管中试样的变化情况。试样将依次出现发毛、收缩、液滴(塌落)、澄清等现象，如图 3-70 所示。记录始熔和全熔温度，即为熔点。每个试样一般测定两次。第二次测定时，要等到导热液温度下降至熔点以下 20～30℃时，换一根新的装有试样的毛细管进行测定。

(4)温度计的校正。

(i)绘制曲线。从表 3-6 中选择一组纯粹有机化合物作为标准，以测得的熔点为纵坐标，以测得的熔点与纯粹有机化合物熔点之差为横坐标，绘制曲线。

(ii)根据绘制曲线可查得任一温度对应的校正值。

(iii)对测得的熔点进行校正。

五、实训思考

(1)为什么通过测定熔点可检验有机化合物的纯度？

(2)影响熔点测定准确性的因素有哪些？

(3)是否能将测定熔点后的熔点管冷却后再做第二次测定？为什么？

(4)测定熔点时的加热速度对测定结果有何影响？

(5)两个试样的熔点均为 134℃，测定它们混合物的熔点也为 134℃，这说明什么？

六、实训拓展

测定熔点还可用于鉴定化合物。通过测定待测物和已知物的混合物的熔点，若为同一种物质，则测得的熔点和已知物熔点相同，否则熔点会下降，此鉴定法称为混合熔点法。

(本实训项目编写人：王永丽)

项目 14　常压蒸馏和沸点的测定

一、预习要点

(1)常压蒸馏法测定沸点和分离液体混合物的原理。

(2)常压蒸馏和沸点的测定(见 3.2.4、3.7.3)。

二、目的要求

(1)理解常压蒸馏测定沸点和分离液体混合物的原理和方法。

(2)学会常压蒸馏和沸点的测定操作技术。

三、实训指导

安装蒸馏装置时，应使所有铁架台整齐地放在仪器背后，装配顺序应遵循"从下到上、从左至右"的原则。要求整个装置端正整齐，遵循"正看上下一条线、侧看左右同一面"的原则。

蒸馏时，要在蒸馏烧瓶内加入沸石，以防过热暴沸；蒸馏烧瓶内的液体不可蒸干，以防烧瓶破裂；控制蒸馏速度为馏出液每秒 1～2 滴为宜，蒸馏速度过快，高沸点的液体会被带出。

四、实训内容

1. 准备仪器和试剂

蒸馏烧瓶(50mL，两个)，直形冷凝管，温度计(100℃)，蒸馏头，接液管(以上仪器全部为标准磨口，并能相配套)，锥形瓶(50mL)，电热套，量筒(50mL)，玻璃漏斗，沸石，工业乙醇(加少许结晶紫)。

2. 操作步骤

(1)按照图 3-34 安装蒸馏装置，并遵守有关操作规程。

(2)加料。取下蒸馏烧瓶或者通过玻璃漏斗从蒸馏头上口加入 20mL 工业乙醇(液体体积为蒸馏烧瓶容积的 1/3～2/3)，加两三粒沸石，插入温度计。

(3)加热。检查装置连接紧密不漏气后，先向冷凝管通水，再开始加热。当液体开始沸腾时，蒸气上升到达温度计水银球后，温度计读数急剧上升。此时，调低热源温度，控制馏出液为每秒 1～2 滴为宜。

(4)观察沸点和收集馏液。当温度趋于稳定(约 77℃)时，更换一个洁净干燥的锥形瓶，收集 77～79℃馏分。当瓶内剩少量液体(约 1mL)时，则停止加热。

(5)拆卸蒸馏装置。先停止加热，冷凝管继续通水至装置冷却，按照与安装相反的顺序拆卸装置，注意温度计应冷却后再洗干净。

五、实训思考

(1)什么叫沸点？测定沸点有何意义？

(2)蒸馏时加热过猛，对测得的沸点有何影响？

(3)沸点恒定的液体一定是纯物质吗？

六、实训拓展

蒸馏不仅能测定物质的沸点，还能分离沸点不同的混合物。物质的沸点与压力有关，人们通常所说的沸点是指在 101.325kPa 压力下的沸点。通过减少体系压力可降低物质的沸点，在较低压力下的蒸馏，称为减压蒸馏。减压蒸馏适用于分离高沸点的在常压下难蒸馏的物质或在常压下蒸馏容易氧化、分解或聚合的物质。

(本实训项目编写人：王永丽)

项目 15　萃取和洗涤

一、预习要点

(1)萃取和洗涤的原理及其应用。

(2)萃取分离(见 3.2.3)。

二、目的要求

(1)理解萃取和洗涤的原理及其应用。

(2)学会萃取和洗涤的操作技术。

三、实训指导

萃取与洗涤是利用物质在不同溶剂中的溶解度不同来进行分离和提纯的操作技术。萃取和洗涤的原理是相同的，只是目的不同。从液体混合物或固体混合物中提取所需物质的操作，称为萃取；如果提取的是不需要的物质，则称为洗涤。

在相同的溶剂用量条件下，萃取操作采用"少量多次"原则，萃取效率较高。

四、实训内容

1. 准备仪器和试剂

分液漏斗(60mL 或 125mL)，量筒(50mL)，烧杯(100mL)，锥形瓶(100mL)，滴管，点滴板，吸水纸等。

5%苯酚水溶液，乙酸乙酯，1% $FeCl_3$ 溶液，凡士林等。

2. 操作步骤

(1)分液漏斗使用前的准备。将分液漏斗洗干净后取出活塞,用吸水纸擦干净活塞和磨口,在活塞的两头各涂上一层薄薄的凡士林,然后小心地将其插入孔道,并旋转数圈,使凡士林分布均匀。关紧活塞,打开顶塞,在分液漏斗中加少量水,检查活塞处有无漏水,然后打开活塞,观察液体是否能通畅流下。盖上顶塞,用手指抵住顶塞,倒置漏斗,检查顶塞处有无漏水。在确认活塞、顶塞处不漏水后,将分液漏斗固定在铁架台铁圈上,关好活塞,备用。

(2)用乙酸乙酯从苯酚水溶液中萃取苯酚。

取 5%苯酚水溶液 20mL 加入分液漏斗中,再加入 10mL 乙酸乙酯,盖好塞子。按萃取方法进行振摇和放气,直至放气时只有很小压力后,再剧烈振摇 2~3min。然后静置,待分液漏斗中的液体分成清晰的两层后,打开活塞将下层溶液经活塞从下口放入烧杯中,上层的乙酸乙酯从上口倒入锥形瓶中。

将分离后的下层溶液再倒入分液漏斗中,用 5mL 乙酸乙酯再萃取一次,合并乙酸乙酯层。

(3)取未经萃取的 5%苯酚水溶液和萃取后下层水溶液各 2 滴于点滴板上,各加入 1% $FeCl_3$ 溶液一两滴,比较各颜色的深浅。

五、实训思考

(1)用同体积的溶剂一次萃取与分几次萃取,哪一种效率高?为什么?
(2)影响萃取效率的因素有哪些?怎样才能选择好的萃取剂?
(3)使用分液漏斗进行萃取应注意哪些事项?
(4)操作步骤(3)中,$FeCl_3$ 显色的深浅说明什么问题?

六、实训拓展

从固体混合物中萃取所需的物质,最简单的方法是把固体混合物先研细放入容器中,加入适当的溶剂,用力振荡,然后用滤纸或倾析的方法把萃取液和残留的固体分开。若被提取的物质特别容易溶解,则将固体放在安放好滤纸的漏斗中,用溶剂洗涤,使被萃取的物质溶解在溶剂中而透过滤纸被提取出去;若被萃取物质的溶解度特别小,一般可用索氏提取器来萃取。

(本实训项目编写人:蔡自由)

项目 16　重　结　晶

一、预习要点

(1)重结晶提纯物质的原理和方法。
(2)过滤和重结晶(见 3.2.1、3.2.2)。

二、目的要求

(1)理解重结晶提纯物质的原理和方法。
(2)学会热过滤、减压过滤、脱色、结晶和洗涤等操作技术。

三、实训指导

重结晶是提纯固体有机化合物的重要方法。

固体有机化合物在某溶剂中的溶解度与温度密切相关，一般来说，温度升高，溶解度增大。将不纯的固体有机化合物溶解在热溶剂中制成饱和溶液，如果将此溶液冷却，有机化合物溶解度下降使溶液变成过饱和溶液而析出结晶。利用某种溶剂对被提纯物质及杂质的溶解度不同，使被提纯物质从过饱和溶液中析出晶体，而杂质全部或大部分保留在溶液中，再经过滤，所得的晶体要比原来的纯净得多，这称为重结晶。

重结晶提纯的一般过程如下：

(1)选择适当的溶剂，在接近溶剂的沸点下，将被提纯的固体有机化合物溶解，制成接近饱和的溶液。

(2)将热饱和溶液趁热过滤，除去不溶性杂质。如果溶液中含有有色杂质，则用活性炭脱色后再一起过滤。

(3)冷却滤液，析出结晶，进行减压过滤，可溶性杂质留在滤液中。用干净的瓶盖挤压晶体，再用少量溶剂洗涤晶体。

(4)将结晶置于表面皿中干燥，测定其熔点。如纯度不合格，可再进行一次重结晶。

四、实训内容

1. 准备仪器和试剂

托盘天平，烧杯(250mL)，量筒(100mL)，热漏斗，短颈玻璃漏斗，布氏漏斗，抽滤瓶，真空泵，酒精灯，表面皿，玻璃棒等。

粗乙酰苯胺，活性炭，滤纸等。

2. 操作步骤

称取 5.0g 粗乙酰苯胺放入 250mL 烧杯中，加入 100mL 水，加热搅拌至沸腾(注意：加热时火不要太大，以免水分蒸发过多)。若不完全溶解，可适量添加少量热水，直至完全溶解(乙酰苯胺的溶解度为 5.5g·100mL^{-1})。放置 5min，然后加入活性炭 0.2g(注意：切勿把活性炭加到正在沸腾的溶液中，以免暴沸)，继续加热煮沸 5min。趁热用短颈玻璃漏斗和菊花形滤纸过滤(注意：热过滤时，不要将溶液一次全倒入漏斗中，分几次倒入，未倒入漏斗的溶液应继续加热，以防降温析出晶体)。将滤液收集在洁净的烧杯中，放置自然冷却后，析出片状乙酰苯胺晶体，用布氏漏斗减压过滤(为了使母液尽量抽干，可用玻璃瓶盖挤压晶体)。关闭真空泵，在布氏漏斗中加入少量冷纯水浸没晶体，用玻璃棒小心均匀地搅拌，再打开真空泵，将结晶抽滤至干。如此反复洗涤晶体两次，取出结晶，置于表面皿上晾干或在 100℃ 以下烘干后称量，计算回收率。

五、实训思考

(1)重结晶一般包括哪几个步骤？其目的是什么？
(2)减压过滤时，若不停止抽气进行洗涤可以吗？为什么？
(3)热过滤时，若保温热漏斗夹套中的水温不够高，会有什么结果？
(4)布氏漏斗下端斜口要正对抽滤瓶的侧管抽气口，为什么？

六、实训拓展

在重结晶时，选择理想的溶剂是关键，理想的溶剂必须具备下列条件：

(1)不与被提纯物质起化学反应。

(2)在较高温度时能溶解大量的被提纯物质；而在室温或更低温度时，只能溶解很少量的该物质。

(3)对杂质溶解度非常大或者非常小(前一种情况是要使杂质留在母液中不随被提纯物晶体一同析出；后一种情况是使杂质在热过滤中被滤去)。

(4)容易挥发(溶剂的沸点较低)，易与结晶分离除去。

(5)能结晶出较好的晶体。

(6)无毒或毒性很小，便于操作。

(7)价廉易得。

经常采用以下试验的方法选择合适的溶剂：取 0.1g 被提纯的物质于一小试管中，滴加约 1mL 溶剂，加热至沸。若被提纯物质完全溶解，且冷却后能析出大量晶体，这种溶剂一般认为可以使用。如果试样在冷或热时都能溶于 1mL 溶剂，则这种溶剂不可以使用。若试样不溶于 1mL 沸腾溶剂中，再分批加入溶剂，每次加入 0.5mL，并加热至沸。总共用 3mL 热溶剂，而试样仍未溶解，这种溶剂也不可以使用。若试样溶于 3mL 以内的热溶剂中，冷却后仍无结晶析出，这种溶剂同样不可以使用。

（本实训项目编写人：蔡自由）

项目 17　旋光度和折光率的测定

一、预习要点

(1)旋光度的测定原理和旋光仪的使用(见 3.7.4)。

(2)折光率的测定原理和阿贝折光仪的使用(见 3.7.5)。

二、目的要求

(1)理解旋光度和折光率的测定原理。

(2)学会使用旋光仪测定旋光度，使用阿贝折光仪测定折光率。

(3)学会通过测定旋光度测定物质的含量。

三、实训指导

1. 测定旋光度注意事项

(1)校正零点时，应注意零点的正负值，可能是正值，也可能是负值。

(2)测定旋光度时，通过旋转刻度盘手轮使所找的明暗度一致的三分视场比较暗，此时，稍左转或右转就变成另外两种视场，不要把明亮的视场当成所要找的视场。

(3)若样品管中有气泡，则应将气泡赶到样品管凸颈处，以免影响测定。

(4)要注意记下样品管的长度及测定时的温度，以便计算。

2. 测定折光率注意事项

(1)测定样品前后，必须用丙酮、乙醇、乙醚或它们的混合物洗净镜面。

(2)阿贝折光仪的量程为 1.300～1.700，若液体的折光率不在这个范围内，则不能用阿贝折光仪测定。

(3)滴加液体时，滴管不要触及棱镜。

(4)在滴加待测样品时，要注意使液层均匀，充满棱镜，并且无气泡。

四、实训步骤

1. 旋光度的测定

1)准备仪器和试剂

WXG-4 圆盘旋光仪，5%(w/V)葡萄糖溶液，未知浓度葡萄糖溶液。

2)操作步骤

(1)接通电源，打开开关，预热 5min。

(2)零点校正。把装有蒸馏水的样品管放入旋光仪(圆泡端朝上)。旋转视度调节螺旋使三分视场清晰，转动刻度盘手轮使主刻度盘的"0"与刻度盘游标上的"0"对准，观察视场并同时旋转刻度盘手轮直到视场明暗一致。通过放大镜，记下读数，重复两三次，取平均值即为零点。

(3)旋光度的测定。将装有 5%(w/V)葡萄糖的样品管放入旋光仪，旋转刻度盘手轮找到三分视场明暗度一致，记下读数，则读数与零点之差即为该物质的旋光度。重复测定两三次，取平均值 $\bar{\alpha}$。

按照同样的方法测定未知浓度葡萄糖溶液的旋光度，记下读数。

记下样品管的长度 l(dm)及溶液温度。

(4)数据处理。按下列公式计算葡萄糖溶液比旋光度 $[\alpha]_\lambda^t$。

$$[\alpha]_\lambda^t = \frac{\bar{\alpha}}{lc} \times 100 \quad [c \text{ 为 100mL 溶液含有葡萄糖的质量(g)}]$$

根据未知葡萄糖溶液的旋光度，计算未知浓度的葡萄糖溶液的浓度。

2. 折光率的测定

1)准备仪器和试剂

阿贝折光仪，松节油，丙酮(或无水乙醇)，擦镜纸。

2)操作步骤

本实训项目在室温下进行，不用恒温水浴调节温度。阿贝折光仪经校正后才能进行测定。

(1)加样。打开棱镜，用擦镜纸蘸少量乙醇或丙酮轻轻擦洗上下镜面。待溶剂挥发后，用干净滴管均匀滴入两三滴待测液体于折射棱镜表面，小心地关闭棱镜并锁紧棱镜，使液体铺满整个镜面。

(2)对光。打开遮光板，调节反射镜，调节目镜视度，使"+"字交叉线成像清晰。然后旋转刻度调节手轮，并在目镜视场中找到明暗分界线的位置。

(3)消色。旋转色散调节手轮，至得到清晰的明暗界线。

(4)精调。微调刻度调节手轮，使分界线对准"+"字交叉线中心。

(5)读数。适当转动聚光镜，使刻度清晰，从镜筒读出折光率(读标尺下排刻度)，并记下测定时温度，重复测定两三次。

(6)清洗。测完样品后，打开折射棱镜，用擦镜纸轻轻吸干被测液体，再用丙酮或乙醇单向擦洗镜面。待溶剂挥发后，合上两块棱镜，旋紧锁钮。

五、实训思考

(1)影响物质旋光度的因素有哪些？

(2)测定旋光度时，找到一个非常明亮的明暗度一致的视场，开始读数，操作正确吗？

(3)折射率的定义是什么？它与哪些因素有关？

(4)使用阿贝折光仪时，每次测定前，为什么要清洗上下棱镜镜面？

六、实训拓展

比旋光度是旋光性物质的特征常数之一。测定比旋度(或旋光度)可以检查旋光性物质的纯度，也可用于测定物质的含量。

折光率是物质的重要物理常数，通过测定折光率可以测定溶液浓度，检查物质纯度，推测物质分子结构信息如分子偶极矩等。

(本实训项目编写人：王永丽)

项目 18　醇、酚、醚的性质

一、预习要点

(1)醇、酚、醚的结构和性质。

(2)试管、滴管和点滴板的使用(见 3.1 节)。

二、目的要求

(1)掌握醇、酚、醚的重要性质。

(2)学会醇、酚的鉴定方法。

三、实训指导

醇、酚都含有羟基官能团，但由于羟基连接的烃基不同，在性质上有很大差异。醇羟基可发生取代、消除、氧化等反应；酚羟基因受苯环影响显弱酸性，酚因苯环受羟基影响而活性增强，易发生亲电取代、氧化反应。醚的性质相对较稳定。

四、实训内容

1. 准备仪器和试剂

试管(12 支，其中 7 支干燥)，试管架，滴管，点滴板，冰水，碎冰，镊子等。

甲醇，乙醇，正丁醇，仲丁醇，叔丁醇，辛醇，无水乙醇，金属钠，高锰酸钾(0.5%)，浓硫酸，苯酚(s)，苯酚(5%)，间苯二酚，α-萘酚，邻硝基苯酚，甘油，氢氧化钠(10%、5%)，三氯化铁(1%)，饱和溴水，乙醚，硫酸铜(5%)，酚酞。

卢卡斯试剂，配制方法见附录 3。

2. 操作步骤

1)醇

(1)溶解度试验。在试管中加入 1mL 水和 5 滴供试品，摇荡后观察溶解情况，如全溶，则再加 5 滴供试品，观察它们在水中溶解度有什么不同。

供试品：甲醇、乙醇、丁醇、辛醇。

(2)活泼氢试验。在干燥试管中加入 0.5mL 供试品，然后加入一粒绿豆粒大的具有新鲜表面的金属钠，观察现象及反应速率。反应停止后，若仍有残存的金属钠，则补加供试品使金属钠全部作用。反应完毕后，各加入 2mL 水，滴加 1 滴酚酞，有何现象？为什么？

供试品：无水乙醇、正丁醇。

(3)氧化试验。在试管中加 1 滴 0.5%高锰酸钾和 1 滴浓硫酸，然后加入 5 滴供试品，摇荡试管，观察变化，说明原因。

供试品：正丁醇、仲丁醇、叔丁醇。

(4)卢卡斯试验。在干燥的试管中加入 5 滴供试品，在 50～60℃水浴中加热，然后加入 5 滴卢卡斯试剂，振摇，静置，观察并解释现象。

供试品：正丁醇、仲丁醇、叔丁醇。

(5)多元醇的特性。在试管中分别加入 5 滴 5%硫酸铜和 8 滴 5%氢氧化钠，在振摇下加入 5 滴供试品，观察实验现象，并加以比较。

供试品：甘油、乙醇。

2)酚

(1)酚的弱酸性。在试管中加入 0.2g 供试品，然后加入 2mL 水，摇动后，以干净的玻璃棒蘸取溶液在 pH 试纸上检验其酸性。在水中不全溶者，则逐渐加入 10%氢氧化钠，观察现象，说明原因。

供试品：苯酚、间苯二酚、邻硝基苯酚。

(2)三氯化铁试验。在点滴板上加 1 滴供试品，再加 1 滴 1%三氯化铁，观察颜色。

供试品：苯酚、间苯二酚、α-萘酚、乙醇。

(3)溴水试验。在试管中加入 5 滴 5%苯酚水溶液，逐滴加入饱和溴水，观察现象。

3)醚

盐的生成与分解。取 2 支干燥试管，一支加入 2mL 浓硫酸，另一支加入 1mL 乙醚，在冰水中冷却后，将乙醚逐渐加入浓硫酸中，摇荡，观察是否分层。然后将此溶液小心地倒入带有少量碎冰及 5mL 水的试管中，有无分层现象？说明原因。

注意事项：

(1)金属钠遇水即燃烧爆炸，使用时必须十分小心。金属钠放置后，表面生成一层氧化层，使用时应将氧化层切去。

(2)卢卡斯试验适用于含 3～6 个碳原子的醇，因为含 6 个碳以上的醇不溶于卢卡斯试剂，含 1～2 个碳的醇产生的产物易挥发。

(3)苯酚对皮肤有腐蚀性，使用时要注意。

(4)乙醚溶于浓酸中伴有放热，为防止乙醚因受热而过多挥发，故在冷却下进行试验。

五、实训思考

(1)能与三氯化铁溶液显色的物质有什么特点？

(2)苯酚为什么比苯易于发生亲电取代反应？

(3)用简单的化学方法区分乙醇、叔丁醇、甘油、5%苯酚水溶液。

六、实训拓展

《中国药典》对于乙醇的鉴别方法：取本品 1mL，加水 5mL 与氢氧化钠试液 1mL 后，缓慢滴加碘试液 2mL，即放出碘仿的臭气，并生成黄色沉淀。此法的反应原理是什么？

　　《中国药典》对于甘露醇的鉴别方法：取本品的饱和水溶液 1mL，加三氯化铁试液与氢氧化钠试液各 0.5mL，即生成棕黄色沉淀，振摇不消失；滴加过量的氢氧化钠试液，即溶解成棕色溶液。此法的反应原理是什么？

　　《中国药典》对于苯酚含量的测定方法：取本品约 0.75g，精密称量，置于 500mL 容量瓶中，加适量水使之溶解并稀释至刻度，摇匀；精密量取 25mL 溶液置碘量瓶中，精密加溴滴定液($0.05mol \cdot L^{-1}$)30mL，再加盐酸 5mL，立即密塞；振摇 30min，静置 15min 后，注意微开瓶塞，加碘化钾试液 6mL，再立即密塞；充分振摇后，加氯仿 1mL，摇匀，用硫代硫酸钠滴定液($0.1mol \cdot L^{-1}$)滴定；至近终点时，加淀粉指示液，继续滴定至蓝色消失，并将滴定的结果用空白试验校正。每 1mL 溴滴定液($0.05mol \cdot L^{-1}$)相当于 1.569mg 的 C_6H_6O。此法的反应原理是什么？

　　　　　　　　　　　　　　　　　　　　　　　（本实训项目编写人：吴雪文）

项目 19　醛、酮的性质

一、预习要点

　　(1)醛、酮的结构和性质。
　　(2)试管、滴管的使用(见 3.1 节)。

二、目的要求

　　(1)掌握醛、酮的重要性质。
　　(2)学会醛、酮的鉴定方法。

三、实训指导

　　醛、酮都含有羰基官能团，性质有相似之处，易发生亲核加成反应。醛、酮由于结构上的差异，也表现出不同的性质，如醛比酮易氧化、醛亲核加成比酮活泼等。由于受羰基影响，醛、酮 α-H 表现出一定的活性。

四、实训内容

　　1. 准备仪器和试剂

　　试管(10 支，其中 1 支大试管，2 支干燥小试管)，试管架，滴管，恒温水浴锅，冰水。
　　甲醛水溶液，乙醛，苯甲醛，丙酮，苯乙酮，乙醇，正丁醇，硝酸银(5%)，氢氧化钠(5%)，氨水(5%)。
　　2,4-二硝基苯肼试剂、饱和亚硫酸氢钠溶液、费林 I 溶液、费林 II 溶液、碘-碘化钾溶液、席夫试剂，配制方法见附录 3。

　　2. 操作步骤

　　(1)2,4-二硝基苯肼试验。在试管中加入 1 滴供试品，然后在摇动下滴加 2,4-二硝基苯肼试剂(约 5 滴)，观察现象。
　　供试品：甲醛水溶液、丙酮、苯甲醛、苯乙酮。
　　(2)亚硫酸氢钠试验。在干燥的试管中加 1mL 饱和亚硫酸氢钠溶液，再加 10 滴供试品，用力振荡试管，然后置于冰水浴中冷却，观察现象。

供试品：丙酮、苯甲醛。

(3) 土伦试验。

（ⅰ）自制土伦试剂。在一支大试管中加 4mL 5%硝酸银和 1 滴 5%氢氧化钠，再逐滴加入 5%氨水至生成的沉淀恰好溶解即得。

（ⅱ）将自制的土伦试剂分装于 4 支洁净的试管中，分别加入三四滴供试品，摇匀后，静置片刻，若无变化，置于 80℃热水浴中加热数分钟，观察现象。

供试品：甲醛水溶液、乙醛水溶液、丙酮、苯甲醛。

(4) 费林试验。在试管中加入费林 I 溶液和费林 II 溶液各 0.5mL，混合均匀后，加入三四滴供试品，摇匀后，置于 80℃热水浴中，加热数分钟，观察现象。

供试品：甲醛水溶液、乙醛、丙酮、苯甲醛。

(5) 碘仿试验。在试管中加入 1mL 水、10 滴碘-碘化钾溶液，再加入三四滴供试品，然后滴加 1%氢氧化钠至溶液呈淡黄色，摇荡试管，若无沉淀，则在水浴中温热数分钟。

供试品：乙醛水溶液、丙酮、乙醇、正丁醇。

(6) 席夫试验。在试管中加入 5 滴供试品，然后加入 10 滴席夫试剂，观察变化。

供试品：甲醛水溶液、乙醛、丙酮、乙醇。

注意事项：

土伦试剂久置后能形成有爆炸性的雷酸银（$Ag_2ON_2C_2$），故必须用时配制。实验时，切忌用灯焰直接加热，也不可在水浴中温热过久。实验完毕，应立即加入少量硝酸煮沸，以洗去银镜。若试管不够洁净，则只出现黑色的银，而不能形成银镜。

五、实训思考

(1) 进行银镜反应时应注意什么？附有银镜的试管应如何处理？

(2) 费林试剂为什么要临时配制？

(3) 用简单的化学方法区分苯甲醛、甲醛、乙醛、丙酮、异丙醇。

六、实训拓展

糖是多羟基醛、多羟基酮或其脱水的产物。单糖、麦芽糖、乳糖等均具有还原性，均能与土伦试剂、费林试剂发生反应。

脂肪醛、α-羟基酮（如还原性糖）、多元酚等均能与费林试剂反应，反应结果取决于还原剂浓度大小及加热时间长短，可能析出 Cu_2O（砖红色）、$Cu_2(OH)_2$（黄色）或 Cu（暗红色）。因此，有时反应生成的沉淀颜色先为绿色（淡蓝色氢氧化铜和黄色氧化亚铜混合所致），再变为黄色，最后变为红色。甲醛还原性强，能将 Cu_2O 还原为金属铜，附在洁净试管内壁上产生铜镜。芳香醛、酮类则不能与费林试剂反应。

（本实训项目编写人：吴雪文）

项目 20　羧酸及其衍生物、取代羧酸的性质

一、预习要点

(1) 羧酸及其衍生物、取代羧酸的性质。

(2) 试管和滴管的使用、试管的干燥、水浴加热等（见 3.1 节）。

二、目的要求

(1)掌握羧酸及其衍生物、取代羧酸的重要性质。

(2)学会羧酸及其衍生物、取代羧酸的鉴别方法。

三、实训指导

羧基是羧酸的官能团，羰基与羟基相互作用，使得羧基具有一些特殊的性质。羧酸具有酸的通性，个别羧酸还具有自身特殊性质。

羧酸衍生物包括酰卤、酸酐、酯和酰胺等，主要性质是亲核取代反应，在一定条件下可发生水解、醇解和氨解反应。反应的活性顺序为酰卤＞酸酐＞酯＞酰胺。

羟基酸、羰基酸是重要的取代羧酸。

油脂是高级脂肪酸的甘油酯，在碱性条件下水解可制得肥皂。

四、实训内容

1. 准备仪器和试剂

试管(10 支，其中 2 支大试管，4 支干燥小试管)，试管架，滴管，恒温水浴锅，点滴板，玻璃棒，冰水，碎冰。

甲酸，乙酸，草酸(s)，苯甲酸(s)，乳酸，水杨酸(s)，乙酰水杨酸(s)，氢氧化钠(20%、10%、5%)，硫酸铜(5%)，盐酸(10%)，冰醋酸，无水乙醇，浓硫酸，硫酸($3mol \cdot L^{-1}$、10%)，饱和食盐水，乙酰氯，乙酸酐，乙酰胺(s)，碳酸钠溶液(20%)，氯化钠(s)，豆油，尿素(s、20%)，饱和氢氧化钡溶液，红色石蕊试纸，刚果红试纸，乙酰乙酸乙酯，硝酸银(5%)，氨水(5%)，饱和溴水，三氯化铁(1%)。

饱和亚硫酸氢钠溶液(用前配制)，配制方法见附录3。

2. 操作步骤

1)羧酸

(1)酸性试验。将甲酸、乙酸各 5 滴和 0.2g 草酸固体分别溶于 1mL 蒸馏水中。摇匀后，分别用干净的玻璃棒蘸取各溶液在同一块刚果红试纸上划线，比较各划痕的颜色。

(2)成盐试验。在盛有 1mL 水的试管中，加入 0.2g 苯甲酸固体，用力摇动，是否全溶？然后，滴加 10%氢氧化钠至固体全部溶解，再逐渐滴加 10%盐酸，有何变化？

(3)酯化反应。在干燥试管中加入无水乙醇及冰醋酸各 1mL，再加入 5 滴浓硫酸，混合均匀后，置于 60～70℃热水浴中(注意：温度不可高于 70℃)，加热 10min。取出试管，在冷水中冷却，然后加入 5mL 饱和食盐水，观察现象，有何气味？

(4)氧化反应。

(i)取 3 支试管，各加入 1 滴 0.5%高锰酸钾和 1 滴 $3mol \cdot L^{-1}$硫酸，摇匀。第 1 支加入 5 滴甲酸，第 2 支加 5 滴乙酸，第 3 支加 0.2g 草酸固体，观察其颜色变化。

(ii)自制土伦试剂：在一支大试管中，加 4mL 5%硝酸银和 1 滴 5%氢氧化钠，再逐滴加入 5%氨水至生成的沉淀恰好溶解即得(几个同学一起使用)。

在洁净的试管中，加入 5 滴甲酸溶液，边摇边逐滴加入 5%氢氧化钠至呈弱碱性，再加入 1mL 新配制的土伦试剂，热水浴加热，观察现象。

2) 酰氯和酸酐

(1) 水解试验。在试管中加入 3mL 冰水，然后小心滴入数滴乙酰氯，观察现象。

用乙酸酐重复此试验。

(2) 醇解试验。在干燥试管中加入 1mL 无水乙醇，在冰水冷却下，缓慢滴加 1mL 乙酰氯，然后加入 1mL 水，并小心地用 20%碳酸钠中和至溶液呈中性，观察有无分层现象，有何气味。如无酯层析出，可加入氯化钠固体至饱和后，静置片刻，再观察。

用乙酸酐重复此试验。

3) 酰胺

(1) 碱性水解。在试管中加入 0.1g 乙酰胺固体和 1mL 20%氢氧化钠。在摇动下，以小火加热至沸，在试管口用以水润湿的红色石蕊试纸检验生成气体的性质。说明原因。

(2) 酸性水解。在试管中加入 0.1g 乙酰胺固体和 2mL 10%硫酸，同上法加热，注意有无乙酸气味产生。冷却后加入 20%氢氧化钠至溶液呈碱性，微热，并以水润湿的红色石蕊试纸在试管口检验生成气体的性质。说明与碱性水解的区别。

4) 乙酰乙酸乙酯

(1) 亚硫酸氢钠试验。在干燥试管中，加 10 滴乙酰乙酸乙酯和 10 滴新配制的饱和亚硫酸氢钠溶液。用力振荡后，静置 10min，观察现象，说明原因。

(2) 溴水试验。在试管中加 10 滴乙酰乙酸乙酯，逐滴加入饱和溴水，并摇动试管，有何现象？说明原因。

(3) 三氯化铁试验。在试管中加 5 滴乙酰乙酸乙酯，再加 1 滴 1%三氯化铁，观察现象，说明原因。

5) 尿素

(1) 水解反应。在试管中加入 1mL 20%尿素水溶液和 2mL 饱和氢氧化钡溶液，在试管口放一块以水润湿后的红色石蕊试纸，缓慢加热试管，观察试纸的变化，并注意有何气味产生。

(2) 缩二脲反应。在干燥试管中加入 0.3g 尿素固体，在试管口放一块以水润湿后的红色石蕊试纸。用小火缓慢加热至尿素熔化，再继续加热至液体又全部转化为固体，停止加热，稍冷后，加入 1mL 热水，搅拌使固体溶解，将上层清液倒入另一支试管中，加入 1mL 10%氢氧化钠，摇匀后，加入 1 滴 5%硫酸铜溶液，有何现象？解释原因。

6) 取代羧酸

(1) 氧化反应。在试管中加 5 滴乳酸，再加 1 滴 0.5%高锰酸钾酸性溶液，观察现象。

(2) 水杨酸、乙酰水杨酸与三氯化铁显色反应。取 2 支试管，一支加 0.1g 水杨酸固体，另一支加 0.1g 乙酰水杨酸固体，分别加 1mL 蒸馏水，摇匀，再分别加入 1 滴 1%三氯化铁，观察并解释现象。

7) 油脂的皂化

在大试管中加入 20 滴豆油、20 滴乙醇和 20 滴 20%氢氧化钠，振摇使之混匀，将试管放入沸水浴中加热，不断振摇。数分钟后，加入 10mL 热的饱和食盐水，搅拌，肥皂浮于表面，放冷后，集取肥皂，保留滤液。

取肥皂少许，放入试管中，加 2mL 蒸馏水，加热振摇使其溶解。

取滤液少许，加入自制的氢氧化铜沉淀(由 5%氢氧化钠和 5%硫酸铜混合制得)，振摇，观察现象并解释。

注意事项：

(1)刚果红与弱酸作用显蓝黑色，与强酸作用显蓝色。

(2)乙酰氯很活泼，与水或醇反应均较为剧烈，试管口不得对准自己或他人，尤其是眼睛，可以在通风橱内进行酰卤的水解试验。

五、实训思考

(1)用甲酸做银镜反应时，为什么要用氢氧化钠溶液中和后才加自制的土伦试剂？

(2)用简单的化学方法区分下列两组有机化合物。

　　①甲酸、乙酸、乳酸、乙酰乙酸乙酯

　　②草酸、乙酰胺、水杨酸、乙酰水杨酸

(3)如何证明油脂水解生成肥皂和甘油？

六、实训拓展

阿司匹林即为乙酰水杨酸，白色结晶或结晶性粉末，无臭或微带乙酸臭，味微酸，遇湿气即缓慢水解。其片剂的鉴别方法有两种：

(1)取适量(约相当于阿司匹林 0.1g)本品的细粉，加水 10mL，煮沸，放冷后，加 1 滴三氯化铁试液，即显紫堇色。

(2)取适量(约相当于阿司匹林 0.5g)本品的细粉，加碳酸钠试液 10mL，振摇后，放置 5min，过滤，滤液煮沸 2min，放冷后，加过量的稀硫酸，即析出白色沉淀，并产生乙酸臭气。

(本实训项目编写人：吴雪文)

项目 21　胺、糖的性质

一、预习要点

(1)胺、糖的性质。

(2)试管和滴管的使用、试管的干燥、水浴加热等(见 3.1 节)。

二、目的要求

(1)掌握胺、糖的重要性质。

(2)学会胺、糖、淀粉的鉴别方法。

三、实训指导

胺有碱性。伯胺和仲胺能发生磺酰化(兴斯堡)反应，而叔胺不能。芳伯胺能发生重氮化，其产物发生偶联反应显色。

糖类是多羟基醛或多羟基酮及其聚合物和某些衍生物的总称，可分为单糖(葡萄糖、果糖)、低聚糖(蔗糖、麦芽糖)、多糖(淀粉、纤维素)。

凡分子中具有半缩醛或半缩酮羟基的糖均有还原性，能与土伦试剂、费林试剂等物质反应，称为还原糖。单糖、麦芽糖、乳糖均属于还原糖。还原糖还有变旋现象。

淀粉和纤维素无还原性，但在酸或酶的作用下，可水解为有还原性的单糖。

糖类在浓硫酸或浓盐酸的作用下，能与酚类化合物发生显色反应，用于鉴别糖类。

四、实训内容

1. 准备仪器和试剂

试管(10 支，其中 1 支大试管，2 支干燥小试管，3 支有配套塞子)，试管架，滴管，热水浴，冰盐浴，温水浴，显微镜，载玻片，锥形瓶(50mL)。

苯胺，N-甲基苯胺，N, N-二甲基苯胺，苯磺酰氯，浓盐酸，浓硫酸，NaOH(10%)，甲胺盐酸盐(s)，乙酸酐，亚硝酸钠(s)，红色石蕊试纸，硫酸铜(1%、2%)，葡萄糖(2%)，果糖(2%)，麦芽糖(2%)，蔗糖(2%)，苯肼盐酸盐(10%)，乙酸钠(15%)，淀粉(1%)，硝酸银(5%)，氨水(5%)，碘液(1%)，氢氧化钠(10%、5%)。

班氏试剂、莫利希试剂(用前配制)、塞利凡诺夫试剂、β-萘酚溶液、淀粉溶液(用前配制)，配制方法见附录 3。

2. 操作步骤

1)胺

(1)碱性试验。在试管中加入 2 滴苯胺，再加入 1mL 水，振荡后，观察是否溶解。然后在摇动下，逐滴加入浓盐酸至溶液呈澄清，最后逐滴加入 10% NaOH 溶液，有何现象？

在试管中加入约 20mg 甲胺盐酸盐固体，再加入 1mL 水，摇动后是否溶解？向此溶液中滴加 10% NaOH 溶液，有何气味产生？

(2)酰化试验。在干燥试管中加入四五滴苯胺，再加 5 滴乙酸酐，摇动，有无放热现象？放置 2～3min 后，加水 2mL，并摇动，有何现象？

(3)兴斯堡试验。取 3 支试管，各加入 2 滴苯胺、N-甲基苯胺和 N, N-二甲基苯胺，再分别加 1mL 10% NaOH 溶液和 3 滴苯磺酰氯，塞住试管口，剧烈振摇 3min。打开塞子，在水浴中温热至没有苯磺酰氯气味产生，冷却，边摇边逐滴加入浓盐酸至酸性，观察现象。

(4)芳香胺重氮化与偶联反应。在大试管中加入 5 滴苯胺、1mL 浓盐酸和 2mL 水；在另一支小试管中将 0.3g 亚硝酸钠固体溶于 2mL 水中。将两支试管置于冰盐浴中冷却至 0℃，在冷却和摇动下，将亚硝酸钠溶液缓慢加入苯胺盐酸盐溶液中，有何现象？在此溶液中加入数滴 β-萘酚溶液，有何现象？

2)糖

(1)成脎反应。在试管中加入 1mL 供试品、0.5mL 10%苯肼盐酸盐和 0.5mL 15%乙酸钠。混合均匀后，将试管置于沸水浴中加热，并不时振荡。随时将生成结晶的试管取出，并记录生成糖脎结晶所需时间。加热 20min 后，如仍不结晶，则取出试管，冷却后再观察。

将上述试管中的结晶用玻璃棒挑取少许置于载玻片上，用滤纸吸去结晶外液体，但不要弄碎结晶。在低倍显微镜下观察，记录各糖脎结晶形状。

供试品：2%葡萄糖、2%果糖、2%麦芽糖、2%蔗糖。

(2)莫利希试验。在试管中加入 10 滴供试品和 2 滴莫利希试剂，摇匀后，将试管倾斜约 45°，沿试管壁缓慢加入 10 滴浓硫酸，不要摇动试管，使硫酸缓慢沉入下层，观察两层间界面有无紫色环出现。

供试品：2%葡萄糖、2%蔗糖、1%淀粉。

(3)塞利凡诺夫试验。在试管中加入 10 滴塞利凡诺夫试剂和 5 滴供试品，摇匀，在沸水浴中加热 2min，观察现象。

供试品：2%葡萄糖、2%果糖、2%蔗糖、1%淀粉。

（4）还原性试验

（ⅰ）土伦试验。

自制土伦试剂：在一支大试管中加 4mL 5%硝酸银和 1 滴 5%氢氧化钠，再逐滴加入 5%氨水至生成的沉淀恰好溶解即得。

将上述土伦试剂平分置于 5 支试管中，分别加入 10 滴供试品，然后在 50℃水浴中温热，比较反应结果，说明原因。

供试品：2%葡萄糖、2%果糖、2%麦芽糖、2%蔗糖、1%淀粉。

（ⅱ）班氏试验。在试管中加入 1mL 班氏试剂和 5 滴供试品，混合均匀后，在沸水浴中加热 2～3min，观察现象，说明原因。

供试品：2%葡萄糖、2%果糖、2%麦芽糖、2%蔗糖、1%淀粉。

（5）淀粉与碘作用。在试管中加入 1mL 水、2 滴 1%淀粉溶液和 1 滴碘液，记录现象。将试管置于沸水浴中，加热数分钟，有何变化？取出放冷后又有何变化？

（6）淀粉水解。在 50mL 锥形瓶中加入 10mL 1%淀粉溶液和 5 滴浓盐酸，在沸水浴中加热，每隔 5min 取出少量液体做上述碘试验，直至不呈现蓝色反应（约 30min）。冷却后，取出 1mL 淀粉水解液，用 10%氢氧化钠中和至呈碱性，进行班氏试验，有何现象？

注意事项：

（1）若仲胺分子还含有酸性基团，如羧基或酚羟基等，则生成的苯磺酰胺也能溶于氢氧化钠，故不能与伯胺区别。

（2）苯肼有毒，切勿入口，也不可与皮肤接触，如触及皮肤，则先用稀乙酸洗，再用水冲洗。还原性低聚糖的脎溶于热水，故需冷却后才能出现结晶。为使结晶形状较好，应缓慢冷却，不要在冰水中冷却。蔗糖不能与苯肼作用，但经长时间加热，可能被试剂中的酸水解生成葡萄糖与果糖，因此，也可能出现糖脎结晶。

成脎速度：果糖 2min，葡萄糖 4～5min。麦芽糖脎溶于热水，故冷却后才能析出结晶。

（3）淀粉遇碘变蓝是由于碘与淀粉借助于范德华力形成包合物所致，在加热时由于分子热运动，包合物不易形成，因而蓝色消失，而冷却后蓝色又复现。

五、实训思考

（1）如何鉴别伯胺、仲胺和叔胺？

（2）如何鉴别糖和非糖、还原糖与非还原糖？

（3）用简单的化学方法区分葡萄糖、果糖、蔗糖、淀粉。

六、实训拓展

非还原性的低聚糖（如蔗糖）和多糖，加酸煮沸水解，再加碱中和后，在糖的还原性试验中，均都会有阳性结果。

莫利希反应很灵敏，但不专一，非糖物质如丙酮、乳酸、草酸、葡萄糖在酸作用下生成的糠醛及其衍生物等均能与莫利希试剂反应产生颜色。因此，阴性反应的物质肯定不是糖，而阳性反应的物质只表明可能是糖。

塞利凡诺夫试验只有果糖或含有果糖的低聚糖才有阳性反应。

（本实训项目编写人：吴雪文）

项目 22　氨基酸、蛋白质的性质和蛋白质等电点的测定

一、预习要点

(1)氨基酸、蛋白质的性质，等电点的概念。

(2)吸量管的使用、水浴加热等(见 3.1.2、3.4.1)。

二、目的要求

(1)掌握氨基酸、蛋白质的重要性质。

(2)学会氨基酸、蛋白质的鉴别方法。

(3)学会蛋白质等电点的测定方法。

三、实训指导

氨基酸具有羧基和氨基，是两性物质，具有等电点。在等电点时，氨基酸的溶解度最小，最容易沉淀。

蛋白质是生命的物质基础，是多种 α-氨基酸的缩合物。蛋白质在催化剂的作用下水解，最终产物为各种氨基酸。氨基酸和蛋白质都能与某些试剂发生颜色反应。

蛋白质也是两性物质。蛋白质分子中除含有 N 端 α-氨基与 C 端 α-羧基外，还有肽链上某些氨基酸残基的侧链基团，如酚羟基、巯基、胍基、咪唑基等基团，它们都能解离为带电基团。调节溶液的 pH 使蛋白质分子的酸性解离与碱性解离程度相等，即所带正负电荷相等，净电荷为零，此时溶液的 pH 称为蛋白质的等电点。在等电点时，蛋白质溶解度最小，溶液的浑浊度最大。

配制不同 pH 的缓冲液，观察蛋白质在这些缓冲液中的溶解情况，即可确定蛋白质的等电点。

四、实训内容

1. 准备仪器和试剂

试管(10 支)，试管架，胶头滴管，水浴锅，吸量管(1mL、2mL、10mL)等。

酚酞指示剂，甲基橙指示剂，溴甲酚绿指示剂，$(NH_4)_2SO_4(s)$，甘氨酸，蛋白质溶液，硫酸铜(1%)，硝酸银(2%)，茚三酮乙醇溶液(1%)，浓硝酸，HCl $(0.2mol \cdot L^{-1})$，HAc $(3mol \cdot L^{-1}$、$1mol \cdot L^{-1}$、$0.1mol \cdot L^{-1}$、$0.01mol \cdot L^{-1})$，NaOH (10%、$2mol \cdot L^{-1}$、$0.2mol \cdot L^{-1})$。

0.5%酪蛋白溶液：称取酪蛋白(干酪素)0.25g 放入 50mL 容量瓶中，加入约 20mL 水，再准确加入 $1mol \cdot L^{-1}$ NaOH 5mL，当酪蛋白溶解后，准确加入 $1mol \cdot L^{-1}$ HAc 5mL，最后加水稀释定容至 50mL，充分摇匀。

2. 操作步骤

1)氨基酸和蛋白质的性质

(1)氨基酸的两性。在 2 支试管中各加入 2mL 蒸馏水，一支加入 1 滴 10%氢氧化钠溶液和 1 滴酚酞，另一支加入 2 滴 $3mol \cdot L^{-1}$ HAc 和 1 滴甲基橙，然后分别加入 1mL 甘氨酸溶液，观察颜色变化。

(2)蛋白质的盐析。在试管中加入 2mL 蛋白质溶液，再加 $(NH_4)_2SO_4$ 晶体使之成为饱和溶

液，观察现象。再加入 1mL 蒸馏水，振荡，有何现象？

（3）蛋白质的不可逆沉淀。

（i）与重金属盐作用。在 2 支试管中分别加入 1mL 蛋白质溶液，再分别滴加 3 滴 1%硫酸铜和 3 滴 2%硝酸银，摇匀，观察沉淀的生成。再各加入 1mL 蒸馏水，看沉淀是否溶解。

（ii）受热沉淀。在试管中加入 1mL 蛋白质溶液，置于沸水浴中加热 3min，观察现象。再加入 1mL 蒸馏水，观察絮状沉淀是否溶解。

（4）蛋白质的颜色反应。

（i）茚三酮反应。在 2 支试管中，一支加入 1mL 甘氨酸溶液，另一支加入 1mL 蛋白质溶液，再分别加入 5 滴 1%茚三酮溶液，将 2 支试管置于沸水浴中加热，观察现象。

（ii）缩二脲反应。向盛有 2mL 蛋白质溶液的试管中加入 5 滴 10%NaOH，摇匀后，滴加 2 滴 1%硫酸铜溶液，观察颜色变化。

（iii）黄蛋白反应。在试管中加入 2mL 蛋白质溶液和 10 滴浓硝酸，摇匀后，观察沉淀颜色。水浴加热后，颜色有何变化？冷却后，滴加 10%NaOH，又出现什么变化？

（5）蛋白质的两性。

（i）取一支试管，加入 1mL 0.5%酪蛋白，再加 4 滴溴甲酚绿指示剂，摇匀。此时溶液呈蓝色，无沉淀生成。

（ii）用胶头滴管缓慢加入 $0.2mol \cdot L^{-1}$ HCl，边加边摇直到有大量的沉淀生成。此时溶液的 pH 接近酪蛋白的等电点。观察溶液颜色的变化。

（iii）继续滴加 $0.2mol \cdot L^{-1}$ HCl，沉淀会逐渐减少以致消失。观察此时溶液颜色的变化。

（iv）滴加 $0.2mol \cdot L^{-1}$ NaOH 进行中和，沉淀又出现。继续滴加 $0.2mol \cdot L^{-1}$ NaOH，沉淀又逐渐消失。观察溶液颜色的变化。

解释蛋白质两性反应中颜色及沉淀变化的原因。

2）酪蛋白等电点的测定

（1）取同样规格的试管 7 支，按表 4-11 精确地加入下列试剂：

表 4-11　等电点测定试剂用量

试剂加入量/mL	试管号						
	1	2	3	4	5	6	7
$1mol \cdot L^{-1}$ HAc	1.6	0.8	0	0	0	0	0
$0.1mol \cdot L^{-1}$ HAc	0	0	4	1	0	0	0
$0.01mol \cdot L^{-1}$ HAc	0	0	0	0	2.5	1.25	0.62
H_2O	2.4	3.2	0	3	1.5	2.75	3.38
溶液的 pH	3.5	3.8	4.1	4.7	5.3	5.6	5.9
浑浊度							

（2）充分摇匀，然后向以上各试管依次加入 0.5%酪蛋白 1mL，边加边摇，摇匀后静置 5min，观察各管的浑浊度。

（3）用−、+、++、+++等符号表示各管的浑浊度。根据浑浊度判断酪蛋白的等电点。最浑浊的一管的 pH，即为酪蛋白的等电点。

注意：在测定等电点的实验中，要求各种试剂的浓度和加入量相当准确。

五、实训思考

(1)氨基酸与蛋白质如何区分？

(2)蛋白质的盐析和变性有何区别？

(3)本实训项目测定蛋白质等电点的原理是什么？

六、实训拓展

茚三酮反应是所有 α-氨基酸、多肽和蛋白质共性的颜色反应,反应灵敏度很高,在 pH=5～7 的溶液中反应最好。除脯氨酸和羟脯氨酸与茚三酮反应产生黄色外,其余均为蓝紫色。黄蛋白反应是含芳环的氨基酸、酪氨酸、色氨酸及含有这些氨基酸残基的蛋白质所特有的颜色反应。缩二脲反应是任何多肽和蛋白质共性的颜色反应,因为这些分子含有多个肽键,与铜生成紫色配合物。

(本实训项目编写人:吴雪文)

4.2　应用实训项目

项目 23　盐酸和氢氧化钠标准溶液的配制与标定

一、预习要点

(1)酸碱滴定原理和指示剂的选择。

(2)电子天平的使用和减量称量法(见 3.3.2、3.3.3)。

(3)容量仪器及其操作(见 3.4 节)。

二、目的要求

(1)学会减量称量法、滴定操作和判断滴定终点。

(2)学会 HCl 和 NaOH 标准溶液的配制和标定方法。

三、实训指导

酸碱标准溶液的配制有直接法和标定法。基准物质可用直接法配制其标准溶液,即准确称取一定量的基准物质,溶解后定量转移到容量瓶中,定容摇匀即可。非基准物质的标准溶液必须用标定法配制,即先粗配,再标定。

(1)市售浓盐酸含 HCl 36%～38%(w/w,质量分数),密度约 $1.18g \cdot mL^{-1}$。由于浓盐酸易挥发放出 HCl 气体,不能用直接法配制,因此要用标定法配制盐酸标准溶液。

标定酸的基准物质常用无水碳酸钠或硼砂。本实训项目采用无水碳酸钠为基准物质,以甲基橙指示滴定终点,终点颜色由黄色变为橙色。反应为

$$2HCl+Na_2CO_3 \Longrightarrow 2NaCl+H_2O+CO_2\uparrow$$

(2)氢氧化钠固体易吸收水分和 CO_2,因此氢氧化钠标准溶液也要用标定法配制。因为氢氧化钠固体中含有少量 Na_2CO_3,所以要配制不含碳酸盐的氢氧化钠溶液,应先将氢氧化钠配制成饱和溶液(约 $20mol \cdot L^{-1}$)。在此溶液中,Na_2CO_3 几乎不溶解,待 Na_2CO_3 沉降后,取上层清液,用新煮沸并冷却的蒸馏水稀释至所需浓度。

标定碱常用邻苯二甲酸氢钾($KHC_8H_4O_4$)或草酸($H_2C_2O_4 \cdot 2H_2O$)等为基准物,也可用酸

标准溶液与之比较标定。用邻苯二甲酸氢钾作基准物标定氢氧化钠时，反应如下：

化学计量点时溶液 pH 约为 9.1，可用酚酞为指示剂。

四、实训内容

1. 准备仪器和试剂

电子天平，酸碱两用滴定管(25mL)，容量瓶(250mL，2 个)，吸量管(5mL)，量筒(50mL)，锥形瓶(250mL，3 个)，烧杯(200mL、50mL)，水浴锅，吸水纸等。

浓盐酸，饱和氢氧化钠溶液，酚酞指示剂(0.1%)，甲基橙指示剂(0.1%)，无水碳酸钠(270～300℃干燥至恒量)，邻苯二甲酸氢钾(100～125℃干燥)。

2. 操作步骤和计算

1)酸碱溶液的配制

(1)0.1mol·L⁻¹ HCl 溶液的配制。计算配制 250mL 0.1mol·L⁻¹ HCl 溶液所需浓盐酸体积。用洁净的 5mL 吸量管移取所需浓盐酸，注入预先装有 100mL 蒸馏水的烧杯中稀释，转移至 250mL 容量瓶中，洗涤烧杯、玻璃棒 3 次，洗涤液也转移到容量瓶中，定容，摇匀，备用。

(2)0.1mol·L⁻¹ NaOH 溶液的配制。计算配制 250mL 0.1mol·L⁻¹ NaOH 溶液所需饱和氢氧化钠溶液的体积。用 5mL 吸量管移取饱和氢氧化钠溶液置于烧杯中，加新煮沸并冷却的蒸馏水稀释后，定量转移至 250mL 容量瓶中，定容，摇匀，备用。

2)酸碱溶液的标定

(1)0.1mol·L⁻¹ HCl 溶液的标定。用减量称量法准确称取无水碳酸钠 3 份，每份 0.10～0.12g，分别置于 250mL 锥形瓶中(标记瓶号)，各加 50mL 蒸馏水溶解，摇匀，加 2 滴甲基橙指示剂，用 HCl 溶液滴定至溶液刚好由黄色变橙色即为终点(注意：在近终点时，剧烈振摇锥形瓶除去反应产生的 CO₂ 或加热煮沸冷却后再滴定至终点)，记下所消耗 HCl 溶液的体积。由无水碳酸钠的质量及消耗的 HCl 溶液体积，按如下公式计算 HCl 溶液准确浓度。

$$c(\text{HCl}) = \frac{m(\text{Na}_2\text{CO}_3) \times 1000}{M\left(\frac{1}{2}\text{Na}_2\text{CO}_3\right) \cdot V(\text{HCl})}$$

(2)0.1mol·L⁻¹ NaOH 溶液的标定。用减量称量法准确称取邻苯二甲酸氢钾 3 份，每份 0.35～0.45g，分别置于 250mL 锥形瓶中，各加 50mL 温热蒸馏水溶解，冷却后，加 2 滴酚酞指示剂，用 NaOH 溶液滴定至溶液刚好由无色变为粉红色，30s 不褪色即为终点，记下所消耗 NaOH 溶液的体积 V(mL)。做空白试验校正，假设空白试验消耗 NaOH 溶液的体积为 V_0(mL)。由邻苯二甲酸氢钾的质量及消耗 NaOH 溶液的体积，按如下公式计算 NaOH 溶液的准确浓度。

$$c(\text{NaOH}) = \frac{m(\text{KHC}_8\text{H}_4\text{O}_4) \times 1000}{(V - V_0) \cdot M(\text{KHC}_8\text{H}_4\text{O}_4)}$$

五、实训思考

(1) 能否在电子天平上准确称取固体氢氧化钠直接配制其标准溶液？

(2) 在滴定分析实验中，滴定管、移液管为什么要用操作溶液润洗 3 次？滴定中使用的锥形瓶或烧杯，是否也要用操作溶液润洗？

(3) 下列情况对滴定结果有何影响？

（ⅰ）滴定完后，滴定管尖嘴外留有液滴。

（ⅱ）滴定完后，滴定管尖嘴内留有气泡。

（ⅲ）滴定过程中，锥形瓶内壁上部溅有滴定液。

（ⅳ）滴定前或滴定过程中，往盛有待测溶液的锥形瓶中加入少量蒸馏水。

六、实训拓展

本实训项目中，标定 0.1mol·L^{-1} HCl 溶液以甲基橙为指示剂，滴定终点由黄色变为橙色，由于橙色是黄色和红色的过渡颜色，不易判断，且 CO$_2$ 又会使溶液酸度提高，故判断终点的准确性受影响。《中国药典》标定 HCl 采取甲基红-溴甲酚绿混合指示剂，并在近终点时加热煮沸除去 CO$_2$，以提高分析结果的准确性。操作方法如下：取无水碳酸钠基准物约 0.15g，精密称量，加 50mL 蒸馏水溶解，加甲基红-溴甲酚绿混合指示剂 10 滴，用盐酸溶液滴定至溶液由绿色变为紫红色，煮沸约 2min。冷却至室温后，继续滴定至溶液由绿色变为暗紫色。

（本实训项目编写人：吴雪文）

<h2 style="text-align:center">项目 24　药用硼砂的含量测定</h2>

一、预习要点

(1) 多元弱碱被准确滴定的条件和指示剂的选择。

(2) 电子天平的使用和减量称量法（见 3.3.2、3.3.3）。

(3) 滴定管的使用和滴定操作（见 3.4.3）。

二、目的要求

(1) 学会减量称量法、滴定操作和判断滴定终点。

(2) 学会药用硼砂的含量测定方法与计算。

(3) 学会选择酸碱指示剂指示强酸滴定弱碱的终点。

三、实训指导

由于硼砂具有较强的碱性，可用 HCl 标准溶液直接滴定，其反应式如下：

$$Na_2B_4O_7+2HCl+5H_2O \Longrightarrow 2NaCl+4H_3BO_3$$

以甲基红-溴甲酚绿混合指示剂指示滴定终点。

四、实训内容

1. 准备仪器和试剂

电子天平，酸碱两用滴定管（25mL），锥形瓶（250mL，3 个），HCl 标准溶液（0.1mol·L^{-1}，

已标定），甲基红-溴甲酚绿混合指示剂，药用硼砂试样等。

2. 操作步骤和计算

（1）精密称取 0.4g 药用硼砂试样 3 份，分别置于 250mL 锥形瓶中，用 50mL 温热蒸馏水溶解，冷却后，加甲基红-溴甲酚绿混合指示剂 8 滴，溶液显绿色。用 $0.1mol \cdot L^{-1}$ HCl 标准溶液滴定至溶液由绿色变为暗灰色即为终点。

（2）硼砂含量计算公式

$$w(Na_2B_4O_7 \cdot 10H_2O) = \frac{c(HCl) \cdot V(HCl) \cdot M\left(\frac{1}{2}Na_2B_4O_7 \cdot 10H_2O\right) \times 10^{-3}}{m_s} \times 100\%$$

五、实训思考

（1）本实训用甲基红为指示剂可以吗？

（2）本实训测定硼砂含量，以 $Na_2B_4O_7 \cdot 10H_2O$ 表示的含量超过 100.0%。已确定 HCl 浓度和滴定操作均没问题，含量超 100%的原因是什么？

六、实训拓展

（1）硼砂为外用消毒防腐药，是用硼酸钙与碳酸钠反应制得，在产品中常会引入碳酸钠和碳酸氢钠等杂质，本实训测定方法没有排除碳酸钠和碳酸氢钠对实验结果的影响，这是测定结果偏高的原因之一。为此，在《中国药典》中对硼砂的测定采用两次滴定法。方法如下：取本品约 0.4g，精密称量，加水 25mL 溶解后，加 0.05%甲基橙溶液 1 滴，用 $0.1mol \cdot L^{-1}$ 盐酸滴定液滴定至呈橙红色，煮沸 2min，冷却，如溶液呈黄色，继续滴定至溶液呈橙红色；再加中性甘油（取甘油 80mL，加水 20mL 与酚酞指示液 1 滴，用 $0.1mol \cdot L^{-1}$ 氢氧化钠滴定液滴定至显粉红色）80mL 与酚酞指示液 8 滴，用 $0.1mol \cdot L^{-1}$ 氢氧化钠滴定液滴定至显粉红色。每 1mL $0.1mol \cdot L^{-1}$ 氢氧化钠滴定液相当于 9.534mg 的 $Na_2B_4O_7 \cdot 10H_2O$。

上述方法的测定原理是什么？与本实训方法相比，有何优缺点？

（2）易溶于水的一元弱碱或多元弱碱，如碳酸钠、碳酸氢钠、碳酸钾、磷酸钠等，符合被强酸滴定的条件，均可采用类似本实训项目的方法直接测定。指示剂根据滴定曲线和滴定突跃范围来选择。

（本实训项目编写人：孟宇竹）

项目 25　食醋中总酸量的测定

一、预习要点

（1）强碱滴定弱酸的条件和酸碱指示剂的选择。

（2）移液管（吸量管）、滴定管的使用和滴定操作（见 3.4.1、3.4.3）。

二、目的要求

（1）学会移液管（吸量管）、滴定管的使用和滴定操作。

（2）学会食醋中总酸量的测定方法与计算。

(3)学会选择酸碱指示剂指示强碱滴定弱酸的终点。

三、实训指导

食醋是混合酸，除含乙酸外，还有乳酸等有机酸，可用 NaOH 标准溶液直接滴定，测定其总酸量，以含量最多的乙酸(HAc)表示。乙酸是有机弱酸($K_a=1.8\times10^{-5}$)，与 NaOH 反应如下：

$$HAc+NaOH == NaAc+H_2O$$

NaAc 为强碱弱酸盐，化学计量点 pH 约 8.7，滴定突跃在碱性范围内，应选择酚酞为指示剂。若使用在酸性范围内变色的指示剂，如甲基橙或甲基红，将会产生很大的滴定误差。

由于食醋是液体，通常是用吸量管量其体积，测定结果一般以一定体积食醋中所含乙酸的质量来表示。食醋中乙酸含量一般大于等于 $3.5\%(w/V)$。

四、实训内容

1. 准备仪器和试剂

酸碱两用滴定管(25mL)，吸量管(5mL)，锥形瓶(250mL，3 个)，NaOH 标准溶液($0.1mol \cdot L^{-1}$，已标定)，食醋，酚酞指示剂。

2. 操作步骤和计算

(1)用吸量管量取食醋 4.00mL 于 250mL 锥形瓶中，加 20mL 蒸馏水稀释，加酚酞指示剂 2 滴，用 $0.1mol \cdot L^{-1}$ NaOH 标准溶液滴定至溶液显淡红色，30s 不褪色即为终点。

(2)计算食醋中总酸量。

$$食醋的总酸量[HAc(g \cdot mL^{-1})] = \frac{c(NaOH) \cdot V(NaOH) \cdot M(HAc) \times 10^{-3}}{V_{样品}}$$

五、实训思考

(1)吸量管和锥形瓶滴定前是否需要用食醋洗涤？为什么？

(2)已达滴定终点的溶液，放久后仍会褪色，这是否是因为中和反应没有完全？

六、实训拓展

食醋是一种重要的调味品，它富含多种有机酸、还原糖、氨基酸和微量元素。总酸是衡量其质量优劣的重要指标，国家标准(GB 18187—2000)规定，食醋中的总酸(以乙酸计)含量应大于等于 $3.5g \cdot 100mL^{-1}$。

食醋中总酸量的快速现场检测方法如下：

(1)取 1.0mL 食醋试样置于 10mL 比色管中，加水至 10.0mL 刻度，盖塞后摇匀。

(2)从中取 1.0mL 置于另一支试管中，加 1 滴酚酞指示剂，摇匀，用滴管滴加 $0.1mol \cdot L^{-1}$ 氢氧化钠滴定液，每滴 1 滴都要充分摇匀，待溶液初显红色(深色食醋变为棕红色)时停止滴加，记录消耗氢氧化钠滴定液滴数 N。取 1.0mL 水做空白试验对照。

每毫升 $0.1mol \cdot L^{-1}$ 氢氧化钠滴定液相当于 0.006005g 乙酸，每滴(按 0.04mL 算)相当于 0.00024g 乙酸。

$$食醋中总酸含量/[g \cdot (100mL)^{-1}] = N \times 0.00024 \times 10 \times 100 = N \times 0.24$$

式中，0.24 表示每滴滴定液相当于 $0.24g \cdot (100mL)^{-1}$ 总酸含量。

所测结果可根据食醋的标示含量加以认定为合格或不合格产品。

（本实训项目编写人：黄月君）

项目 26　混合碱中各组分含量的测定

一、预习要点

（1）双指示剂法测定混合碱各组分的原理和方法。

（2）容量瓶、移液管、滴定管的使用和滴定操作（见 3.4.1、3.4.2、3.4.3）。

二、目的要求

（1）学会容量瓶、移液管、滴定管的使用和滴定操作。

（2）学会用双指示剂法测定混合碱各组分的原理和方法。

三、实训指导

工业混合碱通常是 Na_2CO_3 与 $NaOH$ 或 Na_2CO_3 与 $NaHCO_3$ 的混合物，常用双指示剂法测定其各组分含量。

试样若为 Na_2CO_3 与 $NaOH$ 混合物。$NaOH$ 为一元强碱，与强酸 HCl 反应到达化学计量点时 pH=7.0，而 Na_2CO_3 为二元弱碱，分两步解离，其 $K_{b_1} = 2.1 \times 10^{-4}$、$K_{b_2} = 2.2 \times 10^{-8}$，且 $K_{b_1}/K_{b_2} \approx 10^4$，$Na_2CO_3$ 第一步和第二步解离产生的 OH^- 均可被分步滴定，有两个滴定突跃。

第一化学计量点，$NaHCO_3$ 为两性物质，终点时：

$$[H^+] = \sqrt{K_{a_1} \cdot K_{a_2}} = \sqrt{4.5 \times 10^{-7} \times 4.7 \times 10^{-11}} = 4.6 \times 10^{-9} \text{mol} \cdot L^{-1}$$

$$pH \approx 8.3$$

以酚酞（变色范围为 pH 8.0～10.0）为指示剂，在酚酞变色时，$NaOH$ 被完全滴定，而 Na_2CO_3 被滴定生成 $NaHCO_3$，到达第一化学计量点。设此时用去 HCl 的体积为 V_1(mL)，其反应为

$$NaOH + HCl === NaCl + H_2O$$
$$Na_2CO_3 + HCl === NaHCO_3 + NaCl$$

继续用盐酸滴定，则反应为

$$NaHCO_3 + HCl === NaCl + CO_2\uparrow + H_2O$$

当到达第二化学计量点时，产物为 H_2CO_3（$CO_2\uparrow + H_2O$），在室温下，CO_2 饱和溶液的浓度约 0.04mol·L^{-1}，pH=$-\lg\sqrt{cK_{a_1}}$ =$-\lg\sqrt{0.04 \times 4.5 \times 10^{-7}} \approx 3.9$。

第一计量点后，可加甲基橙（变色范围为 pH 3.1～4.4）作指示剂，用 HCl 标准溶液继续滴定至溶液由黄色变为橙色。设此时所消耗 HCl 标准溶液体积为 V_2(mL)。Na_2CO_3 分两步滴定时，每步所需 HCl 溶液的体积相等，故滴定 $NaOH$ 所消耗 HCl 溶液的用量为 V_1-V_2(mL)。

$$w(NaOH) = \frac{c(HCl) \cdot (V_1 - V_2) \cdot M(NaOH)}{1000 m_s} \times 100\%$$

$$w(Na_2CO_3) = \frac{c(HCl) \cdot V_2 \cdot M(Na_2CO_3)}{1000 m_s} \times 100\%$$

试样若为 Na_2CO_3 与 $NaHCO_3$ 混合物，则 $V_1 < V_2$，同理可得

$$w(NaHCO_3) = \frac{c(HCl) \cdot (V_2 - V_1) \cdot M(NaHCO_3)}{1000 m_s} \times 100\%$$

$$w(\mathrm{Na_2CO_3}) = \frac{c(\mathrm{HCl}) \cdot V_1 \cdot M(\mathrm{Na_2CO_3})}{1000 m_\mathrm{s}} \times 100\%$$

本实训注意事项如下：

(1)本实训滴定速度宜慢不宜快，接近终点时，每滴加 1 滴标准溶液，摇匀至颜色稳定后，再滴加第 2 滴。否则，由于颜色变化较慢，容易滴过量。

(2)采用双指示剂法时，滴定终点的控制和判断要准确。

四、实训内容

1. 准备仪器和试剂

电子天平，称量瓶，容量瓶(250mL)，移液管(25mL)，酸碱两用滴定管(50mL)，烧杯(200mL)，锥形瓶(250mL)；盐酸标准溶液(0.1mol·L^{-1}，已标定)；酚酞指示剂，甲基橙指示剂，混合碱试样(s)，参比溶液(pH=8.3)。

2. 操作步骤

准确称取 2.0～2.2g(准确至 0.1mg)混合碱于 200mL 烧杯中，加 50mL 蒸馏水溶解，然后定量转移至 250mL 容量瓶中，加蒸馏水至刻度，摇匀。用 25mL 移液管移取上述溶液 3 份，分别置于 3 个锥形瓶中，各加入 2 滴酚酞指示剂，用 HCl 标准溶液滴定至红色恰好消失或变成粉红色(以 pH=8.3 参比溶液加酚酞对照)，记下 HCl 用量 V_1(mL)。然后加入 2 滴甲基橙，继续用 HCl 标准溶液滴定至溶液由黄色变为橙色(接近终点时，应剧烈摇动锥形瓶)，记录 HCl 溶液的体积 V_2(mL)。计算混合碱中各组分的含量。平行测定 3 次。

3. 实训结果记录和计算

将实训结果填入表 4-12 中。

表 4-12　混合碱中各组分含量的测定

混合碱试样及称量瓶质量 m_1/g				
倾出后混合碱试样及称量瓶质量 m_2/g				
混合碱试样质量 m/g				
测定时混合碱试样质量 m_s/g ($m_\mathrm{s} = m \times 25/250$)				
测定序号		1	2	3
第一化学计量点 (酚酞变色)	HCl 终读数/mL			
	HCl 初读数/mL			
	V_1(HCl)/mL			
第二化学计量点 (甲基橙变色)	HCl 终读数/mL			
	HCl 初读数/mL			
	V_2(HCl)/mL			
混合碱组成				
混合碱中各组分含量/%	$\mathrm{Na_2CO_3}$			
	NaOH 或 $\mathrm{NaHCO_3}$			

续表

平均值/%	Na$_2$CO$_3$	
	NaOH 或 NaHCO$_3$	
相对平均偏差/%	Na$_2$CO$_3$	
	NaOH 或 NaHCO$_3$	

五、实训思考

(1)Na$_2$CO$_3$ 是食碱的主要成分,其中常含有少量的 NaHCO$_3$,能否用酚酞为指示剂,测定 Na$_2$CO$_3$ 含量?

(2)欲测定混合碱中总碱度,应选用何种指示剂?

(3)如何测定 NaOH 和 Na$_3$PO$_4$ 混合碱中各组分的含量?

六、实训拓展

其他混合碱,如 NaOH、Na$_3$PO$_4$、Na$_2$HPO$_4$ 或 NaH$_2$PO$_4$ 等混合,也可用双指示剂法来测定。指示剂要根据各自的滴定曲线和滴定突跃范围来选择。

双指示剂法同样可以测定混合酸各组分含量,如 HCl 和 H$_3$PO$_4$、H$_3$PO$_4$ 和 NaH$_2$PO$_4$ 中各组分的含量。

(本实训项目编写人:王有龙)

项目 27　乙酸解离度和解离常数的测定

一、预习要点

(1)解离度和解离常数的概念和有关计算。

(2)容量瓶、移液管、滴定管的使用和滴定操作(见 3.4.1、3.4.2、3.4.3)。

(3)酸度计及其使用(见 3.5.1)。

二、目的要求

(1)学会容量瓶、移液管、滴定管、酸度计的使用和滴定操作。

(2)学会乙酸解离度和解离常数的测定方法和有关计算。

三、实训指导

弱电解质乙酸在溶液中存在如下解离平衡:

$$HAc \rightleftharpoons H^+ + Ac^-$$

起始浓度/(mol · L^{-1})　　　c　　　0　　　0

平衡浓度/(mol · L^{-1})　　$c - c(H^+)$　$c(H^+)$　$c(Ac^-)$

$$K_a = \frac{c(H^+) \cdot c(Ac^-)}{c(HAc)} = \frac{c(H^+) \cdot c(Ac^-)}{c - c(H^+)}$$

式中,K_a 为乙酸解离常数,温度一定,K_a 为常数;c 为 HAc 起始浓度,可用 NaOH 标准溶液滴定测定;$c(H^+)$、$c(Ac^-)$ 分别表示平衡时 H$^+$、Ac$^-$ 浓度,通过酸度计测得。

乙酸解离度用 α 表示:

$$\alpha = \frac{c(\text{H}^+)}{c} \times 100\%$$

四、实训内容

1. 准备仪器和试剂

移液管(25mL)，吸量管(5mL、10mL)，容量瓶(50mL)，酸度计，复合电极，塑料烧杯(50mL)，酸碱两用滴定管(50mL)，锥形瓶(250mL，3 个)，HAc(0.10mol·L^{-1})，NaAc(0.10mol·L^{-1})，NaOH 标准溶液(0.1mol·L^{-1}，已标定)，酚酞指示剂(0.1%)等。

2. 操作步骤和计算

(1)乙酸溶液浓度的测定。准确移取 25.00mL 0.10mol·L^{-1} HAc 3 份，各加入 2 滴酚酞，用 0.1mol·L^{-1} NaOH 标准溶液滴定至呈微红色，30s 不褪色为终点。计算乙酸溶液浓度 c。

(2)配制不同浓度的乙酸溶液。准确移取 5.00mL、10.00mL、25.00mL 0.10mol·L^{-1} HAc 溶液，分别置于 3 个 50mL 容量瓶中，用蒸馏水稀释至刻度，摇匀，计算其准确浓度。连同未稀释的 HAc 溶液可得到 4 种浓度不同的溶液，编号分别为 1、2、3、4。

另取一洁净的 50mL 容量瓶，从滴定管中放出 25.00mL 0.10mol·L^{-1} HAc，再加 5.00mL 0.10mol·L^{-1} NaAc 溶液，加蒸馏水稀释至刻度，摇匀，编号为 5。

(3)测定不同浓度乙酸溶液的 pH。将上述溶液分别转入 5 个干燥的 50mL 塑料烧杯中，由稀到浓分别在 pH 计上测定 pH。将有关数据填入表 4-13，计算乙酸解离度和解离常数。

表 4-13　乙酸解离度和解离常数的测定　　　　　室温　　℃

乙酸溶液编号	$c(\text{HAc})/(\text{mol·L}^{-1})$	pH	$c(\text{H}^+)/(\text{mol·L}^{-1})$	解离度 α	K_a	K_a 平均值
1						
2						
3						
4						
5						

五、实训思考

(1)根据实验结果讨论乙酸解离度与其浓度的关系。
(2)改变乙酸溶液温度，乙酸解离度和解离常数有无变化？
(3)用酸度计测定乙酸溶液 pH，为什么要按从稀到浓的顺序测定？

六、实训拓展

利用酸度计可以测定其他一元弱酸的解离常数。

（本实训项目编写人：戴静波）

项目 28　乙酸钠含量的测定(离子交换-酸碱滴定法)

一、预习要点

(1)离子交换柱色谱法的原理和应用。

(2)移液管、滴定管的使用和滴定操作(见 3.4.1、3.4.3)。

二、目的要求

(1)学会移液管、滴定管的使用和滴定操作。
(2)学会离子交换柱色谱法的原理和操作技术。
(3)学会离子交换-酸碱滴定法测定乙酸钠的原理和方法。

三、实训指导

离子交换法是利用离子交换树脂与溶液中某些离子发生交换反应而使离子分离的方法。离子交换树脂是苯乙烯或丙烯酸(酯)的高分子聚合物，由网状结构的骨架和活性基团所组成。根据离子交换树脂中的活性基团不同，可分为阳离子交换树脂和阴离子交换树脂。

乙酸钠在水溶液中碱性太弱，不能用酸碱滴定法直接滴定。

本实训项目利用强酸型阳离子交换树脂(R—SO$_3$H)与乙酸钠进行交换反应，溶液中 Na$^+$进入树脂网状结构中，树脂由 H 型转换为 Na 型，树脂中 H$^+$经交换后进入溶液，生成乙酸。经洗脱收集，以酚酞为指示剂，用 NaOH 标准溶液滴定乙酸。反应如下：

$$R—SO_3H+NaAc \rightleftharpoons R—SO_3Na+HAc$$
$$HAc+NaOH \Longrightarrow NaAc+H_2O$$

四、实训内容

1. 准备仪器和试剂

酸碱两用滴定管(25mL)，锥形瓶(500mL)，烧杯(100mL，2 个)，移液管(10mL)，脱脂棉(或玻璃纤维)，交换柱，732 型阳离子交换树脂，NaOH 标准溶液(0.1mol·L^{-1}，已标定)，pH 试纸，酚酞指示剂，NaAc 试样溶液(约 0.1mol·L^{-1})。

2. 操作步骤和计算

(1)乙酸钠的含量测定。

(ⅰ)装柱。在洁净的交换柱底部塞入少量洁净的脱脂棉(或玻璃纤维)。用小烧杯取适量的树脂加，少量水搅成流动状，倒入交换柱。树脂层高度为交换柱的 2/3，顶端再塞入少许脱脂棉(或玻璃纤维)。

交换柱底部塞入的脱脂棉不能太多，也不能压太紧以免影响流速。树脂连同水一起装入交换管，可装得较均匀，并且能赶除气泡。在整个交换实验中，水层始终高于树脂层，树脂层中不得留有气泡，否则必须重装或用长玻璃棒插入树脂层中轻轻上下移动驱赶气泡。

(ⅱ)交换。用移液管量取 NaAc 试样溶液 10.00mL，直接沿交换柱壁缓缓加入，开启活塞，控制流速为 1～2mL·min^{-1}(约每两秒 1 滴)。等试样溶液全部进入树脂后，再加蒸馏水淋洗，用 500mL 锥形瓶收集洗液。加蒸馏水淋洗时，开始速度要慢，淋洗两三遍后，速度可加快。

(ⅲ)测定。锥形瓶收集洗液达 200mL 后，再用一小烧杯收集洗液 50mL，检查是否淋洗干净(用 pH 试纸检查)。若淋洗干净，则在锥形瓶中加酚酞指示剂 4 滴，用 NaOH 标准溶液滴定至淡红色。乙酸钠含量按下列公式计算。

$$\rho(\text{NaAc}) = \frac{c(\text{NaOH}) \cdot V(\text{NaOH}) \times 82.03}{10.00} \times 1000 (\text{mg} \cdot \text{L}^{-1})$$

(2)阳离子交换树脂的预处理和再生。市售阳离子交换树脂多为 Na 型，使用前可用 $2mol \cdot L^{-1}$ HCl 溶液浸泡 1～2 天，再用蒸馏水以倾泻法洗涤数十次，每次用蒸馏水漂洗树脂至呈中性(用 pH 试纸检查)。实验结束后将树脂回收，处理方法同上。

五、实训思考

(1)若树脂层中混有空气，对测定的结果有何影响？
(2)为什么要控制流出液流速？
(3)NaAc 能否用其他方法测定？

六、实训拓展

离子交换法应用广泛，不仅能用于带相反电荷或相同电荷的离子之间的分离，还可用于微量组分的富集和高纯物质的制备。

乙酸钠的含量测定，除了用本实训项目测定方法外，还可用非水酸碱滴定法(以冰醋酸为溶剂，以结晶紫为指示剂，以高氯酸为标准溶液直接滴定)测定。

(本实训项目编写人：戴静波)

项目 29　生理盐水中 NaCl 的含量测定(吸附指示剂法)

一、预习要点

(1)吸附指示剂法的原理、滴定条件和应用。
(2)棕色滴定管的使用和滴定操作(见 3.4.3)。

二、目的要求

(1)学会减量称量法、滴定管的使用和滴定操作。
(2)学会硝酸银标准溶液的配制和标定方法。
(3)学会用吸附指示剂法测定氯的原理、方法和终点指示。

三、实训指导

用吸附指示剂指示滴定终点的银量法称为吸附指示剂法。吸附指示剂是一些有机染料，它的阴离子在溶液中容易被带正电荷的胶状沉淀所吸附，吸附前后因结构变化而引起颜色变化，从而指示滴定终点。吸附指示剂法可用于测定 Cl^-、Br^-、I^-、SCN^-、SO_4^{2-} 和 Ag^+ 等。

以荧光黄为指示剂，用硝酸银滴定 Cl^-，可用下式表示：

滴定反应：　　　　　　　　$Ag^+ + Cl^- \Longrightarrow AgCl\downarrow(白)$

终点前：Cl^-过量时，AgCl 吸附 Cl^- 生成 $AgCl \cdot Cl^-$

终点到：Ag^+稍微过量时，AgCl 吸附 Ag^+ 生成 $AgCl \cdot Ag^+$

$$AgCl \cdot Ag^+ + FIn^- \Longrightarrow AgCl \cdot Ag^+ \cdot FIn^-$$

　　　　　　　(黄绿色)　　　　　　(粉红色)

实训注意事项如下：

(1)$AgNO_3$ 标准溶液要保存在棕色试剂瓶中，装在棕色滴定管中滴定，滴定时应避免强光照射。

(2)为了减少沉淀的吸附作用，滴定过程中必须剧烈振摇溶液。

(3)吸附指示剂法颜色的变化发生在沉淀表面，欲使终点变色明显，应尽量使沉淀比表面大一些，应加糊精保护卤化银胶体微粒。

(4)胶体微粒对指示剂的吸附能力应略小于对被测离子的吸附能力。卤化银对卤离子和几种吸附指示剂的吸附能力顺序如下：

$$I^->SCN^->Br^->曙红>Cl^->荧光黄$$

(5)如果测定天然水中氯离子的含量，因 Cl^- 含量低，可将 $0.1mol \cdot L^{-1}$ $AgNO_3$ 标准溶液稀释 10 倍，取水样 50mL 进行滴定。

四、实训内容

1. 准备仪器和试剂

托盘天平，电子天平，称量瓶，棕色试剂瓶，锥形瓶(250mL，3 个)；移液管(10mL)，棕色两用滴定管(25mL)，容量瓶(100mL)，量筒(50mL)，量杯(5mL)，洗瓶，硝酸银(s)，氯化钠(基准物，在 110℃干燥至恒量)，糊精溶液(2%)，荧光黄指示液，碳酸钙(s)，生理盐水。

2. 操作步骤和计算

(1) $0.1mol \cdot L^{-1}$ 硝酸银标准溶液的配制和标定。

(i)称取 1.7g 硝酸银，用不含氯离子的蒸馏水溶解，转入棕色试剂瓶，并稀释至 100mL，摇匀，置于暗处，备用。

(ii)精密称取 0.12g NaCl 基准物 3 份，各加 50mL 不含氯离子的蒸馏水使其溶解，加 5mL 2%糊精溶液、0.1g 碳酸钙与 8 滴荧光黄指示液，用 $0.1mol \cdot L^{-1}$ $AgNO_3$ 溶液滴定至浑浊液由黄绿色刚转变为粉红色即为终点。平行测定 3 次。用下列公式计算硝酸银标准溶液浓度：

$$c(AgNO_3)=\frac{m(NaCl)\times1000}{M(NaCl)\cdot V(AgNO_3)}$$

(2)生理盐水中 NaCl 的含量测定。精密量取生理盐水 10.00mL，加 40mL 不含氯离子的蒸馏水、5mL 2%糊精溶液和 5～8 滴荧光黄指示液，用 $0.1mol \cdot L^{-1}$ $AgNO_3$ 标准溶液滴定至黄绿色刚转变为粉红色即为终点。平行测定 3 次。用下列公式计算生理盐水中氯化钠含量：

$$\rho(NaCl)=\frac{c(AgNO_3)\cdot V(AgNO_3)\cdot M(NaCl)\times10^{-3}}{10.00}\times1000(g\cdot L^{-1})$$

五、实训思考

(1)吸附指示剂法测定氯化物和溴化物，常用的指示剂是什么？
(2)吸附指示剂法测定卤化物时，应该注意什么？

六、实训拓展

银量法分为莫尔法、福尔哈德法和法扬斯法。

莫尔法以铬酸钾作指示剂，在中性或弱碱性溶液中，以硝酸银为标准溶液直接滴定氯化物或溴化物。此法可靠、简便，但干扰严重、环境污染大。

福尔哈德法以铁铵矾作指示剂，用硫氰酸盐为标准溶液直接滴定 Ag^+；若要测定卤化物，则要采取返滴定法。此法终点明显，且在酸性条件下测定，干扰小，多用于测定有机卤化物。

吸附指示剂法又称法扬斯法。测定氯化物常用荧光黄为指示剂，测定溴化物常用曙红为指示剂。此法终点明显，方法简便，《中国药典》目前采用，但反应条件要求比较严格，应注意溶液酸度、浓度以及胶体保护等问题。

巴比妥类药物在弱碱性溶液中与硝酸银反应，首先形成可溶性的一银盐。当被测供试品完全形成一银盐后，继续用硝酸银滴定，稍过量的银离子与巴比妥类药物形成难溶性的二银盐，使溶液变浑浊，以指示滴定终点。因此，《中国药典》采用银量法测定巴比妥类药物的含量。

(本实训项目编写人：王有龙)

项目 30　消毒液中过氧化氢含量的测定(微型实验)

一、预习要点

(1)高锰酸钾法的原理、滴定条件、应用和标准溶液的制备。

(2)吸量管、棕色滴定管的使用和滴定操作(见 3.4.1、3.4.3)。

二、目的要求

(1)学会吸量管、棕色滴定管的使用和滴定操作。

(2)学会高锰酸钾标准溶液的配制和标定方法。

(3)学会过氧化氢含量的测定方法。

三、实训指导

新配制的 $KMnO_4$ 溶液要保持微沸 1h，在暗处放置 $7\sim10$ 天，待 $KMnO_4$ 把还原性杂质充分氧化后，用垂熔玻璃漏斗过滤除去 $MnO(OH)_2$ 沉淀，取滤液，以 $Na_2C_2O_4$ 为基准物，标定其准确浓度，反应如下：

$$5C_2O_4^{2-} + 2MnO_4^- + 16H^+ \rightleftharpoons 2Mn^{2+} + 10CO_2\uparrow + 8H_2O$$

反应在酸性、较高温度 $(75\sim85℃)$ 和 Mn^{2+} 催化条件下进行。滴定开始时，反应很慢，$KMnO_4$ 溶液需逐滴加入，如滴加过快，$KMnO_4$ 在热的酸性溶液中将按下式分解：

$$4KMnO_4 + 2H_2SO_4 \rightleftharpoons 4MnO_2\downarrow + 2K_2SO_4 + 2H_2O + 3O_2\uparrow$$

H_2O_2 含量的测定是利用 H_2O_2 在酸性溶液中易被 $KMnO_4$ 氧化，反应如下：

$$5H_2O_2 + 2MnO_4^- + 6H^+ \rightleftharpoons 2Mn^{2+} + 8H_2O + 5O_2\uparrow$$

在滴定过程中生成的 Mn^{2+} 有催化作用。$KMnO_4$ 显紫红色，不需另加指示剂。

四、实训内容

1. 准备仪器和试剂

电子天平(精确至 0.0001g)，电子台秤(精确至 0.01g)，电热套，垂熔玻璃漏斗，棕色试剂瓶，棕色滴定管(10mL)，锥形瓶(250mL，3 个)，吸量管(1mL)，容量瓶(100mL、200mL)，移液管(25mL)，烧杯(100mL、250mL)，量筒(10mL、50mL、250mL)，$KMnO_4(s)$，$Na_2C_2O_4$(基准物，$105\sim110℃$ 恒量)，H_2SO_4 溶液($3mol \cdot L^{-1}$)，消毒液(含 H_2O_2 约 3%)。

2. 操作步骤和计算

1)$0.004mol \cdot L^{-1}$ $KMnO_4$ 溶液的配制和标定

称取 0.17g $KMnO_4$ 固体，溶在煮沸的 250mL 蒸馏水中，保持微沸约 1h，放置 $7\sim10$ 天，然后用垂熔玻璃漏斗过滤，滤液贮存于棕色试剂瓶中，在暗处密闭保存。

准确称取 $Na_2C_2O_4$ 基准物 $0.10\sim0.15g$，加 40mL 蒸馏水溶解，定量转移至 250mL 容量瓶中，定容，摇匀。

准确移取上述 $Na_2C_2O_4$ 溶液 25.00mL，置于 250mL 锥形瓶中，加 5mL $3mol \cdot L^{-1}$ H_2SO_4，慢慢加热至有蒸气冒出（$75\sim85℃$）。趁热用待标定 $KMnO_4$ 溶液滴定。开始滴定时，速度宜慢，溶液中有 Mn^{2+} 生成后，反应速率加快，滴定速度可适当加快。接近终点时，应减慢滴定速度，并充分摇匀，最后滴加半滴 $KMnO_4$ 溶液，摇匀后，保持 30s 微红色不褪即为终点。$KMnO_4$ 溶液浓度的计算公式：

$$c(KMnO_4)=\frac{2}{5}\times\frac{m(Na_2C_2O_4)\times\frac{25.00}{250.00}\times10^3}{M(Na_2C_2O_4)\cdot V(KMnO_4)}$$

2）过氧化氢含量的测定

用吸量管移取 1.00mL 消毒液试样，置于 250mL 容量瓶中，加水稀释至刻度，摇匀。用移液管量取 25.00mL 稀释液，置于 250mL 锥形瓶中，加 5mL $3mol \cdot L^{-1}$ H_2SO_4，用 $KMnO_4$ 标准溶液滴定至终点。计算未经稀释试样中 H_2O_2 含量（$g \cdot L^{-1}$）。

$$\rho(H_2O_2)=\frac{5}{2}\times\frac{c(KMnO_4)\cdot V(KMnO_4)\cdot M(H_2O_2)}{1.00\times\frac{25.00}{250.00}}$$

五、实训思考

（1）配制 $KMnO_4$ 溶液时，为什么要将溶液煮沸，并保持微沸 1h 或放置几天？

（2）用 $Na_2C_2O_4$ 标定 $KMnO_4$ 溶液，有哪些因素影响反应速率？如何控制滴定速度？

（3）实验中控制酸性条件时，可否把 H_2SO_4 换成 HCl？

（4）$KMnO_4$ 溶液为何要装在棕色滴定管中？10mL 棕色滴定管如何读数？

六、实训拓展

过氧化氢俗称双氧水，为无色透明液体，属强氧化剂，有抗菌、除臭和漂白作用，其水溶液适用于医用伤口、环境和食品消毒。然而，不法商家利用其杀菌和漂白功效，将廉价工业双氧水（常用于造纸、纺织业）添加在食品中，美化卖相，给人体健康造成极大危害。例如，高浓度双氧水会使人体抵抗力下降，诱发遗传物质 DNA 损伤及基因突变，引起肠胃、眼部、心肺等部位发生多种疾病。目前，国家已明令禁止在食品加工中使用工业双氧水。

国家标准 GB/T 23499—2009 规定，食品中残留双氧水的测定方法有如下两种：

（1）间接碘量法。将残留双氧水在稀硫酸中使 KI 氧化，产生定量的 I_2，以淀粉为指示剂，用硫代硫酸钠标准溶液滴定来测定。

（2）钛盐比色法。将残留双氧水在酸性溶液中，与钛离子生成稳定的橙色配合物。在 430nm 下，吸光度与试样中双氧水含量成正比，用比色法测定试样中双氧水的含量。

以钛盐比色法为原理可以制作过氧化氢残留快速检测试纸，对牛百叶、海参、鱼皮、鹅肠、鸡爪和鱿鱼等食品中双氧水的含量进行现场快速检测。

（本实训项目编写人：田宗明）

项目 31　EDTA 标准溶液的配制和标定

一、预习要点

(1)配位滴定法的基本原理。

(2)金属指示剂的变色原理及其应用。

(3)称量方法、滴定管的使用和滴定操作(见 3.3.3、3.4.3)。

二、目的要求

(1)学会电子天平、滴定管的使用和滴定操作。

(2)学会 EDTA 标准溶液的配制和标定方法。

(3)掌握铬黑 T 指示剂的应用条件,学会判断铬黑 T 指示剂终点颜色变化。

三、实训指导

纯度高的 EDTA 二钠盐($Na_2H_2Y \cdot 2H_2O$)可采用直接法配制,但因它略有吸湿性,所以配制之前应先在 80℃以下干燥至恒量。若纯度不够,则用间接法配制,再用氧化锌或纯锌为基准物标定。为了减小误差,标定与测定条件应尽可能相同。若以铬黑 T 为指示剂,有关反应如下:

滴定前　　　　　　　$Zn^{2+}+HIn^{2-} \Longrightarrow ZnIn^-(紫红色)+H^+$

滴定时　　　　　　　$Zn^{2+}+H_2Y^{2-} \Longrightarrow ZnY^{2-}+2H^+$

终点时　　$ZnIn^-(紫红色)+H_2Y^{2-} \Longrightarrow ZnY^{2-}+HIn^{2-}(纯蓝色)+H^+$

四、实训内容

1. 准备仪器和试剂

托盘天平,电子天平,酸碱两用滴定管(50mL),烧杯(1000mL),试剂瓶(1000mL),锥形瓶(250mL)。

EDTA 二钠盐(A.R.),ZnO(基准物,800℃灼烧至恒量),铬黑 T 指示剂(1g 铬黑 T 固体加 100g NaCl 固体混合),稀盐酸,0.025%甲基红的乙醇溶液,氨试液,氨-氯化铵缓冲溶液(pH=10)。

2. 操作步骤和计算

(1)0.05mol · L^{-1} EDTA 溶液的配制。

称取 EDTA 二钠盐 19g,加适量温蒸馏水使之溶解,再加蒸馏水至 1000mL,摇匀。

(2)0.05mol · L^{-1} EDTA 溶液的标定。

取于 800℃灼烧至恒量的基准物氧化锌 0.12g,精密称量,加稀盐酸 25mL 使之溶解,加 0.025%甲基红的乙醇溶液 1 滴,然后滴加氨试液至溶液显微黄色,再加水 25mL 及氨-氯化铵缓冲溶液(pH=10.0)10mL。最后加少量铬黑 T 指示剂,用 EDTA 滴定至溶液由紫红色变为纯蓝色,记录 EDTA 消耗量 V(mL)。将滴定结果用空白试验校正,假设空白试验中 EDTA 用量为 V_0(mL)。EDTA 浓度的计算公式如下:

$$c(\text{EDTA}) = \frac{m(\text{ZnO}) \times 1000}{M(\text{ZnO}) \cdot (V - V_0)}$$

五、实训思考

（1）滴定过程为什么要在缓冲溶液中进行？如果没有缓冲溶液存在，将会导致什么现象？

（2）中和溶解基准物质剩余的稀盐酸时，能否用酚酞取代甲基红？为什么？

六、实训拓展

如果要制备 0.001mol·L^{-1} EDTA 标准溶液，准确量取已标定的 0.05mol·L^{-1} EDTA 标准溶液，用去离子水准确稀释至 50 倍制得，其浓度可不标定，由计算得出。

（本实训项目编写人：戴静波）

项目 32　自来水总硬度的测定和纯化处理

一、预习要点

（1）配位滴定法测定 Ca^{2+}、Mg^{2+} 的原理和水总硬度的表示方法。

（2）金属指示剂的变色原理及其应用。

（3）移液管、滴定管的使用和滴定操作（见 3.4.1、3.4.3）。

二、目的要求

（1）学会移液管、滴定管的使用和滴定操作。

（2）学会配位滴定法测定水的总硬度及 Ca^{2+}、Mg^{2+} 含量的原理和方法。

（3）掌握铬黑 T 和钙指示剂的应用条件，学会判断铬黑 T 和钙指示剂终点颜色变化。

（4）学会用离子交换法制备软化水的原理和方法。

三、实训指导

水总硬度主要由水中含有钙盐和镁盐所致。测定水总硬度就是测定水中 Ca^{2+}、Mg^{2+} 总量。水总硬度有两种表示方法：以每升水中所含 $CaCO_3$ 毫克数来表示；以每升水中含 10mg CaO 为 1 度来表示。

测定时，取一定量水样调节 pH=10，以铬黑 T 为指示剂，用 EDTA 标准溶液直接滴定水中 Ca^{2+} 和 Mg^{2+}。其反应式如下：

滴定前　　　　　　$Mg^{2+}+HIn^{2-}\Longrightarrow MgIn^-+H^+$

滴定时　　　　　　$Ca^{2+}+H_2Y^{2-}\Longrightarrow CaY^{2-}+2H^+$

　　　　　　　　　$Mg^{2+}+H_2Y^{2-}\Longrightarrow MgY^{2-}+2H^+$

终点时　　$MgIn^-$（酒红色）$+H_2Y^{2-}\Longrightarrow MgY^{2-}+HIn^{2-}$（纯蓝色）$+H^+$

我国较多使用 $CaCO_3$ 含量（mg·L^{-1}）表示硬度，我国《生活饮用水卫生标准》GB 5749—2006 规定生活饮用水总硬度（以 $CaCO_3$ 计）不得超过 450mg·L^{-1}。

Ca^{2+} 含量测定，先用 NaOH 调节 pH=12，使 Mg^{2+} 以 $Mg(OH)_2$ 沉淀析出，再以钙指示剂指示终点，用 EDTA 标准溶液滴定 Ca^{2+}。

Mg^{2+} 含量是由等体积水样 Ca^{2+}、Mg^{2+} 总量减去 Ca^{2+} 含量求得。

四、实训内容

1. 准备仪器和试剂

酸碱两用滴定管（25mL），锥形瓶（250mL，3 个），移液管（50mL），量筒（10mL），离子交换柱，离子交换树脂，EDTA 标准溶液（0.001mol·L^{-1}，由已标定的 0.05mol·L^{-1} EDTA 准确稀释至 50 倍而成），NaOH（6mol·L^{-1}），NH$_3$·H$_2$O- NH$_4$Cl 缓冲溶液（pH=10），自来水样。

铬黑 T：铬黑 T 与固体 NaCl 按 1：100 比例混合，研磨均匀，贮存于棕色广口瓶中。

钙指示剂：钙指示剂与固体 NaCl 按 2：100 比例混合，研磨均匀，贮存于棕色广口瓶中。

2. 测定步骤和计算

（1）自来水硬度的测定（Ca^{2+}、Mg^{2+}总量的测定）。精密量取澄清自来水样（若浑浊则以中速滤纸过滤）50.00mL 于锥形瓶中，加 pH=10 的 NH$_3$·H$_2$O-NH$_4$Cl 缓冲溶液 5mL、铬黑 T 少许，在充分摇动下，用 0.001mol·L^{-1} EDTA 标准溶液滴定至溶液由酒红色变为纯蓝色，记下 EDTA 用量 V_1(mL)。

（2）空白试验。精密量取 50mL 蒸馏水于锥形瓶中，加 pH=10 的 NH$_3$·H$_2$O- NH$_4$Cl 缓冲溶液 5mL、铬黑 T 少许。若溶液变为纯蓝色，说明溶液中无 Ca^{2+}、Mg^{2+}；若溶液变为酒红色，则说明溶液中含有 Ca^{2+}、Mg^{2+}，在充分摇动下，用 0.001mol·L^{-1} EDTA 标准溶液滴定至溶液由酒红色变为纯蓝色，记下 EDTA 用量 V_0(mL)，并在计算硬度时扣除此体积。按下式计算水总硬度（以 CaCO$_3$ 表示，mg·L^{-1}）。

$$总硬度\ \rho(\text{CaCO}_3) = \frac{c(\text{EDTA}) \cdot (V_1 - V_0) \cdot M(\text{CaCO}_3)}{V_{水样}} \times 1000$$

（3）Ca^{2+}、Mg^{2+}的测定。精密量取 50mL 自来水样，加 2mL 6mol·L^{-1} NaOH（pH 为 12～13），摇匀，加钙指示剂少许，用 0.001mol·L^{-1} EDTA 标准溶液滴定至溶液由紫红色变为纯蓝色，记下 EDTA 用量 V_2(mL)。按下式计算 Ca^{2+}、Mg^{2+}各含量（mg·L^{-1}）。

$$\text{Ca}^{2+}含量\ \rho(\text{Ca}) = \frac{c(\text{EDTA}) \cdot V_2 \cdot M(\text{Ca})}{V_{水样}} \times 1000$$

$$\text{Mg}^{2+}含量\ \rho(\text{Mg}) = \frac{c(\text{EDTA}) \cdot (V_1 - V_2) \cdot M(\text{Mg})}{V_{水样}} \times 1000$$

（4）自来水软化处理。取一支离子交换柱，固定在铁架台上，关闭活塞。在柱子底部填上少量脱脂棉或玻璃棉（如果层析柱带有砂芯滤层则不必再填脱脂棉或玻璃棉），向柱中注入纯净水至柱高 4/5 处，通过玻璃漏斗缓慢地加入经酸化处理后的强酸型离子交换树脂约 15cm 高。打开活塞后，控制液体流速约为每秒 1 滴，并用木棒或带有橡皮管的玻璃棒轻敲柱身下部，使树脂装填紧密且不带气泡。操作时液面必须高于树脂，用 pH 试纸检验流出液是否为中性，若不是中性则继续加纯净水淋洗至中性。当液面接近树脂层时，关闭活塞。将 50mL 水样缓慢加入交换柱中，并调节活塞使出水速度为每分钟 25～30 滴。将开始时约 20mL 流出液弃去，再用锥形瓶收集流出液约 30mL，检验流出液酸度，并与未交换前比较。

在所收集的流出液中，加入 pH=10 的 NH$_3$·H$_2$O-NH$_4$Cl 缓冲溶液 5mL、铬黑 T 少许，观察溶液颜色，并与未经软化处理的水样进行对照试验。实训结束后，回收树脂。

五、实训思考

（1）本实训中加入 NH$_3$·H$_2$O-NH$_4$Cl 缓冲溶液和 NaOH 溶液各起什么作用？

（2）测定水样中若有少量 Fe^{3+}、Cu^{2+}，对终点有什么影响？如何消除影响？

(3) EDTA 为什么需要放入塑料试剂瓶中保存？

六、实训拓展

EDTA 滴定 Ca^{2+} 时，用铬黑 T 也能指示滴定终点，但要加入少量 Mg-EDTA 配合物，利用 Ca^{2+} 能置换 Mg^{2+}，Mg^{2+} 与铬黑 T 能形成稳定的酒红色，提高终点变色敏锐性。少量 Mg-EDTA 不影响滴定的准确性。

Fe^{3+}、Cu^{2+}、Al^{3+}、Ni^{2+}、Co^{2+} 等对铬黑 T、二甲酚橙有封闭现象，需要加掩蔽剂掩蔽这些干扰离子。如果要测定这些离子，则必须改变滴定方式。

（本实训项目编写人：戴静波）

项目 33　碘和硫代硫酸钠标准溶液的配制和标定

一、预习要点

(1) 碘量法的基本原理、滴定条件和指示剂。
(2) 称量方法、滴定管的使用和滴定操作（见 3.3.3、3.4.3）。

二、目的要求

(1) 学会电子天平、滴定管的使用和滴定操作。
(2) 学会碘和硫代硫酸钠标准溶液的配制、标定和有关计算。
(3) 掌握直接碘量法和间接碘量法滴定终点的指示。

三、实训指导

直接碘量法使用 I_2 标准溶液。因 I_2 固体不溶于水，所以配制 I_2 溶液时，要加大量 KI 助溶。标定 I_2 溶液的基准物质为 As_2O_3，有关反应原理如下。

先将难溶于水的 As_2O_3 溶于 NaOH 生成亚砷酸钠，反应如下：

$$As_2O_3+6OH^- = 2AsO_3^{3-}+3H_2O$$

再用 I_2 滴定 AsO_3^{3-}，反应如下：

$$AsO_3^{3-}+I_2+H_2O = AsO_4^{3-}+2I^-+2H^+$$

此反应是可逆的，在中性或弱碱性溶液中能定量地向右进行。但溶液碱性不可太强，否则 I_2 会发生歧化反应。故在溶液中加入少许碳酸氢钠，保持 pH≈8。

间接碘量法使用 $Na_2S_2O_3$ 标准溶液。市售 $Na_2S_2O_3$ 含有少量杂质，不易提纯精制，而 $Na_2S_2O_3$ 在空气中和溶液中性质不稳定，所以，只能用间接法配制 $Na_2S_2O_3$ 标准溶液。

$Na_2S_2O_3$ 性质不稳定的原因有多方面，具体如下：

(1) 溶液中 $Na_2S_2O_3$ 易被空气中 O_2 氧化。

$$2Na_2S_2O_3+O_2 = 2Na_2SO_4+2S\downarrow$$

(2) 水中微生物促使 $Na_2S_2O_3$ 分解。

$$Na_2S_2O_3 = Na_2SO_3+S\downarrow$$

这是 $Na_2S_2O_3$ 溶液浓度不稳定的主要原因。

(3) 水中 CO_2 与 $Na_2S_2O_3$ 发生反应。

$$Na_2S_2O_3+CO_2+H_2O = NaHSO_3+NaHCO_3+S\downarrow$$

需用新煮沸并冷却至室温的蒸馏水溶解 $Na_2S_2O_3$，以驱除水中溶解的 O_2、CO_2。

(4)在酸性介质中 $Na_2S_2O_3$ 会发生以下歧化反应。

$$S_2O_3^{2-} +2H^+ \Longleftrightarrow SO_2+S\downarrow+H_2O$$

因此，配制 $Na_2S_2O_3$ 溶液时需加入少量 Na_2CO_3，使溶液呈弱碱性，防止 $Na_2S_2O_3$ 歧化，抑制细菌生长。

四、实训内容

1. 准备仪器和试剂

电子台秤(精确至$\pm 0.01g$)，电子天平(精确至$\pm 0.0001g$)，棕色两用滴定管(50mL)，烧杯(100mL，2 个；500mL，2 个)，容量瓶(250mL，棕色，2 个)，细口试剂瓶(250mL，棕色，2 个)，碘量瓶(500mL，3 个)，量筒(50mL)，量杯(5mL)，垂熔玻璃漏斗等。

$HCl(6mol \cdot L^{-1})$，$H_2SO_4(0.5mol \cdot L^{-1})$，$NaOH(1mol \cdot L^{-1})$，$Na_2S_2O_3 \cdot 5H_2O(s)$，$Na_2CO_3(s)$，$NaHCO_3(s)$，$I_2(s)$，$KI(s)$，$As_2O_3$(基准物，105℃干燥至恒量，剧毒！)，$K_2Cr_2O_7$(基准物，120℃干燥至恒量)，淀粉溶液(0.5%)，甲基橙指示剂等。

2. 操作步骤和计算

(1) $0.05mol \cdot L^{-1} I_2$ 标准溶液的配制和标定。

称取 3.25g I_2 于小烧杯中，加 6g KI，先用约 30mL 水溶解，待 I_2 完全溶解后，加 1 滴 $6mol \cdot L^{-1}$ 盐酸，再加水稀释至 250mL，摇匀。用垂熔玻璃漏斗过滤，滤液置于棕色试剂瓶中，置于暗处，待标定。

取在 105℃干燥至恒量的基准物 As_2O_3(注意：剧毒！)，精密称量 0.15g 于碘量瓶中，加 $1mol \cdot L^{-1}$ NaOH 溶液 10mL，微热使之溶解。再加 20mL 蒸馏水、1 滴甲基橙指示剂，滴加 $0.5mol \cdot L^{-1}$ H_2SO_4 溶液中和剩余 NaOH，使溶液由黄色转变为粉红色。然后加 2g $NaHCO_3$、50mL 蒸馏水、2mL 淀粉指示液，用待标定 I_2 溶液滴定至溶液显浅蓝色，记录消耗 I_2 溶液体积 V_1(mL)。按下列公式计算 I_2 溶液浓度：

$$c(I_2) = \frac{m(As_2O_3) \times 1000}{M\left(\frac{1}{2}As_2O_3\right) \cdot V_1}$$

(2) $0.05mol \cdot L^{-1} Na_2S_2O_3$ 标准溶液的配制和标定。

称取 3.25g $Na_2S_2O_3 \cdot 5H_2O$ 和 0.03g Na_2CO_3，加适量新煮沸并冷却的蒸馏水配成 250mL，摇匀，贮存于棕色试剂瓶中，放置两周后，过滤。

精密称取 $K_2Cr_2O_7$ 基准物质 0.13～0.15g，置于碘量瓶中，加蒸馏水 25mL，溶解后加 5mL $6mol \cdot L^{-1}$ HCl 溶液和 2g KI 固体，混合后，盖上塞子，瓶塞处封水，在暗处放置 10min。然后加 50mL 蒸馏水稀释，并将塞子上和碘量瓶内壁吸附的碘冲入瓶中，立即用 $Na_2S_2O_3$ 溶液滴定至溶液呈浅黄绿色(近终点)，再加入 1mL 淀粉溶液，继续滴定至溶液由深蓝色变为亮绿色，记录消耗 $Na_2S_2O_3$ 体积 V_2(mL)。做空白试验校正，假设空白试验消耗 $Na_2S_2O_3$ 体积为 V_0(mL)，按下列公式计算 $Na_2S_2O_3$ 溶液浓度：

$$c(Na_2S_2O_3) = \frac{m(K_2Cr_2O_7) \times 1000}{(V_2 - V_0) \cdot M\left(\frac{1}{6}K_2Cr_2O_7\right)}$$

五、实训思考

(1)配制 I_2 溶液时,加 KI 固体有什么作用?如果将 I_2 与 KI 固体直接加水溶解并稀释至容量瓶刻度,合适吗? I_2 溶解后,为什么要加 1 滴盐酸?

(2)碘量法的主要误差有哪些?如何避免?

(3)配制 $Na_2S_2O_3$ 溶液时,加 Na_2CO_3 有什么作用?

(4) $K_2Cr_2O_7$ 与 KI 混合放置 10min 后,为什么要加 50mL 蒸馏水稀释,再用 $Na_2S_2O_3$ 溶液滴定?淀粉指示剂为什么要近终点时加入?

六、实训拓展

标定 I_2 溶液浓度,除了用 As_2O_3 基准物质标定外,还可以用已知准确浓度的 $Na_2S_2O_3$ 标准溶液比较法标定。

$0.05mol \cdot L^{-1}$ I_2 溶液的比较法标定:准确移取 25.00mL I_2 溶液于 250mL 锥形瓶中,加 100mL 水稀释,用已标定好的 $Na_2S_2O_3$ 标准溶液滴定至呈草黄色(近终点),加入 2mL 淀粉溶液,继续滴定至蓝色刚好消失,即为终点,将结果进行空白试验校正。

(本实训项目编写人:吴雪文)

项目 34　维生素 C 和葡萄糖的含量测定

一、预习要点

(1)碘量法的基本原理、滴定条件和指示剂。

(2)称量方法、滴定管的使用和滴定操作(见 3.3.3、3.4.3)。

二、目的要求

(1)学会电子天平、滴定管的使用和滴定操作。

(2)学会直接碘量法测定维生素 C 含量,间接碘量法测定葡萄糖含量。

三、实训指导

维生素 C 又称为抗坏血酸,分子式为 $C_6H_8O_6$,属于水溶性维生素,在医药和食品中应用广泛。维生素 C 具有还原性,分子中烯二醇基易被 I_2 氧化成二酮基,反应如下:

反应是等物质的量定量完成,用直接碘量法可测定药片、注射液、水果、橙汁中维生素 C 的含量。

碘与 NaOH 作用,生成次碘酸钠(NaIO)。葡萄糖($C_6H_{12}O_6$)能定量地被次碘酸钠氧化成葡萄糖酸($C_6H_{12}O_7$)。在酸性条件下,未与葡萄糖作用的次碘酸钠可转变成碘(I_2),因此用 $Na_2S_2O_3$ 标准溶液滴定析出的 I_2,便可计算出 $C_6H_{12}O_6$ 的含量。其反应如下:

I_2 与 NaOH 作用

$$I_2 + 2NaOH =\!=\!= NaIO + NaI + H_2O$$

$C_6H_{12}O_6$ 与 NaIO 定量作用

$$C_6H_{12}O_6 + NaIO =\!=\!= C_6H_{12}O_7 + NaI$$

总反应式　　　$I_2 + C_6H_{12}O_6 + 2NaOH =\!=\!= C_6H_{12}O_7 + 2NaI + H_2O$

$C_6H_{12}O_6$ 被反应完后，剩余的 NaIO 在碱性条件下发生歧化反应

$$3NaIO =\!=\!= NaIO_3 + 2NaI$$

在酸性条件下　　$NaIO_3 + 5NaI + 6HCl =\!=\!= 3I_2 + 6NaCl + 3H_2O$

析出过量的 I_2 可用 $Na_2S_2O_3$ 标准溶液滴定

$$I_2 + 2Na_2S_2O_3 =\!=\!= Na_2S_4O_6 + 2NaI$$

由以上反应式可以看出，葡萄糖与 $Na_2S_2O_3$ 之间物质的量比为 1:2，以此计算葡萄糖的含量。本法可测定葡萄糖注射液中葡萄糖的含量。

四、实训内容

1. 准备仪器和试剂

电子天平，棕色两用滴定管(50mL)，移液管(25mL)，吸量管(5mL)，容量瓶(250mL，棕色)，碘量瓶(250mL)，量筒(100mL)，量杯(5mL)，滴管等。

稀乙酸，I_2 滴定液 $(0.05mol \cdot L^{-1}$，已标定)，$Na_2S_2O_3$ 滴定液 $(0.05mol \cdot L^{-1}$，已标定)，HCl $(2mol \cdot L^{-1})$，NaOH $(0.2mol \cdot L^{-1})$，淀粉指示剂(0.5%)，维生素 C 原料药，葡萄糖注射液(5%)等。

2. 操作步骤和计算

(1) 维生素 C 含量测定。

精密称量适量试样(约含 0.2g 维生素 C)于 250mL 碘量瓶中，加入新煮沸并冷却至室温的蒸馏水 100mL 与稀乙酸 10mL，使之溶解，加 1mL 淀粉指示剂，立即用 $0.05mol \cdot L^{-1}$ I_2 滴定液滴定至溶液显蓝色，30s 内不褪色，即为终点。记录消耗的 I_2 滴定液体积 V(mL)，求维生素 C 的含量。每 1mL $0.05mol \cdot L^{-1}$ I_2 滴定液相当于 8.806mg 的 $C_6H_8O_6$。含量计算公式如下：

$$w(维生素C) = \frac{8.806FV}{m_s \times 1000}, \quad F = \frac{c(I_2)_{实际}}{c(I_2)_{规定}}$$

(2) 葡萄糖的含量测定。

准确移取 2.50mL 5%葡萄糖注射液，加水稀释至 250mL，摇匀。准确移取此溶液 25.00mL 于碘量瓶中，加入 25.00mL $0.05mol \cdot L^{-1}$ I_2 滴定液，用滴管缓慢滴加 $0.2mol \cdot L^{-1}$ NaOH 溶液，边加边摇，直至溶液呈淡黄色(加碱速度不宜过快，否则生成的 NaIO 来不及氧化葡萄糖，使测定结果偏低)。盖上塞子，放置 10~15min。加 6mL $2mol \cdot L^{-1}$ HCl 使溶液呈酸性，立即用 $0.05mol \cdot L^{-1}$ $Na_2S_2O_3$ 滴定液滴定。当溶液显浅黄色时，加 3mL 淀粉溶液，继续滴定至深蓝色消失，即为终点。记下消耗 $Na_2S_2O_3$ 滴定液体积。按下式计算葡萄糖的质量浓度 $(g \cdot L^{-1})$：

$$\rho(C_6H_{12}O_6) = \frac{\left[c(I_2) \cdot V(I_2) - \dfrac{1}{2} \times c(Na_2S_2O_3) \cdot V(Na_2S_2O_3) \right] \cdot M(C_6H_{12}O_6)}{V(C_6H_{12}O_6) \times \dfrac{25.00}{250.00}}$$

五、实训思考

(1)用新煮沸并放冷的蒸馏水溶解维生素 C 试样,目的是什么?试样溶解后必须立即滴定,为什么?

(2)装在滴定管内的 I_2 滴定液是红棕色的,其液面看不清楚,应如何读数?

(3)氧化葡萄糖时滴加氢氧化钠溶液要缓慢,为什么?

六、实训拓展

在葡萄糖的含量测定中,如果加做空白试验,假设空白试验消耗 $Na_2S_2O_3$ 溶液的体积为 V_0(mL),则计算含量时就不必用到 I_2 溶液的准确浓度,I_2 溶液可不必标定。计算公式作如下调整:

$$\rho(C_6H_{12}O_6) = \frac{1}{2} \times \frac{c(Na_2S_2O_3) \cdot [V_0 - V(Na_2S_2O_3)] \cdot M(C_6H_{12}O_6)}{V(C_6H_{12}O_6) \times \frac{25.00}{250.00}}$$

橙汁中维生素 C 的现场快速检测方法如下:

(1)用滴管往试管中滴入 25 滴水和 2 滴 1%淀粉溶液,再滴 1 滴 $0.01mol \cdot L^{-1}$ I_2 滴定液,摇匀,作参照。

(2)用同一滴管往另一试管中滴加 25 滴不同品牌橙汁,再滴入 2 滴 1%淀粉溶液,摇匀。逐滴加入 $0.01mol \cdot L^{-1}$ I_2 滴定液直至与上述呈相同的蓝色,记录加入碘溶液滴数 N。

每毫升 $0.01mol \cdot L^{-1}$ I_2 滴定液相当于 1.76mg 维生素 C。每滴(按 0.04mL 算)$0.01mol \cdot L^{-1}$ I_2 滴定液相当于 0.07mg 维生素 C。

橙汁中维生素 C 的含量为 $0.07 \times N \times 1000$(mg $\cdot L^{-1}$)。

(本实训项目编写人:吴雪文)

项目 35　加碘盐中碘的含量测定

一、预习要点

(1)间接碘量法的基本原理、滴定条件和指示剂。

(2)称量方法,容量瓶、滴定管的使用和滴定操作(见 3.3.3、3.4.2、3.4.3)。

二、目的要求

(1)学会电子天平、滴定管的使用和滴定操作。

(2)学会用间接碘量法测定碘的含量。

三、实训指导

加碘盐中的碘以碘酸盐形式存在。在酸性条件下,加入过量碘化钾与碘酸盐反应析出碘,以淀粉为指示剂,用硫代硫酸钠标准溶液滴定。反应如下:

$$IO_3^- + 5I^- + 6H^+ === 3I_2 + 3H_2O$$
$$2S_2O_3^{2-} + I_2 === 2I^- + S_4O_6^{2-}$$

近终点时,加入淀粉指示剂,溶液显深蓝色,继续滴定至深蓝色刚好消失即为终点。

四、实训内容

1. 准备仪器和试剂

电子台秤(精确至 0.01g)，棕色两用滴定管(25mL)，烧杯(250mL)，容量瓶(100mL)，碘量瓶(250mL)，移液管(25mL)，量筒(10mL、50mL)，$Na_2S_2O_3$ 标准溶液(0.002mol·L^{-1}，由已标定的 0.05mol·L^{-1} $Na_2S_2O_3$ 标准溶液准确稀释至 25 倍而成)，KI(10%)，H_2SO_4(2mol·L^{-1})，淀粉指示剂(0.5%)，加碘盐试样。

2. 加碘盐中碘的含量测定

称量 25g 加碘盐试样(精确至 0.01g)，置于烧杯中加 50mL 蒸馏水溶解，转移至 100mL 容量瓶中，定容，摇匀。

准确移取上述溶液 25.00mL 于 250mL 碘量瓶中，加 1mL 2mol·L^{-1} H_2SO_4 和 5mL 10% KI，密封后，置于暗处放置 10min，再用 0.002mol·L^{-1} $Na_2S_2O_3$ 标准溶液滴定至溶液呈浅黄色，加入 1mL 0.5%淀粉指示剂，继续滴定至深蓝色消失为终点。碘含量计算公式如下：

$$w(I) = \frac{1}{6} \times \frac{c(Na_2S_2O_3) \cdot V(Na_2S_2O_3) \cdot M(I) \times 10^{-3}}{m_s \times \frac{25.00}{100.00}} \times 100\%$$

五、实训思考

(1) 加入碘化钾的作用是什么？为什么加入碘化钾要过量，如果量不足，对实验结果有何影响？

(2) "密封、暗处放置 10min"，应如何操作？

(3) 为什么要在近终点时才加入指示剂？

六、实训拓展

碘是人体生长发育、新陈代谢所必需的，对智力有很大影响的一种重要营养元素。食盐加碘是防治碘缺乏病最主要、最经济、最方便的方法。国家标准规定加碘盐中碘含量应为 20～60mg·kg^{-1}。

加碘盐中碘含量的现场快速测定：取盐样少许于白纸上，在 0.5cm 高度处，慢慢滴上一滴检测试剂(淀粉指示剂)，淀粉立即与食盐中的碘发生显色反应，根据食盐中含碘量不同，其呈现颜色也不同，5s 后与标准比色板对照，即可测定食盐中碘含量。标准比色板上分为 0、10、20、30、40(mg·kg^{-1})碘含量的色阶。

(本实训项目编写人：田宗明)

项目 36　氟离子选择性电极测定水中氟

一、预习要点

(1) 直接电位法。

(2) 离子选择性电极、离子计。

二、目的要求

(1) 理解直接电位法的测定原理。

(2)学会使用离子选择性电极和离子计。

(3)学会绘制标准曲线，并利用标准曲线计算有关物质含量。

(4)理解总离子强度调节缓冲剂(TISAB)的意义。

三、实训指导

氟离子选择性电极(简称氟电极)以氟化镧单晶片为敏感膜，对溶液中氟离子有选择性响应。将氟电极、饱和甘汞电极(SCE)和待测试液组成原电池，其电动势 ε 与 F⁻浓度(严格说为活度)的对数有线性关系。

若在标准溶液和待测溶液中，加适量惰性电解质作为总离子强度调节缓冲剂(TISAB)，使离子强度保持不变，则电动势 ε 与 F⁻浓度的对数有线性关系。以电动势 ε 与 F⁻浓度的对数作图即得标准曲线，由水样 ε 值，通过标准曲线可求得水中氟的含量。

TISAB 是由 NaCl、HAc-NaAc 和柠檬酸钠组成，NaCl 的作用是调节溶液离子强度，HAc-NaAc 是缓冲剂，控制溶液 pH 为 5.0～5.5，柠檬酸钠为掩蔽剂，消除 Al^{3+}、Fe^{3+}、Th^{4+}等干扰。

饮用水中氟含量高低对人体健康有影响。氟含量太低，易得牙龋病，过高则发生氟中毒，适宜含量为 $0.5～1mg \cdot L^{-1}$。

四、实训内容

1. 准备仪器和试剂

pH-3 型精密离子计，电磁搅拌器，氟离子选择性电极，饱和甘汞电极(SCE)，容量瓶(50mL，6 个)，移液管(25mL)，吸量管(5mL，2 支)，塑料烧杯(50mL，6 个)，烧杯(50mL，1 个)，含 F⁻水样。

$0.100mol \cdot L^{-1}$ F⁻标准溶液：准确称取 120℃干燥 2h 并冷却的优级纯 NaF 4.20g，置于小烧杯中，加水溶解后，转移至 1000mL 容量瓶中，定容，然后转入洁净干燥的塑料瓶中。

TISAB：在 1000mL 烧杯中，加 500mL 水、57mL 冰乙酸、58g NaCl 和 12g 柠檬酸钠，搅拌至溶解。将溶液置于冷水浴中，在 pH 计检测下，缓慢滴加 $6mol \cdot L^{-1}$ NaOH 溶液(约 120mL)，至 pH 5.0～5.5，冷却至室温，转入 1000mL 容量瓶中，加水稀释至刻度，摇匀，转入洁净干燥的试剂瓶中。

2. 操作步骤

(1)将氟电极、饱和甘汞电极与精密离子计相接，开启仪器，预热 10min。

(2)清洗电极。取 25～30mL 去离子水于 50mL 塑料烧杯中，放入搅拌磁子，并插入氟离子选择性电极和饱和甘汞电极。开启搅拌器，使之保持较慢而稳定的转速(注意：在整个实验过程中，保持该转速不变)，此时观察精密离子计示值至稳定，即为空白电动势值。

(3)标准系列溶液的配制。准确移取 5mL $0.100mol \cdot L^{-1}$ NaF 标准溶液和 5mL TISAB 于 50mL 容量瓶中，加水稀释至刻度，得到 $10^{-2}mol \cdot L^{-1}$ NaF 标准溶液。用逐级稀释法分别配制 $10^{-3}mol \cdot L^{-1}$、$10^{-4}mol \cdot L^{-1}$、$10^{-5}mol \cdot L^{-1}$ 和 $10^{-6}mol \cdot L^{-1}$ NaF 标准溶液(逐级稀释时，分别加 4.5mL TISAB)。

(4)标准溶液电动势 ε 的测定。将标准溶液分别置于 5 个洁净干燥的塑料烧杯中，放入搅拌子，插入氟离子选择性电极和饱和甘汞电极。开启搅拌器，待读数稳定 2min 后，读取电动势 ε(注意：测定次序由稀到浓，每测量一份试液，无需清洗电极，用滤纸吸干即可)。

(5)水样电动势 ε 的测定。按步骤(2)用去离子水浸洗电极，使空白电动势值与测定前相同。取 25mL 水样于 50mL 容量瓶中，加 5mL TISAB，用蒸馏水稀释，定容，然后置于洁净干燥的塑料烧杯中，放入搅拌子，插入氟离子选择性电极和饱和甘汞电极。开启搅拌器，电动势稳定后，读出待测液电动势 ε。

操作步骤的注意事项如下：

(1)安装电极时，应将参比电极略低于氟电极，以保护电极敏感膜。

(2)测量完标准系列溶液之后，应将电极在去离子水中清洗，使空白电动势值与测定前相同，再测定样品溶液。

(3)在测定过程中，若需更换溶液，则"测量"键必须处于断开位置，以免损坏离子计。

(4)测定过程中，搅拌溶液的速度应恒定。

3. 实训结果记录和计算

表 4-14　电动势测量

编号	1	2	3	4	5	水样
$c/(mol \cdot L^{-1})$	10^{-2}	10^{-3}	10^{-4}	10^{-5}	10^{-6}	
ε/V						

(1)以 F^- 浓度的对数 $\lg c$ 为横坐标，电动势 ε 为纵坐标，在坐标纸上绘制标准曲线。也可将 $\lg c$ 和相应的电动势 ε 输入 Excel 中绘制，并回归出线性方程。

(2)根据水样测得的电动势 ε，在标准曲线上查到(或由线性回归方程计算)其对应的浓度，乘以稀释倍数，计算水样中氟离子含量(以 $mol \cdot L^{-1}$)。判断水样是否符合饮用标准。

五、实训思考

(1)为什么要加入总离子强度调节缓冲剂？

(2)精密离子计、氟离子选择性电极在使用时应注意哪些问题？

六、实训拓展

直接电位法主要测定溶液酸度和离子活度(或浓度)，表 4-15 列举了常用实例。

表 4-15　直接电位法应用实例

待测离子	指示电极	线性浓度范围/$(mol \cdot L^{-1})$	适宜 pH 范围	应用实例
H^+	pH 玻璃电极	$10^{-14} \sim 10^{-1}$	$1 \sim 14$	各种酸度
Na^+	钠微电极	$10^{-3} \sim 10^{-1}$	$4 \sim 9$	血清
K^+	钾微电极	$10^{-4} \sim 10^{-1}$	$3 \sim 10$	血清
Ca^{2+}	钙微电极	$10^{-7} \sim 10^{-1}$	$4 \sim 10$	血清
F^-	氟电极	$10^{-7} \sim 5 \times 10^{-7}$	$5 \sim 8$	水、牙膏、矿物质
Cl^-	氯电极	$5 \times 10^{-8} \sim 10^{-2}$	$2 \sim 11$	水
CN^-	氰电极	$10^{-6} \sim 10^{-2}$	$11 \sim 13$	废水、废渣
NO_3^-	硝酸银电极	$10^{-5} \sim 10^{-1}$	$3 \sim 10$	水
NH_3	氨气敏电极	$10^{-6} \sim 1$	$11 \sim 13$	废水、废气、土壤

(本实训项目编写人：王有龙)

项目 37　邻二氮菲分光光度法测定水中微量铁

一、预习要点

(1)分光光度法的原理和定性定量方法。

(2)分光光度计的使用(见 3.5.2)。

(3)吸量管、容量瓶的使用和定容操作(见 3.4.1、3.4.2)。

(4)计算机处理实验数据(见 1.4 节)。

二、目的要求

(1)学会使用分光光度计,绘制吸收曲线,寻找最大吸收波长。

(2)学会标准系列溶液的制备,绘制标准曲线,测定水中微量铁。

(3)学会应用计算机处理实验数据。

三、实训指导

邻二氮菲(又称邻菲罗啉)是测定微量铁的较好显色剂。在 pH 为 2～9 的溶液中,邻二氮菲与 Fe^{2+} 反应生成稳定橙红色配合物。反应式如下:

$lg\beta_3$=21.3,最大吸收峰在 510nm 波长处,摩尔吸光系数 ε_{510}=1.1×10^{4}L·mol^{-1}·cm^{-1}。如果存在 Fe^{3+},则要用盐酸羟胺将它还原为 Fe^{2+}。

$$2Fe^{3+}+2NH_2OH =\!=\!= 2Fe^{2+}+2H^++N_2\uparrow+2H_2O$$

在最大吸收波长处,测定橙红色配合物的吸光度,根据比尔定律,测定铁含量。

铁含量为 0.1～6μg·mL^{-1} 时,吸光度与浓度有线性关系,可用标准曲线法测定。

为了得到较高准确度,要选择吸光度与浓度有线性关系的浓度范围,测定时尽量使吸光度为 0.2～0.8。此外,比色皿不配套、显色剂加入顺序不同等都会产生实验误差。

四、实训内容

1. 准备仪器和试剂

722 型分光光度计(或 721、752 型),容量瓶(50mL,7 个),吸量管(5mL,4 支;10mL,1 支),量筒(10mL),盐酸羟胺水溶液(10%,临用时配制),邻二氮菲水溶液(0.15%,临用时配制),NaAc(1mol·L^{-1}),镜头纸等。

铁标准溶液(10μg·mL^{-1}):准确称取 0.8634g NH$_4$Fe(SO$_4$)$_2$·12H$_2$O 置于烧杯中,加入 20mL 6mol·L^{-1} HCl 溶液和适量水,溶解后,定量转移至 1000mL 容量瓶中,加水稀释至刻度,摇匀。量取 50mL 该溶液,置于 500mL 容量瓶中,加入 50mL 1mol·L^{-1} HCl 溶液,加水稀释到刻度,摇匀。

2. **实训步骤和计算机处理实训数据**

(1)标准系列显色溶液的配制。在 7 个 50mL 容量瓶中，分别准确加入 $10\mu g \cdot mL^{-1}$ 铁标准溶液 0.00mL、2.00mL、4.00mL、6.00mL、8.00mL、10.00mL 及适量试样溶液。在各容量瓶中，分别加入 1mL 10%盐酸羟胺溶液、2mL 0.15%邻二氮菲溶液和 5mL NaAc 溶液。注意：每加一种试剂后，摇匀，再加另一种试剂。最后加水稀释到刻度，摇匀。

(2)绘制吸收曲线，并选定测量波长。选加有 6.00mL 铁标准溶液的显色溶液，以不加铁的试剂溶液为参比溶液，用 1cm 比色皿，用分光光度计在波长 450～550nm 处每隔 10nm 各测一次吸光度，在 510nm 附近每隔 5nm 或 2nm 各测一次。每改变波长一次，均需用参比溶液将透光率调到 100%，才能测量吸光度。用计算机绘制吸收曲线，找出最大吸收波长。

(3)绘制标准曲线，测定试样中含铁量。选定最大吸收波长，用 1cm 比色皿，以不含铁的试剂溶液为参比溶液，分别测量各标准系列显色溶液和试样显色溶液的吸光度。

用计算机绘制标准曲线，通过线性回归方程式，求试样中的含铁量($\mu g \cdot mL^{-1}$)。

五、实训思考

(1)在测绘标准曲线和测定试样时，参比溶液选择什么？用蒸馏水可以吗？
(2)通过相关系数可评价吸光度与浓度的线性关系好坏，分析线性关系好坏的原因。

六、实训拓展

分光光度法广泛用于定量分析，不但可以测定单一组分，还可以测定混合组分。下面讨论双组分的定量方法。

当混合物两组分 x 和 y 的吸收光谱互不重叠时，则分别在波长 λ_1 和 λ_2 处测定试样溶液中 x 和 y 的吸光度，就可求得相应含量。

但是当 x 和 y 的吸收光谱互相重叠，则根据吸光度的加和性，在 x 和 y 最大吸收波长 λ_1 和 λ_2 处，测量总吸光度 $A_{\lambda_1}^{x+y}$ 和 $A_{\lambda_2}^{x+y}$。若用 1cm 比色皿，则可由下列方程式求出 x 和 y 组分含量：

$$A_{\lambda_1}^{x+y} = A_{\lambda_1}^{x} + A_{\lambda_1}^{y} = \varepsilon_{\lambda_1}^{x} c_x + \varepsilon_{\lambda_1}^{y} c_y$$

$$A_{\lambda_2}^{x+y} = A_{\lambda_2}^{x} + A_{\lambda_2}^{y} = \varepsilon_{\lambda_2}^{x} c_x + \varepsilon_{\lambda_2}^{y} c_y$$

解此方程组可得　　$c_x = \dfrac{A_{\lambda_1}^{x+y}\varepsilon_{\lambda_2}^{y} - A_{\lambda_2}^{x+y}\varepsilon_{\lambda_1}^{y}}{\varepsilon_{\lambda_1}^{x}\varepsilon_{\lambda_2}^{y} - \varepsilon_{\lambda_2}^{x}\varepsilon_{\lambda_1}^{y}}$　　$c_y = \dfrac{A_{\lambda_1}^{x+y} - \varepsilon_{\lambda_1}^{x} c_x}{\varepsilon_{\lambda_1}^{y}}$

式中，$\varepsilon_{\lambda_1}^{x}$、$\varepsilon_{\lambda_2}^{x}$ 分别为组分 x 在 λ_1 和 λ_2 处的摩尔吸光系数；$\varepsilon_{\lambda_1}^{y}$、$\varepsilon_{\lambda_2}^{y}$ 分别为组分 y 在 λ_1 和 λ_2 处的摩尔吸光系数。

(本实训项目编写人：蔡自由)

项目 38　镇痛药加合百服宁的成分分析

一、预习要点

(1)薄层色谱法的基本原理。
(2)展开剂的选择和薄层色谱操作(见 3.2.6)。

二、目的要求

(1)理解薄层色谱法的基本原理及其应用。

(2)学会薄层色谱法的操作技术。

(3)理解多组分混合物中各组分的分离和鉴定方法。

三、实训指导

由于吸附剂对加合百服宁中各成分的吸附能力不同,在展开剂作用下,各成分层析速率不同,从而得以分离。通过比较各组分 R_f,初步确定药物中各成分。分离得到的各组分,通过红外吸收光谱可进一步确认其结构。

市售 600mg 加合百服宁片含对乙酰氨基酚(500mg)和咖啡因(65mg)。将该片剂用无水乙醇与二氯甲烷体积比为 1∶2 的混合溶剂萃取,以乙酸乙酯作展开剂,在硅胶板上展开,通过紫外灯确定斑点,计算 R_f,确定其中各成分。

四、实训内容

1. 准备仪器和试剂

三用紫外分析仪,研钵,广口瓶,小漏斗,硅胶板(GF254,10cm×3.5cm),量筒(50mL),毛细管,铅笔,直尺,市售百服宁片,二氯甲烷,无水乙醇,乙酸乙酯(展开剂),棉花或小滤纸,对乙酰氨基酚标准品(2%,以乙醇与二氯甲烷体积比为 1∶2 混合溶剂溶解),咖啡因标准品(2%,以乙醇与二氯甲烷体积比为 1∶2 混合溶剂溶解)。

2. 试样制备

将 1 片市售百服宁片研成粉末状,加 30mL 乙醇与二氯甲烷体积比为 1∶2 的混合溶剂,搅拌 10min 后,过滤,取滤液于小烧杯中,备用。

3. 点样

在距硅胶板一端 1cm 处,用铅笔轻轻画一条起始线。在起始线上,用毛细管分别点试样提取液、咖啡因标准品、对乙酰氨基酚标准品各 5μL。样点间距 1cm 以上,样点距边缘 0.5cm 以上。斑点直径不超过 2mm,样点太少,可重复点,但需待前次点干后再点。

4. 展开

在广口瓶中加适量乙酸乙酯(展开剂),液层约 0.8cm,将点好样晾干的硅胶板置于广口瓶中,先不要浸入展开剂中(可用物体垫起),盖好瓶盖,饱和 15min。再将点有样品的一端浸入展开剂中 0.3～0.5cm(可用物体垫起),迅速盖好瓶盖,展开。待展开剂前沿移行至距硅胶板顶端约 1cm 时,取出硅胶板,平放,迅速在展开剂前沿用铅笔作标记。

5. 鉴定

待硅胶板干后,置于三用紫外分析仪中在紫外光下观察,可清晰地看到各斑点,用铅笔在斑点中心做标记。用尺子测量各斑点至原点的距离和展开剂前沿至原点的距离,计算 R_f,并将试样与标准品对照。

五、实训思考

(1)分离试样的常见方法有哪些?

(2)鉴定化合物的常用方法有哪些?

(3)薄层色谱法还有哪些其他用途?

六、实训拓展

薄层色谱兼备了柱色谱和纸色谱的优点。一方面可适用于小量样品(几到几十微克,甚至0.01μg)的分离;另一方面若在制作薄层板时,把吸附层加厚,将样品点成一条线,则可分离多达 500mg 的样品,因此又可用来精制样品。此外,在进行化学反应时,常利用薄层色谱观察原料斑点的逐步消失来判断反应是否完成。

(本实训项目编写人:田宗明)

项目 39　气相色谱法测定乙醇中乙酸乙酯的含量

一、预习要点

(1)气相色谱法的原理和气相色谱仪的使用。
(2)气相色谱定性定量方法。

二、目的要求

(1)理解气相色谱仪的使用,热导检测器工作原理。
(2)学会用保留值进行定性分析,用外标法进行定量分析,掌握其有关计算。

三、实训指导

在相同的色谱操作条件下,同一种物质应具有相同的保留值,当用已知物的保留时间与未知物组分的保留时间进行对照时,若两者保留时间完全相同,则认为它们可能是相同的化合物。这种方法以各组分的色谱峰必须分离为单独峰为前提,同时还需要有对照的标准物质。

用外标法定量分析时,将组分的纯物质配制成已知浓度的标准品,在相同的操作条件下分析标准品和未知样,根据组分量与相应峰面积或峰高呈线性关系,计算组分含量。

使用气相色谱仪的注意事项如下:

(1)开始加热前,打开载气阀门,调节合适的气体流量,让色谱柱内有气体流动,防止柱温过高。

(2)实训完毕,用乙醇清洗 1μL 注射器。退出色谱工作站,关闭气化室、色谱柱、检测器,并继续通气 30min,使色谱柱降温。待仪器冷却后,再关闭电源,最后关闭载气阀门。

四、实训内容

1. 准备仪器和试剂

PE Clarus 500 GC,Total chrom 色谱工作站,热导检测器,色谱柱 OV-101(硅树脂 10%,Chromosorb W-AW-DMCS 80/100,柱长 2m),微量注射器(1μL),比色管(20mL),移液管(5mL、20mL),无水乙醇,纯乙酸乙酯,试样等。

2. 操作步骤

(1)实验条件。柱温:90℃,气化室温度:150℃,检测器温度:110℃,载气流量:18mL·min^{-1}。

(2)乙醇、乙酸乙酯保留时间的测定。分别注入 1.0μL 无水乙醇、1.0μL 纯乙酸乙酯,测定各组分的保留时间。

(3)标准系列溶液及试样的测定。取 5 支 20mL 比色管，各加入无水乙醇 7.5mL，分别加入纯乙酸乙酯 1.0mL、2.0mL、3.0mL、4.0mL、5.0mL、6.0mL，用无水乙醇定容，即得标准系列溶液。

分别从各管中吸取 1.0μL 标准系列溶液注入色谱仪进行测定，得各标准系列溶液色谱图，记录峰面积。另取试样溶液 1.0μL，在相同条件下进行分析，得试样的色谱图，记录峰面积。

3. 实训结果记录和计算

表 4-16　气相色谱法测定乙醇中乙酸乙酯的含量

编号	1	2	3	4	5	6	空白液	试样
纯乙酸乙酯体积/mL	1.00	2.00	3.00	4.00	5.00	6.00	0.00	
稀释后溶液总体积/mL	20.00	20.00	20.00	20.00	20.00	20.00	20.00	
标准系列溶液浓度/(mL · mL^{-1})	0.05	0.10	0.15	0.20	0.25	0.30	0.00	
峰面积								

(1)绘制乙酸乙酯的标准曲线。

以标准系列溶液浓度为横坐标，峰面积为纵坐标，绘制标准曲线。也可将浓度和相应的峰面积输入 Excel 中，用图表功能绘制标准曲线，并回归出线性方程。

(2)利用标准曲线(或线性回归方程)求试样中乙酸乙酯的含量。

五、实训思考

(1)哪些物质可以用气相色谱法测定？

(2)用外标法进行定量分析的优缺点是什么？

六、实训拓展

气相色谱法在医药卫生、环境监测、食品工业、石油化工等领域均有广泛的应用。

(1)在医药卫生中应用。体液和组织生物材料(如脂肪酸、氨基酸、甘油三酯、维生素、糖类)的测定等，人体代谢产物的分析，中药挥发性成分、生物碱类药物的测定等。

(2)在环境监测中应用。空气和水中的污染物如挥发性有机化合物、芳烃的检测等，农作物中残留有机氯、有机磷农药的检测等。

(3)在食品卫生和工业中应用。食品油中溶剂残留量分析，食品添加剂的检测等。

(本实训项目编写人：王　充)

项目 40　可乐、咖啡、茶叶中咖啡因的高效液相色谱分析

一、预习要点

(1)反相液相色谱法。

(2)高效液相色谱仪的使用。

(3)色谱定量分析方法。

二、目的要求

(1)理解用高效液相色谱法测定可乐、咖啡、茶叶中咖啡因含量的原理。

(2)学会高效液相色谱仪的使用。

(3)学会用外标法绘制标准曲线，进行定量分析。

三、实训指导

咖啡因又称咖啡碱，属于黄嘌呤衍生物，化学名为 1,3,7-三甲基黄嘌呤，是从茶叶或咖啡中提取的一种生物碱。它能兴奋大脑皮层，使人精神亢奋。咖啡因在咖啡中的含量为 1.2%～1.8%，在茶叶中为 2.0%～4.7%，可乐饮料、APC 药品等均含有咖啡因。咖啡因的分子式为 $C_8H_{10}O_2N_4$，结构式如下：

在化学键合相色谱中，若流动相极性大于固定相极性，称为反相化学键合相色谱法。此法目前应用广泛，本实训项目采用反相液相色谱法，以 C_{18} 键合相色谱柱分离饮料中的咖啡因，用紫外检测器进行检测，以咖啡因标准系列溶液的色谱峰面积对其浓度作标准曲线，再根据试样中的咖啡因峰面积，由标准曲线算出浓度。

四、实训内容

1. 准备仪器和试剂

高效液相色谱仪，色谱柱(XDB-C_{18} 5μm，150mm×4.6mm)，进样器(10μL)，紫外检测器，烧杯(250mL)，电子天平，量筒(5mL、50mL 各 1 个)，容量瓶(50mL，3 个；100mL，1 个)，吸量管(5mL)，分液漏斗(125mL，3 个)，漏斗(干燥)。

甲醇(色谱纯)，重蒸馏水，氯仿(A.R.)，氢氧化钠(A.R.，1moL·L^{-1})，氯化钠(A.R.，饱和溶液)，无水硫酸钠(A.R.)，咖啡因标准液(1000mg·L^{-1})，可乐，咖啡，茶叶，滤纸。

2. 色谱条件

柱温：室温；流动相：甲醇/水(V/V)=60/40；检测波长：275nm；流量：1.0mL·min^{-1}。

3. 咖啡因标准系列溶液的配制

用吸量管分别移取 0.40mL、0.60mL、0.80mL、1.00mL、1.20mL、1.40mL 咖啡因标准液于 6 个 10mL 容量瓶中，分别用氯仿定容，摇匀。

4. 试样处理

(1)将约 100mL 可乐置于 250mL 烧杯中，剧烈搅拌 30min 或超声波脱气 15min，除尽 CO_2。

(2)准确称取 0.25g 咖啡，加蒸馏水溶解，在 100mL 容量瓶中定容，摇匀。

(3)准确称取 0.30g 茶叶，加 30mL 蒸馏水，煮沸 10min，冷却后，将上层清液转移至 100mL 容量瓶中。按此步骤再重复两次，最后定容，摇匀。

将上述 3 种试样溶液过滤(用干燥漏斗、干燥滤纸)，滤液备用。

分别移取上述试样滤液 50.00mL 于 125mL 分液漏斗中，分别加 1.0mL 饱和氯化钠溶液、2.0mL 1moL·L^{-1}氢氧化钠溶液，然后用 45mL 氯仿分 4 次萃取(分别用 15mL、10mL、10mL、

10mL)，将氯仿提取液合并，再经装有无水硫酸钠的小漏斗(在小漏斗颈部放一块脱脂棉，上面铺一层无水硫酸钠)脱水，过滤，滤液注入 50mL 容量瓶中，用少量氯仿分多次洗涤小漏斗，洗涤液合并于容量瓶中，定容，摇匀。

5. 绘制标准曲线

待液相色谱仪基线平直后，分别注入咖啡因标准系列溶液 10μL，重复两次，要求两次所得的咖啡因色谱峰面积基本一致。否则继续进样，直至每次进样色谱峰面积重复，记下峰面积和保留时间。

6. 试样测定

分别注入试样溶液 10μL，根据保留时间确定试样中咖啡因色谱峰的位置，重复进样两次，记下咖啡因色谱峰面积。根据咖啡因标准系列溶液的色谱图，绘制峰面积与浓度的标准曲线，再根据试样中咖啡因色谱峰面积，由标准曲线计算可乐、咖啡、茶叶中咖啡因的含量。

实训结束，按要求关好仪器。

五、实训思考

(1)用外标法绘制标准曲线进行定量分析的优缺点是什么？
(2)反相高效液相的特点有哪些？

六、实训拓展

高效液相色谱法具有高柱效、高选择性、分析速度快、灵敏度高、重现性好、应用范围广等优点，已成为现代分析技术的重要手段之一，目前在化学、化工、医药、生化、环保、农业、食品等科学领域获得广泛的应用。

(1)在生物化学和生物工程中的应用。例如，氨基酸、多肽、蛋白质、核碱、核苷、核苷酸和核酸、生物胺等的分析。

(2)在医药研究中的应用。常用药物如解热镇痛药、镇静药、安定药、心血管药、磺胺类消炎药等的检测，甾体药物、抗生素类药物、生物碱类药物、手性药物等的检测。

(3)在食品分析中的应用。例如，糖类、有机酸和甜味剂、维生素、食品添加剂等的检测。

(4)在环境分析中的应用。用于检测环境中存在的高沸点有机污染物，如多环芳烃、多氯联苯、有机氯农药、有机磷农药、氨基甲酸酯农药、含氮除草剂、苯氧基酸除草剂、酚类、胺类、黄曲霉素、亚硝胺等。

(5)在精细化工分析中的应用。例如，烷基季铵盐阳离子表面活性剂的检测，两性表面活性剂如脂肪酸(及酯)聚氧乙烯醚和壬基酚聚氧乙烯醚的检测等。

(本实训项目编写人：田宗明)

4.3　综合实训项目

项目 41　含锌药物的制备及其含量测定

一、预习要点

(1)含锌药物的制备及含量测定方法。

(2)过滤、蒸发、结晶、灼烧、滴定等基本操作(见 3.1 节、3.2 节、3.4 节)。

二、目的要求

(1)学会根据不同的制备要求选择工艺路线。

(2)学会含锌药物的制备及含量测定方法。

(3)学会过滤、蒸发、结晶、灼烧、滴定等基本操作。

三、实训指导

$ZnSO_4 \cdot 7H_2O$、ZnO、$Zn(Ac)_2$ 等都具有药物作用。

$ZnSO_4 \cdot 7H_2O$ 是无色透明、结晶性粉末,易溶于水($1g/0.6mL$)或甘油($1g/2.5mL$),不溶于乙醇。$ZnSO_4 \cdot 7H_2O$ 在医学上内服作催吐剂;外用可配制滴眼液($0.1\% \sim 1\%$),利用其收敛性可防止沙眼病;在制药工业上,是制备其他含锌药物的原料。

ZnO 是白色或淡黄色、无晶形柔软的细微粉末。在潮湿空气中,能缓慢吸水和 CO_2 变成碱式碳酸锌。它不溶于水或乙醇,但易溶于稀酸、氢氧化钠溶液。ZnO 是收敛消毒药,其粉剂、洗剂、糊剂或软膏等广泛用于治疗湿疹、藓等皮肤病。

乙酸锌 $Zn(Ac)_2 \cdot 2H_2O$ 是白色六边单斜片状晶体,有珠光,微具乙酸气味,溶于水($1g/2.5mL$)、沸水($1g/1.6mL$)及沸醇($1g/1mL$),其水溶液对石蕊试纸呈中性或微酸性。$0.1\% \sim 0.5\%$ 乙酸锌溶液可作洗眼剂,外用作消毒药,有收敛和缓和作用。

$ZnSO_4 \cdot 7H_2O$、ZnO、$Zn(Ac)_2$ 三者的制备、提纯和含量测定原理如下:

1. $ZnSO_4 \cdot 7H_2O$ 的制备、提纯和含量测定原理

$ZnSO_4 \cdot 7H_2O$ 的制备方法很多。工业上用闪锌矿为原料,在空气中煅烧氧化制备硫酸锌,然后用热水提取而得;在制药工业上由粗 ZnO(或闪锌矿焙烧的矿粉)与 H_2SO_4 作用制得。

$$ZnO + H_2SO_4 = ZnSO_4 + H_2O$$

此硫酸锌溶液含 Fe^{2+}、Mn^{2+}、Cd^{2+}、Ni^{2+} 等杂质,需除去。

(1)用 $KMnO_4$ 氧化,除去 Fe^{2+}、Mn^{2+}。

$$MnO_4^- + 3Fe^{2+} + 7H_2O = 3Fe(OH)_3\downarrow + MnO_2\downarrow + 5H^+$$

$$2MnO_4^- + 3Mn^{2+} + 2H_2O = 5MnO_2\downarrow + 4H^+$$

(2)用 Zn 粉置换,除 Cd^{2+}、Ni^{2+}。

$$CdSO_4 + Zn = ZnSO_4 + Cd$$

$$NiSO_4 + Zn = ZnSO_4 + Ni$$

除杂质后,硫酸锌溶液经浓缩、结晶得 $ZnSO_4 \cdot 7H_2O$ 晶体,可作药用。

$ZnSO_4 \cdot 7H_2O$ 含量可用 EDTA 滴定法来测定。测定时,调节溶液 pH=10,以铬黑 T 为指示剂,用 EDTA 标准溶液滴定 Zn^{2+}。其反应式如下:

滴定前　　　　　$Zn^{2+} + HIn^{2-}(纯蓝色) = ZnIn^-(紫红色) + H^+$

滴定时　　　　　　　$Zn^{2+} + H_2Y^{2-} = ZnY^{2-} + 2H^+$

终点时　　　$ZnIn^-(紫红色) + H_2Y^{2-} = ZnY^{2-} + HIn^{2-}(纯蓝色) + 2H^+$

2. ZnO 的制备原理

工业 ZnO 是在强热时使锌蒸气进入耐火砖室中与空气混合燃烧而成,其产品常含铅、砷

等杂质,不得供药用。

制备药用 ZnO 是在硫酸锌溶液中加入 Na_2CO_3 溶液碱化,产生碱式碳酸锌沉淀,再将沉淀经 250～300℃灼烧得到,其反应如下:

$$3ZnSO_4+3Na_2CO_3+4H_2O \longrightarrow ZnCO_3 \cdot 2Zn(OH)_2 \cdot 2H_2O\downarrow+3Na_2SO_4+2CO_2\uparrow$$

$$ZnCO_3 \cdot 2Zn(OH)_2 \cdot 2H_2O \xrightarrow{250～300℃} 3ZnO+CO_2\uparrow+4H_2O$$

ZnO 因不溶于水,需用酸溶解后,才能用 EDTA 配位滴定法测定其含量。

3. 乙酸锌的制备原理

乙酸锌可由纯 ZnO 与稀乙酸加热至沸过滤结晶而制得。

$$2HAc+ZnO \longrightarrow Zn(Ac)_2+H_2O$$

四、实训内容

1. 准备仪器和试剂

烧杯(100mL、400mL 各 2 个),容量瓶(250mL),移液管(25mL),酸碱两用滴定管(25mL),胶头滴管,量筒(10mL,50mL),托盘天平,电子天平,减压过滤装置,蒸发浓缩装置,中速滤纸(9cm),pH 试纸,点滴板等。

粗 ZnO(工业级),纯 Zn 粉,镉试剂($0.2g \cdot L^{-1}$),丁二酮肟试剂,KOH($2mol \cdot L^{-1}$),铬黑 T(s),H_2SO_4($2mol \cdot L^{-1}$、$3mol \cdot L^{-1}$),乙酸($3mol \cdot L^{-1}$),盐酸($6mol \cdot L^{-1}$),氨水($6mol \cdot L^{-1}$),$KMnO_4$($0.5mol \cdot L^{-1}$),Na_2CO_3($0.5mol \cdot L^{-1}$),EDTA($0.01mol \cdot L^{-1}$,已标定),$NH_3 \cdot H_2O$-NH_4Cl 缓冲溶液(pH=10),氨水(1:1)等。

2. 实训步骤

(1)$ZnSO_4 \cdot 7H_2O$ 的制备。

(i)$ZnSO_4$ 溶液的制备。称取 30g 粗 ZnO 置于 400mL 烧杯中,加入 125mL $3mol \cdot L^{-1} H_2SO_4$,在不断搅拌下,加热并维持 90℃至 ZnO 溶解(在此过程中注意补充蒸馏水,保持原体积),再加 ZnO 调节溶液 pH≈4,趁热减压过滤,滤液置于 400mL 烧杯中。

(ii)氧化除去 Fe^{2+}、Mn^{2+} 杂质。将步骤(i)得到的滤液加热至 80～90℃后,滴加 $0.5mol \cdot L^{-1}$ $KMnO_4$ 至呈微红色时停止加入,继续加热至溶液为无色,并控制溶液 pH≈4,趁热减压过滤,弃去铁、锰化合物残渣。滤液置于 400mL 烧杯中。

(iii)置换除 Cd^{2+}、Ni^{2+} 杂质。将上述滤液加热至 80℃左右,在不断搅拌下,分批加入 1g 纯 Zn 粉,反应 10min 后,检查溶液中 Cd^{2+}、Ni^{2+} 是否除尽,如未除尽,可补加少量 Zn 粉,直至 Cd^{2+}、Ni^{2+} 等杂质除尽(在此过程中注意补充蒸馏水,保持原体积),冷却,减压过滤,滤液置于 400mL 烧杯中。

Cd^{2+} 的检查:在定量滤纸上,加 1 滴 $0.2g \cdot L^{-1}$ 镉试剂,烘干,再加 1 滴供试液,烘干,加 1 滴 $2mol \cdot L^{-1}$ KOH,则斑点呈红色,表示有 Cd^{2+} 存在。

Ni^{2+} 的检查:取 1 滴供试液于点滴板上,加 2 滴丁二酮肟试剂,生成鲜红色沉淀,表示有 Ni^{2+} 存在。

(iv)$ZnSO_4 \cdot 7H_2O$ 结晶。取上述滤液 1/3 至 100mL 烧杯中,滴加 $3mol \cdot L^{-1} H_2SO_4$ 调节至溶液 pH≈1,将溶液转移至洁净的蒸发皿中,水浴加热蒸发至液面出现晶膜后,停止加热，冷却结晶，减压过滤，晶体用滤纸吸干后称量，计算产率。

(2)ZnO 的制备。量取剩余精制后的 $ZnSO_4$ 滤液置于 100mL 烧杯中，边搅拌边缓慢加入 0.5mol·L^{-1} Na_2CO_3 至溶液 pH≈7，随后加热煮沸 15min，有颗粒状沉淀析出。用倾析法弃去上层溶液，用热水洗涤沉淀至无 SO_4^{2-}，滤干沉淀，于 50℃烘干。

将上述碱式碳酸锌沉淀置于坩埚(或蒸发皿)中，于 250～300℃煅烧，并不断搅拌至取出少许反应物，投入稀酸中无气泡发生时，停止加热，放置冷却，得细粉状白色 ZnO 产品，称量，计算产率。

(3)$Zn(Ac)_2$·$2H_2O$ 的制备。称取 3g 粗 ZnO 置于 100mL 烧杯中，加 20mL 3mol·L^{-1} 乙酸，搅拌均匀后，加热至沸，趁热减压过滤，滤液静置，结晶，得粗制品。粗制品加少量水使其溶解后，再结晶，得精制品，吸干后称量，计算产率。

(4)$ZnSO_4$·$7H_2O$ 含量测定和计算。准确称取 $ZnSO_4$·$7H_2O$ 试样(产品)0.50～0.60g 置于 100mL 烧杯中，加水 40mL，搅拌使之溶解后，定容于 250mL 容量瓶中，摇匀。准确移取 25.00mL 上述配制好的溶液置于 250mL 锥形瓶中，滴加 1∶1 氨水至开始出现白色沉淀，再加 10mL pH=10 NH_3·H_2O-NH_4Cl 缓冲溶液、20mL 水及少许铬黑 T，用 0.01mol·L^{-1} EDTA 标准溶液滴定至溶液由紫红色变为纯蓝色。根据消耗 EDTA 的浓度和体积，按下式计算 $ZnSO_4$·$7H_2O$ 含量：

$$w(ZnSO_4·7H_2O) = \frac{c(EDTA)·V(EDTA)·M(ZnSO_4·7H_2O)×10^{-3}}{\frac{1}{10}×m_s}×100\%$$

(5)ZnO 的含量测定。准确称取 ZnO 试样(产品)0.15～0.2g 置于 100mL 烧杯中，加 3mL 6mol·L^{-1} 盐酸溶液，微热溶解后，于 250mL 容量瓶中定容，摇匀。准确移取 25.00mL 上述溶液置于 250mL 锥形瓶中，滴加 1∶1 氨水至开始出现白色沉淀，再加 10mL pH=10 NH_3·H_2O-NH_4Cl 缓冲溶液、20mL 水及少许铬黑 T，用 0.01mol·L^{-1} EDTA 标准溶液滴定至溶液由紫红色变为纯蓝色。计算 ZnO 的含量。

五、实训思考

(1)在精制 $ZnSO_4$ 溶液时，为什么要用 $KMnO_4$ 氧化 Fe^{2+}？可用其他氧化剂代替吗？

(2)除 Fe^{2+}、Mn^{2+} 杂质时，为什么要控制 pH≈4？如何调节溶液 pH？

(3)如何检查溶液中 Cd^{2+}、Ni^{2+} 是否除尽？

(4)煅烧碱式碳酸锌至取出少许产物投入稀酸中无气泡产生时，说明了什么？

六、实训拓展

选择无机化合物合成路线的基本原则：

(1)无机化合物合成的基础是无机化学反应。判断反应的可行性要运用热力学和化学平衡理论，根据元素在周期表中的位置及其性质进行定性判断；运用各种化学平衡常数及热力学数据进行定量判断；运用平衡移动原理提高反应产率，同时要特别注意动力学因素对反应的影响，创造适宜的反应条件。

(2)无机化合物合成的目的是制备具有一定性质和规定质量标准的产品。因此要综合考虑产品的分离和提纯过程，这往往是无机化合物制备的关键。

(3)合成路线的先进性要求工艺简单，原料价廉、易得，成本低，转化率高，产品质量好。

同时对环境污染尽可能的少，生产安全性好，尤其要注意节约能源和保护环境。

（本实训项目编写人：钟国清）

项目 42　从工业废盐泥中提取 $MgSO_4 \cdot 7H_2O$ 及其含量测定

一、预习要点

(1) 从工业废盐泥中提取有效成分的方法。

(2) 溶解、过滤、蒸发、结晶、滴定等基本操作(见 3.1 节、3.2 节、3.4 节)。

二、目的要求

(1) 学会从工业废盐泥中提取有效成分的方法。

(2) 学会无机化合物制备操作和滴定分析基本技能。

(3) 培养利用所学知识综合解决实际问题的能力。

三、实训指导

盐泥是氯碱工业中的废渣，分为一次盐泥和二次盐泥。一次盐泥含有镁、钙、铁、铝、锰的硅酸盐和碳酸盐等成分，其中含镁[以 $Mg(OH)_2$ 计]为 10%~15%。本实训项目从一次盐泥中提取 $MgSO_4 \cdot 7H_2O$，可综合利用资源，保护环境。

实训中通过酸解将工业废盐泥中金属离子溶出，与不溶性硅酸盐等杂质分离，再加次氯酸钠氧化，并调节 pH 为 5~6，使铁、铝、锰等形成氢氧化物沉淀而分离，最后将含镁滤液浓缩结晶，即可得 $MgSO_4 \cdot 7H_2O$。产品 $MgSO_4 \cdot 7H_2O$ 的含量用 EDTA 滴定法测定。

四、实训内容

1. 准备仪器和试剂

托盘天平，电子天平，烧杯(400mL、200mL、100mL)，量筒(100mL)，容量瓶(250mL)，移液管(25mL)，培养皿，减压过滤装置，蒸发浓缩装置，滴定分析仪器等。

工业废盐泥(26g)，H_2SO_4(6mol·L^{-1})，NaClO 溶液，铬黑 T(s)，钙指示剂，$NH_3 \cdot H_2O$-NH_4Cl 缓冲溶液(pH=10)，NaOH(10%)，丙酮，三乙醇胺(25%)，EDTA 标准溶液(0.01mol·L^{-1}，已标定)等。

2. $MgSO_4 \cdot 7H_2O$ 的制备

称取 26g 工业废盐泥置于 400mL 烧杯中，加 120mL 水，搅拌成浆，滴加 6mol·L^{-1} H_2SO_4(约 18mL)，边滴加边充分搅拌，同时要防止浆料外溢。待观察到反应产生的气体较少时，开始加热，并继续滴加 H_2SO_4 调节溶液至 pH 为 1~2，加热微沸 20~30min，保持溶液体积和 pH。待反应完全后，趁热抽滤，用少量温水淋洗，滤渣弃去(滤渣应倒入垃圾槽中，切勿倒入水槽，以防堵塞、腐蚀下水道)。滤液置于 200mL 烧杯中，加 NaClO 溶液调节 pH 为 5~6，加热 5~10min，使溶液产生深褐色沉淀，控制溶液体积为 80~100mL，立即趁热抽滤，用少量温水淋洗(滤液若发黄，则需再加 NaClO 溶液，重复上述操作)。滤渣弃去，滤液置于蒸发皿中，加热浓缩至黏稠状，冷却结晶，抽滤，晶体用 15mL 丙酮洗涤。将晶体置于培养皿中，在通风橱内晾 30min，称量，计算回收率。

3. MgSO₄·7H₂O 中镁的含量测定

(1)镁、钙总量的测定。准确称取一定量(0.40~0.50g)晾干的 $MgSO_4 \cdot 7H_2O$ 产品于 100mL 烧杯中，加水溶解，定量转移至 250mL 容量瓶中，稀释至刻度，摇匀。

准确移取 25.00mL 上述溶液置于 250mL 锥形瓶中，加入 2mL 25%三乙醇胺，再加入 10mL pH=10 $NH_3 \cdot H_2O$-NH_4Cl 缓冲溶液，摇匀，加入少许铬黑 T，用 0.01mol·L⁻¹ EDTA 标准溶液滴定至溶液颜色由酒红色变为纯蓝色。记录 EDTA 消耗的体积 V_1(mL)。

(2)$MgSO_4 \cdot 7H_2O$ 含量的测定。准确移取 25.00mL 上述溶液置于 250mL 锥形瓶中，用 10% NaOH 调节 pH 为 12.5(约 4mL)，使 Mg^{2+} 产生 $Mg(OH)_2$ 沉淀，加入 10 滴钙指示剂，用 0.01mol·L⁻¹ EDTA 标准溶液滴定至溶液颜色由酒红色变为纯蓝色。记录 EDTA 消耗的体积 V_2(mL)。由 V_1、V_2 之差，按下式计算 $MgSO_4 \cdot 7H_2O$ 含量：

$$w(MgSO_4 \cdot 7H_2O) = \frac{c(\text{EDTA}) \cdot (V_1 - V_2) \cdot M(MgSO_4 \cdot 7H_2O) \times 10^{-3}}{\frac{1}{10} \times m_s} \times 100\%$$

五、实训思考

(1)在制备 $MgSO_4 \cdot 7H_2O$ 时，加入 NaClO 的作用是什么？

(2)本实验如何除去钙、铁、铝、锰等杂质？

(3)如何控制温度条件才能得到 $MgSO_4 \cdot 7H_2O$ 晶体？

六、实训拓展

环境是人类生存和发展的基本条件，是物质文明建设的基础。我国既是生产大国，又是废渣排放大国，从废渣中提取有效成分，变废为宝是保护环境、维持可持续发展的重要措施。从工业废盐泥中提取 $MgSO_4 \cdot 7H_2O$，废旧干电池的综合利用等都是变废为宝的典型实例。本实训项目许多操作技术均可应用于从其他废渣中提取、分离、提纯和检测有效成分。

(本实训项目编写人：杨小持)

项目 43　乙酸乙酯的制备

一、预习要点

(1)酯化反应及其条件。

(2)蒸馏、萃取、洗涤、干燥等基本操作(见 3.2 节)。

二、目的要求

(1)学会用酯化反应制备乙酸乙酯。

(2)学会蒸馏、萃取、洗涤和干燥等基本操作。

(3)学会安装常见的合成装置，合成有机化合物，并拆卸装置。

三、实训指导

乙酸乙酯由浓硫酸、乙酸和乙醇加热回流制备。由于反应体系中还含有硫酸、乙酸、乙醇和副产物乙醚等，需进行纯化才能得到纯产品。

主反应　　$CH_3COOH + CH_3CH_2OH \underset{110\sim120℃}{\overset{\text{浓}H_2SO_4}{\rightleftharpoons}} CH_3COOCH_2CH_3 + H_2O$

副反应　$2CH_3CH_2OH \underset{140℃}{\overset{浓H_2SO_4}{\rightleftharpoons}} CH_3CH_2OCH_2CH_3 + H_2O$

$CH_3CH_2OH \underset{170℃}{\overset{浓H_2SO_4}{\longrightarrow}} CH_2{=}CH_2 + H_2O$

酯化反应是可逆反应，提高产率的措施有两种：一是加入过量乙醇；二是在反应过程中不断蒸出生成的产物和水，促进平衡向酯化的方向移动。

$$酯的产率=(实际产量/理论产量)\times100\%$$

理论产量由反应开始时物质的量最小的反应物通过有机反应计量关系来计算。

四、实训内容

1. 准备仪器和试剂

三颈烧瓶(125mL，干燥)，圆底烧瓶(100mL、50mL各一个，干燥)，量筒(50mL)，恒压滴液漏斗，分馏柱，直形冷凝管，分液漏斗，蒸馏头，温度计(150℃，两支)，接液管，锥形瓶(干燥)，电热套，滤纸，阿贝折光仪等。

无水乙醇(20mL)，冰醋酸(12mL)，浓硫酸(5mL)，饱和碳酸钠溶液，饱和食盐水，饱和氯化钙溶液，无水硫酸钠，丙酮或无水乙醇(少量，清洗折光仪棱镜面用)。

2. 操作步骤

在125mL干燥三颈烧瓶中，加10mL(0.34mol)无水乙醇，然后小心地分批次加入5mL浓硫酸，混匀，并放入两三粒沸石。按图4-3安装反应装置，恒压滴液漏斗盛10mL(0.34mol)无水乙醇和12mL冰醋酸(12.6g，0.21mol)混合液。温度计水银球浸入液面离烧瓶底0.5～1cm处。中间口装配分馏柱、蒸馏头、温度计及直形冷凝管，末端连接液器。

用电热套缓慢加热，使三颈烧瓶中反应温度升至110～120℃。此时应有馏出液从接液管流出，再从滴液漏斗缓慢滴加混合液。控制滴加速度和馏出速度大致相等，维持反应温度110～120℃，约30min滴加完毕，继续加热蒸馏数分钟，直至不再有液体馏出。

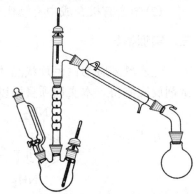

图 4-3　滴加蒸出反应装置

在馏出液中加10mL饱和碳酸钠溶液，小心振荡。将溶液转入分液漏斗中，静置分出下层水溶液。有机层依次用10mL饱和食盐水、10mL饱和氯化钙溶液、10mL饱和食盐水洗涤。放出下层废液，从分液漏斗上口将乙酸乙酯转入干燥锥形瓶中，加1～2g无水硫酸钠，加盖间歇振荡，干燥30min。将干燥后的粗乙酸乙酯滤入50mL圆底烧瓶中，装配普通蒸馏装置，加热蒸馏，收集73～78℃馏分，称量，计算产率。

纯乙酸乙酯是具有果香的无色透明液体，沸点为77.1℃，折光率 n_D^{20} 为1.3723。测定本实训项目得到的产品折光率与纯品比较。

本实训项目完成所需时间为5～6h。

五、实训思考

(1)酯化反应有什么特点？在实验中怎样才能使酯化反应尽量向酯化方向进行？

(2)粗产品中含有哪些杂质？如何将它们除去？

六、实训拓展

采用微型仪器制备乙酸乙酯，操作简便，省时，安全，产率高。操作步骤如下：

在干燥的 5mL 圆底烧瓶中加 1.5mL(0.026mol)无水乙醇和 1mL(0.017mol)冰醋酸，然后小心地加入 1.0mL 浓硫酸，混匀后，加入沸石，装上微型冷凝管和干燥管。用电热套加热(控制反应温度为 110～125℃)保持回流 20～25min，瓶内反应混合物冷却后，将回流装置改成蒸馏装置，加热蒸出乙酸乙酯，直到馏出液体积约为反应物体积的 2/3，得乙酸乙酯粗产品 1.50mL。再精制得到纯乙酸乙酯 0.99g(1.10mL)，产率为 63%。

此外，采用微波辐射技术代替传统的加热方法，能减少试剂用量，大大缩短反应时间，使实训操作得到简化，同时提高产率和实训安全性，节约能源。

(本实训项目编写人：陈静静)

<h2 align="center">项目 44　乙酰苯胺的制备</h2>

一、预习要点

(1)酰基化反应及酰基化试剂。
(2)酰基化反应制备乙酰苯胺。

二、目的要求

(1)理解用酰基化反应制备乙酰苯胺的原理和方法。
(2)学会有机合成中易氧化基团的保护方法。

三、实训指导

纯乙酰苯胺为白色片状晶体，m.p. 114.3℃，用苯胺与乙酰氯、乙酸酐或冰醋酸等酰基化试剂反应制得。本实训项目用以下两种方法制备乙酰苯胺。

方法一　$\text{C}_6\text{H}_5\text{NH}_2 + \text{CH}_3\text{COOH} \longrightarrow \text{C}_6\text{H}_5\text{NHCOCH}_3 + \text{H}_2\text{O}$

方法二　$\text{C}_6\text{H}_5\text{NH}_2 + (\text{CH}_3\text{CO})_2\text{O} \xrightarrow[\text{CH}_3\text{COONa}]{\text{HCl}} \text{C}_6\text{H}_5\text{NHCOCH}_3$

实训关键：圆底烧瓶上加装刺形分馏柱，更有利于乙酰苯胺合成；反应过程中，控制温度有利于反应进行；重结晶提纯乙酰苯胺。

四、实训内容

1. 准备仪器和试剂

圆底烧瓶(150mL)，刺形分馏柱，接液管，锥形瓶(以上仪器的接口均为能配套的标准磨口)，温度计(150℃)，锥形瓶(250mL)，电热套，烧杯(400mL、250mL、100mL)，量筒(50mL)，量杯(5mL)，抽滤装置，熔点测定装置，托盘天平等。

苯胺(10mL、4.6mL，新蒸馏过)，冰醋酸(17mL)，锌粉(0.1g)，乙酸酐(5.2mL)，乙酸钠

(4.51g)，浓盐酸(4.5mL)，冰，活性炭等。

2. 操作步骤

1) 乙酰苯胺的合成

(1) 方法一。

量取 10mL 苯胺置于 150mL 圆底烧瓶中，加 17mL 冰醋酸和 0.1g 锌粉。在圆底烧瓶上安装刺形分馏柱，插上温度计，装上接液管和锥形瓶，并用冰水冷却锥形瓶。小火加热圆底烧瓶至反应混合物保持微沸约 15min，然后逐渐升高温度，当温度计温度升至 100℃ 左右时，刺形分馏柱支管有液体流出。小心控制加热速度，保持温度计读数为 100～110℃，维持 60min。当反应生成的水及少量冰醋酸被蒸出，温度计读数迅速下降时(在圆底烧瓶内液面上方可观察到白色雾状蒸气)，表明反应已完成。停止加热，依次拆卸接液管、温度计、分馏柱等。

趁热将圆底烧瓶内液体倒入盛有 250mL 冷水的烧杯中，继续搅拌至冷却，析出粗制的乙酰苯胺细粒状晶体。抽滤，用少量冷水(5～10mL)洗涤晶体，即得乙酰苯胺粗品。

(2) 方法二。

在 250mL 锥形瓶中加 125mL 水和 4.5mL 浓盐酸，振荡混匀后，加 4.6mL(4.65g，0.05mol)苯胺，摇匀。

在 100mL 烧杯中加 25mL 水，再加 4.51g(0.055mol)乙酸钠。

加热苯胺盐酸盐溶液至 50℃ 后，加 5.2mL(5.6g，0.055mol)乙酸酐，振荡混匀。尽快一次性加入乙酸钠溶液，振荡混匀，并将其置于冰水浴中。20min 后，抽滤，用少量冰水洗涤晶体，即得乙酰苯胺粗品。

2) 乙酰苯胺的精制

将乙酰苯胺粗品小心地倒入 250mL 煮沸的水中，继续加热搅拌，待油状物完全溶解后，停止加热，稍冷后加入 5g 活性炭，再搅拌加热至平稳沸腾 1～2min。趁热小心将溶液抽滤，将滤液冷却静置，析出白色片状晶体，晶体析出完全后，再次抽滤，并用少量冷水洗涤晶体两三次，抽干后将结晶干燥，即得纯净的乙酰苯胺。称量，计算产率，并测定其熔点。

注意事项：

(1) 苯胺有毒，能经皮肤被吸收，使用时小心。

(2) 方法一，加少量锌粉的目的是防止苯胺在反应过程中被氧化。

(3) 方法二，合成反应在水溶液中进行，苯胺在水中溶解度为 $3.4g \cdot 100mL^{-1}$，加入浓盐酸，使其成为苯胺盐酸盐，可增加其在水中的溶解度，但是在酸性条件下苯胺亲核性下降，为此加入乙酸钠，苯胺盐酸盐部分被中和，使苯胺既有一定亲核性又在水中有一定溶解度。

(4) 苯胺与乙酸酐的反应应尽快发生，以防止乙酸酐与水反应生成乙酸，为此，乙酸酐一旦溶解，应立即将乙酸钠加入反应瓶中。

五、实训思考

(1) 方法一中，反应时为什么要控制分馏柱上端温度为 100～110℃？

(2) 方法一中，根据理论计算，反应完成时应产生几毫升水？为什么实际收集的液体远多于理论量？

(3) 用乙酸直接酰基化和用乙酸酐进行酰基化各有什么优缺点？除此之外，还有哪些乙酰化试剂？

(4)方法二中，加入盐酸和乙酸钠的目的是什么？

六、实训拓展

酰氯、酸酐或与冰醋酸均为酰基化试剂。冰醋酸试剂易得，价格便宜，但需要较长反应时间，适合于较大规模的制备。酸酐与苯胺酰基化时，常伴有二乙酰胺[ArN(COCH$_3$)$_2$]副产物生成，但如果在乙酸-乙酸钠缓冲溶液中进行酰基化，由于酸酐水解速率比酰基化速率慢，可得到高纯度产物。一般来说，酸酐作为酰基化试剂比酰氯更好。

(本实训项目编写人：王有龙)

项目 45　八角茴香油的提取分离与鉴定

一、预习要点

(1)水蒸气蒸馏的原理和应用。
(2)水蒸气蒸馏装置的安装及其操作(见 3.2.4)。

二、目的要求

(1)理解水蒸气蒸馏原理和应用。
(2)学会水蒸气蒸馏装置的安装及其操作。

三、实训指导

八角茴香属常绿乔木，是我国特产的芳香植物，主要分布在广西、广东、贵州、云南等省区。八角茴香含有一种精油，称为八角茴香油，简称为茴油，它是无色或淡黄色液体，有茴香气味，密度为 0.980~0.994g·cm^{-3}(15℃)，折光率为 1.553~1.560(20℃)，溶于乙醇和乙醚，可由八角茴香果实或枝叶经水蒸气蒸馏而得。茴油中主要成分是茴香脑，可用作配制饮料、食品、烟草等的增香剂，在医药方面也有应用。

水蒸气蒸馏是分离和纯化有机化合物的常用方法之一。常用于下列几种情况：
(1)在常压下蒸馏易发生分解的高沸点有机化合物。
(2)混合物中含有大量树脂状杂质或不挥发性杂质，采用一般蒸馏、萃取等难于分离。
(3)从较多的固体反应物中分离出被吸附的液体。
本实训项目提取茴油的方法是用水蒸气蒸馏法提取挥发油的通用方法。

本实训项目中收集到的挥发油可用一些检出试剂在薄层色谱板上进行点滴试验，从而了解组成茴油的成分类型。茴油中各类成分的极性互不相同，一般不含氧的烃类和萜类化合物极性较小，在薄层色谱板上可被石油醚较好地展开；而含氧的烃类和萜类化合物极性较大，不易被石油醚展开，但可被石油醚与乙酸乙酯的混合溶剂较好地展开。为了使挥发油中各成分能在一块薄层色谱板上进行分离，常采用单向二次色谱法展开分离。

四、实训内容

1. 准备仪器和试剂

水蒸气发生器，三颈烧瓶(1000mL)，锥形瓶(250mL)，直形冷凝管，蒸馏弯头，接液管，长玻璃管(50cm)，T 形管，螺旋夹，托盘天平，量筒(50mL)，沸石，冰箱，硅胶 G 薄层色谱板，硅胶 H-CMC-Na 薄层色谱板等。

八角茴香(50g)，乙醚，NaCl 固体，柠檬油，丁香油，薄荷油，樟脑油，桉叶油，松节油，三氯化铁试剂，2,4-二硝基苯肼试剂，碱性高锰酸钾试剂，香草醛-浓硫酸试剂，0.05%溴酚蓝试剂，硝酸铈铵试剂，石油醚(30～60℃)，乙酸乙酯，荧光素-溴试剂，0.05%溴甲酚绿乙醇试剂等。

2. 操作步骤

(1)八角茴香油的提取。

按图 3-37 安装水蒸气蒸馏装置。在水蒸气发生器中加入约占其容积 2/3 的热水，并加入数粒沸石。称取 50g 八角茴香，捣碎，加到 1000mL 三颈烧瓶中，并加水 500mL。

检查装置是否漏气，待装置不漏气后，旋开 T 形管螺旋夹，加热至沸腾。当有大量水蒸气从 T 形管支管逸出时，立即将螺旋夹旋紧。这时水蒸气进入三颈烧瓶开始蒸馏(可看到烧瓶中物质有翻腾现象)。在蒸馏过程中，如水蒸气冷凝而使三颈烧瓶内液体量增加，以致超过三颈烧瓶容积 1/3 或者水蒸气蒸馏速度不快时，可用小火加热三颈烧瓶(或者先将三颈烧瓶中混合物预热至接近沸腾，然后通入水蒸气)。但在加热过程中，要注意三颈烧瓶内的溅跳现象，如果溅跳剧烈，则不应加热，以免发生意外。蒸馏速度以每秒 2～3 滴为宜。

在操作时，要随时注意安全管中水柱是否发生不正常上升现象，以及烧瓶中溶液是否发生倒吸现象，蒸馏部分混合物翻腾是否厉害。若发生不正常，应立即旋开螺旋夹，移去热源，找出原因加以排除，才能继续蒸馏。

当馏出液澄清透明不再浑浊时，即可停止蒸馏，时间约 2h，提取得到的乳化液约 200mL。此时应先旋开 T 形管螺旋夹，移去热源，冷却后，拆卸装置。

(2)八角茴香油的分离与提纯。

将提取得到的乳化液转移至 500mL 分液漏斗中，加入 15g NaCl 固体，摇匀静置。由于 NaCl 固体溶于水层，较高浓度的 NaCl 溶液使水层加重而易与较轻的油层分离。待分层后，从分液漏斗下口弃去水层。

将上层油层用 100mL 乙醚萃取，从下层弃去水层，从上口倒出挥发油乙醚液，收集于 250mL 锥形瓶中。将锥形瓶置于冰箱中放置 1h，析出晶体，减压抽滤，晶体为茴香脑，滤液为析出茴香脑后的八角茴香油。

(3)八角茴香油的鉴定。

(ⅰ)油斑试验。取挥发油适量滴于滤纸片上，常温下(或加热烘烤)观察油斑是否消失。

(ⅱ)挥发油薄层色谱板点滴反应。取硅胶 G 薄层色谱板 1 块，用铅笔按表 4-17 画线。将挥发油试样用 5～10 倍体积的乙醇稀释后，用毛细管分别滴加于每排小方格中，再将各种检出试剂用滴管分别滴于各挥发油试样斑点上，观察颜色变化。初步推测每种挥发油中可能含有的化学成分类型。

表 4-17　八角茴香油的鉴定

试样　　＼　　试剂	1	2	3	4	5	6
八角茴香油						
柠檬油						
丁香油						
薄荷油						

续表

试剂 试样	1	2	3	4	5	6
樟脑油						
桉叶油						
松节油						
空白对照						

注：1. 三氯化铁试剂；2. 2,4-二硝基苯肼试剂；3. 碱性高锰酸钾试剂；4. 香草醛-浓硫酸试剂；5. 0.05%溴酚蓝试剂；6. 硝酸铈铵试剂。

(iii) 挥发油薄层色谱单向二次展开检识。取硅胶 H-CMC-Na 薄层板 (6cm×15cm) 一块，在距底边 1.5cm 及 8cm 处分别用铅笔画起始线和中线。将八角茴香油溶于丙酮，用毛细管点于起始线上呈一长条形，先用石油醚 (30~60℃)-乙酸乙酯 (85:15) 为展开剂展开至薄层板中线处取出，挥去展开剂，再放入石油醚 (30~60℃) 中展开至接近薄层板顶端时取出，挥去展开剂后，分别用下列几种显色剂喷雾显色。

① 1%香草醛-硫酸试剂：可与挥发油产生紫色、红色等；

② 荧光素-溴试剂：如产生黄色斑点，表明含有不饱和化合物；

③ 2,4-二硝基苯肼试剂：如产生黄色斑点，表明含有醛或酮类化合物；

④ 0.05%溴甲酚绿乙醇试剂：如产生黄色斑点，表明含有酸性化合物。

观察斑点的数量、位置及颜色，推测每种挥发油中可能含有化学成分的种类及数量。

五、实训思考

(1) 水蒸气蒸馏的基本原理是什么？与一般蒸馏有何不同？水蒸气蒸馏适合于分离哪些混合物？

(2) 安全管和 T 形管各起什么作用？在水蒸气蒸馏前，为什么要先打开 T 形管？

(3) 在水蒸气蒸馏过程中，要经常检查什么？若安全管中水位上升很高，应如何处理？

(4) 停止水蒸气蒸馏应如何操作？为什么？

(5) 利用点滴反应识别挥发油组成的优点是什么？

(6) 单向二次展开薄层色谱法识别挥发油中各成分时，为什么第一次展开所用的展开剂的极性最好大于第二次展开所用的展开剂的极性？单向二次展开薄层色谱法有什么优点？

六、实训拓展

在植物性天然香料生产中，水蒸气蒸馏是最常用的一种技术，该方法的特点是设备简单、容易操作、成本低、产量大。绝大多数芳香植物均可以用水蒸气蒸馏方法生产精油。但水蒸气蒸馏提取过程时间长、温度高、系统开放，其过程易造成热不稳定及易氧化成分的破坏及挥发损失，对部分组分有破坏作用。

目前超临界流体萃取 (superitical fluid extraction，SFE) 技术是一种新型的提取分离技术，它具有低温下提取、没有溶剂残留和可以选择性分离等特点，在国内外已广泛应用于香料、食品、中药等领域。

CO_2 是最常用的超临界流体，超临界 CO_2 萃取 (SCFE) 技术具有萃取能力强，提取率高；操作温度低，提取成分完好不被破坏；萃取工艺、流程简单；操作方便；生产周期短等特点。

超临界 CO_2 还具有抗氧化、灭菌作用，有利于保证产品质量。用 SCFE 法萃取香料不仅可以有效地提取芳香组分，而且还可以提高产品纯度，保持其天然香味。例如，从桂花、茉莉花、菊花、梅花、米兰花、玫瑰花中提取花香精，从胡椒、肉桂、薄荷中提取香辛料，从芹菜籽、生姜、芫荽籽、茴香、砂仁、八角、孜然等原料中提取精油，它们不仅可以用作调味香料，而且一些精油还具有较高的药用价值。

（本实训项目编写人：王有龙）

项目 46　黄连中黄连素的提取分离及其紫外光谱分析

一、预习要点

(1) 水溶性生物碱的提取原理和方法。

(2) 索氏提取器的使用和减压蒸馏（见 3.2.3、3.2.4）。

二、目的要求

(1) 理解从中草药中提取生物碱的原理和方法。

(2) 学会索氏提取器连续提取和减压蒸馏操作。

(3) 学会用紫外光谱确定有机化合物结构。

三、实训指导

黄连为我国特产药材之一，有很强的抗菌能力，对急性结膜炎、口疮、急性细菌性痢疾、急性肠胃炎等均有良好疗效。黄连中含有多种生物碱，其中以黄连素（俗称小檗碱）为主要有效成分，一般黄连中黄连素含量为 4%～10%。

黄连素为黄色针状晶体，微溶于水和乙醇，易溶于热水和热乙醇，几乎不溶于乙醚，黄连素存在 3 种互变异构体。

醇式　　　　　　　　　　　　　　　　醛式　　　　　　　　　　　　　　　　季铵碱式

黄连素在自然界中多以季铵碱形式存在，其盐酸盐、氢碘酸盐、硫酸盐、硝酸盐均难溶于冷水，易溶于热水，其各种盐纯化都比较容易。

本实训项目用索氏提取器从黄连（或黄柏）中提取黄连素，再用减压蒸馏分离。

黄连素分子结构中含有取代的苯环和异喹啉环，能用紫外光谱法测定。

四、实训步骤

1. 准备仪器和试剂

索氏提取器，圆底烧瓶（250mL），克氏蒸馏头，温度计，冷凝管，布氏漏斗，真空泵，电热套，托盘天平，滤纸，研钵，量筒（50mL），岛津 UV-2550 型紫外光谱仪，擦镜纸，样品刮刀等。

黄连（或黄柏），乙醇（95%），乙酸（1%），浓盐酸，丙酮（A.R.），冰水等。

2. 操作步骤

(1) 黄连素的提取。

称取 10g 黄连(或黄柏),切碎磨烂,用滤纸包卷成筒状,装入索氏提取器(图 3-33)滤纸套筒中,并加适量 95%乙醇(加到虹吸管刚好溢流时,再多加 20mL)。加热回流,直到溢流液颜色很淡或无色,提取器套筒中大部分溶剂尚未发生溢流时,停止加热,时间为 2~3h。

将圆底烧瓶中的提取液在真空泵抽气减压下蒸馏,蒸去大部分乙醇(回收),直至呈棕红色糖浆状。加 1%乙酸(30~40mL),加热溶解,趁热抽滤,除去不溶物。在滤液中滴加浓盐酸(约 10mL),至溶液浑浊为止。放置,并用冰水冷却,即有黄色针状晶体黄连素盐酸盐析出,抽滤,结晶用冰水洗涤两次,再用丙酮洗涤两次,可得黄连素盐酸盐粗产品。

将粗产品(未干燥)放入 100mL 烧杯中,加 30mL 水,加热至沸,搅拌几分钟,趁热抽滤,滤液用盐酸调节 pH 为 2~3,室温下放置几小时,有较多橙黄色结晶析出后,抽滤,滤渣用少量冷水洗涤两次,在 60℃烘干即得成品。

(2) 黄连素的紫外光谱测定。

开启紫外光谱仪,仪器自检,进入"WinUV"窗口。选择"光谱测量"方式,打开"光谱测量"工作窗口。设定参数:扫描范围为 600~200nm;扫描速度为中速;测定方式为"Abs"等。

将去离子水注入石英比色皿,用擦镜纸轻轻擦干比色皿外壁,插入比色皿架,单击命令条上的"base line",作基线校正。取去比色皿,用样品刮刀蘸取少量黄连素样品加入比色皿中,搅拌均匀,再将比色皿插入比色皿架。单击命令条上的"Start",采集样品的紫外光谱图。根据紫外光谱的原理和黄连素的分子结构,解析黄连素各吸收带的产生。

操作步骤的注意事项如下:

(1) 滤纸筒既要紧贴器壁,又要能方便取放;被提取物不能漏出滤纸筒,高度不要超过虹吸管。

(2) 滴加盐酸前,不溶物要完全除去,否则影响产品纯度。

(3) 取放比色皿不要接触比色皿透光面;比色皿外壁要用擦镜纸擦干后,才能插入比色皿架。

(4) 紫外光谱测定灵敏度高,应在稀溶液中进行测定,因此测定时加入样品量要尽可能少。

五、实训思考

(1) 本实训项目中,在用索式提取器提取黄连素时,如何减少产品损失?

(2) 黄连为何种生物碱类化合物?

六、实训拓展

(1) 为了得到纯净的黄连素晶体,可将本实训成品继续加热水至刚好溶解,煮沸,用石灰乳调节 pH=8.5~9.8,冷却后,滤去杂质,滤液继续冷却至室温以下,即有针状晶体黄连素析出,抽滤,将结晶在 50~60℃下干燥,即得纯净黄连素,熔点为 145℃。

(2) 利用简单回流装置也可从黄连中提取黄连素,操作如下:

称取 2g 磨细的黄连,放入 25mL 圆底烧瓶中,加 10mL 乙醇,装上回流冷凝管,在热水浴中加热回流 0.5h,冷却并静置浸泡 0.5h,抽滤。滤渣重复上述操作一次,合并两次所得滤液。在水泵减压下蒸出乙醇,再加 1%乙酸溶液(6~8mL),加热溶解,趁热抽滤,以除去不溶物，然后在滤液中滴加浓盐酸(约 2mL)至溶液浑浊为止。放置，并用冰水冷却，即有黄色针状晶体析出，抽滤，结晶用冰水洗涤两次，再用丙酮洗涤一次，烘干后称量约 0.2g。

(3)黄连素可用下列两种方法检验：

(ⅰ)取盐酸黄连素少许，加 2mL 浓硫酸，溶解后加几滴浓硝酸，即呈樱红色溶液。

(ⅱ)取盐酸黄连素约 50mg，加 5mL 蒸馏水，缓缓加热，溶解后加 2 滴 20%氢氧化钠溶液，显橙色，冷却后过滤，滤液加丙酮 4 滴，即发生浑浊。放置后生成黄色的丙酮黄连素沉淀。

(本实训项目编写人：王有龙)

项目 47　从茶叶中提取咖啡因

一、预习要点

(1)液-固萃取和升华原理，索氏提取器的使用(见 3.2.3)。

(2)回流、蒸馏、蒸发、升华等基本操作(见 3.2.4、2.2.1、2.2.2)。

二、目的要求

(1)学习从天然产物中提取有效成分的方法。

(2)学会索氏提取器的使用和回流、蒸馏、蒸发、升华等基本操作。

三、实训指导

咖啡因(m.p. 234.5℃)是一种生物碱，是咖啡和茶叶中的活性成分。它具有刺激心脏、大脑神经和利尿等作用，可作中枢神经的兴奋药物，是复方阿司匹林的有效成分之一。含有结晶水的咖啡因为白色针状晶体，味苦，在 100℃时失去结晶水，开始升华，178℃很快升华。所以，咖啡因可利用升华来纯化。

茶叶中咖啡因含量为 1%～5%，本实训用乙醇将茶叶中有机成分提取出来，然后经浓缩、升华，制取纯咖啡因。

升华是纯化固体物质的方法之一。只有当固态物质在其熔点温度下具有相当高的蒸气压(高于 2.67kPa)时，才可用升华来提纯。利用升华可除去不挥发性杂质或分离不同挥发性的固体物质。升华常可得到较高纯度产物，但操作时间长，损失也较大，仅适用于实训室纯化少量(1～2g)物质。

四、实训内容

1. 准备仪器与试剂

托盘天平，索氏提取器(1 套)，蒸馏瓶(250mL，2 个)，直形冷凝管，球形冷凝管，蒸馏弯头，真空接液管，胶管(2 条)，蒸发皿，表玻璃(或漏斗)，电热套，温度计(0～100℃、0～360℃各 1 支)，工业乙醇，茶叶，生石灰等。

2. 提取

称取 10g 茶叶，用滤纸包好放入索氏提取器(图 3-33)滤纸套筒中。在蒸馏瓶中加 100mL 工业乙醇和 2 粒沸石，再向索氏提取器中加 50mL 工业乙醇。装上球形冷凝管，通入冷凝水，在电热套上加热，连续提取 3 次。提取完毕，冷却。将提取装置改为蒸馏装置，加 2 粒沸石于蒸馏瓶中，加热蒸馏。回收大部分乙醇至瓶内剩余残液约 10mL，停止加热。也可在旋转蒸发仪上浓缩。将剩余残液转入蒸发皿中，加 4g 生石灰，在电热套上加热，并不断搅拌，将其蒸干成粉末。

3. 升华

在蒸发皿上放一刺有许多小孔的滤纸(毛面向上)，用一块合适大小的表玻璃(或漏斗)将滤纸压入蒸发皿中，以免升华时气体逸出。继续加热，控制温度不超过 230℃。当滤纸小孔上出现白色毛状晶体，表玻璃上有黄色油状物时，停止加热。冷却至 100℃ 左右，揭开表玻璃，小心取出滤纸，将附在上面的咖啡因刮下，称量。

注意：升华操作是实训能否成功的关键一步，在升华过程中要始终严格控制温度，加热温度太高，会使有机化合物炭化，造成产品不纯或损失。

五、实训思考

(1)加入生石灰的目的是为什么？为什么要研得很细？
(2)为什么升华完毕，一定要将蒸发皿冷至 100℃ 左右，再揭开表玻璃？
(3)用升华法提纯固体有什么优点和局限性？

六、实训拓展

索氏提取器广泛应用于提取饲料、食品、清洁剂、聚合物、药品、石化产品、纤维制品、土壤、污泥等物质中可溶性有机化合物。列举如下：
(1)快速安全地提取食品、饲料、谷物、种子中的脂肪。
(2)萃取废水、污泥中的油脂。
(3)萃取土壤中半挥发性有机化合物，如杀虫剂、除草剂等。
(4)萃取塑料中的增塑剂，纸张或纸板中的松香，皮革中的油脂等。

(本实训项目编写人：李永冲)

项目 48　阿司匹林的制备、化学鉴定、红外光谱识别和含量测定

一、预习要点

(1)酰基化反应及其应用。
(2)红外光谱仪的使用和试样制作。
(3)抽滤、重结晶、滴定、熔点测定等基本操作(见 3.2.1、3.2.2、3.4.3、3.7.2)。

二、目的要求

(1)学会阿司匹林的制备方法和重结晶等基本操作。
(2)学会阿司匹林的化学鉴定和含量测定方法。
(3)学会用红外光谱识别有机化合物结构。

三、实训指导

阿司匹林化学名：乙酰水杨酸，分子式：$C_9H_8O_4$，是一种广泛使用的具有解热、镇痛、治疗感冒、预防心血管疾病等多种疗效的药物。由水杨酸与乙酸酐通过酰基化反应制得。主反应为

$$\underset{\text{COOH}}{\overset{\text{OH}}{\bigcirc}} + (CH_3CO)_2O \xrightarrow{H^+} \underset{\text{COOH}}{\overset{\text{OCCH}_3}{\bigcirc}} \overset{O}{\parallel} + CH_3COOH$$

通常加入少量浓硫酸作为催化剂,破坏水杨酸分子中羧基与酚羟基间形成的氢键,从而使酰基化反应较易进行。副反应是水杨酸分子间发生缩合反应,生成少量聚合物。此副产物不溶于 NaHCO$_3$,而阿司匹林可溶于 NaHCO$_3$,借此将阿司匹林与杂质分离。

阿司匹林水解后产生酚羟基,可与 FeCl$_3$ 发生显色反应,用于鉴别阿司匹林。阿司匹林分子中存在苯环、芳烃 C—H 键、羧基、酯键等官能团,其红外光谱图有相应的吸收峰,容易识别。

阿司匹林存在羧基,具有酸性,可用酸碱滴定测定其含量,以酚酞为指示剂。反应式如下:

$$\underset{\text{OCOCH}_3}{\overset{\text{COOH}}{\bigcirc}} + NaOH = \underset{\text{OCOCH}_3}{\overset{\text{COONa}}{\bigcirc}} + H_2O$$

四、实训内容

1. 准备仪器和试剂

锥形瓶(100mL,干燥),热水浴,托盘天平,电子天平,减压过滤装置,滴定分析仪器,表面皿,岛津 FTIR-8400S 型傅里叶变换红外光谱仪,红外灯,玛瑙研钵,模具,油压机,烧杯,漏斗,滤纸,熔点测定装置等。

水杨酸,乙酸酐,浓硫酸,浓盐酸,饱和碳酸氢钠水溶液,三氯化铁溶液(1%),NaOH 标准溶液(0.1mol·L^{-1},已标定),酚酞指示剂,KBr(光谱纯),95%乙醇(A.R.)。

2. 实训步骤

(1)阿司匹林的制备。在 100mL 干燥锥形瓶中,加 3g(0.022mol)水杨酸和 5mL(0.053mol)乙酸酐,然后加 5 滴浓硫酸,充分振摇。在 80~85℃热水浴中,加热 30min,并不时加以振摇。稍微冷却后,加 50mL 蒸馏水,并用冰水冷却 15min,直至白色结晶完全析出。抽滤,用少量蒸馏水洗涤,抽干,即得粗品。

将粗品置于干燥小烧杯中,在搅拌下加 35mL 饱和碳酸氢钠水溶液,搅拌至无二氧化碳产生。抽滤,用 5~10mL 水洗涤,滤液倒入预先盛有 7mL 浓盐酸和 15mL 水的烧杯中,搅拌,有乙酰水杨酸晶体析出,将烧杯用冷水冷却,使结晶完全。抽滤,用冷水洗涤结晶。将结晶转移至表面皿上干燥。

(2)粗阿司匹林的精制和鉴定。用乙酸乙酯将粗品溶解,重结晶,得到更纯的产品。称量,计算产率,并测定其熔点。纯阿司匹林为白色针状或片状结晶,熔点为 136℃。

取少量纯品置于盛有 1mL 水的试管中溶解,加 1~2 滴 1%三氯化铁溶液,观察颜色。

(3)阿司匹林的红外光谱识别。

(i)样品制备。取干燥样品 1~2mg 和 100~200mg 光谱纯 KBr(干燥后过 200 目筛)粉末置于玛瑙研钵中,在红外灯照射下(防止样品吸水),研磨均匀后倒入模具(先用乙醇清洗干净)中铺匀。连接真空机,将模具置于油压机上,先抽气 5min 除去混合物中的空气和湿气,再边抽气边加压至 8t，并维持 5min。除去真空机，取下模具，即得一均匀透明的 KBr 样品压片。用同样方法压一片 KBr 空白片。

（ii）绘制谱图。打开岛津 FTIR-8400S 型傅里叶变换红外光谱仪前部面板开关和计算机，启动 IRsolution 软件，点击菜单栏测定键，点击初始化键，初始化后仪器有两只绿灯亮起，即可测定。

点击菜单栏测定键，在数据窗口设置测定条件：测定模式选择透光率 $T\%$；变迹函数选择哈-根函数；扫描次数设置 10～40；分辨率设置 $4cm^{-1}$；波数范围设置 $4000～400cm^{-1}$。

光谱测定：将空白片和样品片分别置于参比光路和样品舱中，点击 BKG 键，进行背景扫描；点击 Sample 键，进行样品扫描；自动保存或换名保存为 smf 文件。

退出程序：选择 File 中 Exit。

（iii）图谱识别。从图谱中找出羟基、羰基（两个）、苯环 C═C、芳烃 C—H、苯环邻二取代、甲基、C—O 等吸收峰，可查萨特勒标准红外光谱或《中国药典》阿司匹林标准图谱对照。

（4）阿司匹林含量测定和计算。精密称取阿司匹林晶体 0.4g，加 20mL 中性乙醇（对酚酞指示剂显中性），溶解后加 2 滴酚酞指示剂，用 $0.1mol \cdot L^{-1}$ NaOH 标准溶液滴定至终点。1mL $0.1mol \cdot L^{-1}$ NaOH 标准溶液相当于 18.02mg 乙酰水杨酸。用滴定度计算阿司匹林含量如下：

$$w(C_9H_8O_4) = \frac{0.01802 \times \dfrac{c(\text{NaOH})}{0.1} \times V(\text{NaOH})}{m_s} \times 100\%$$

五、实训思考

（1）实训所用的仪器为什么必须干燥？KBr 压片法制样操作要点是什么？

（2）产物中有哪些副产物？如何除去？

（3）乙酰水杨酸晶体为什么要用中性乙醇溶解？

（4）把样品光谱和标准光谱对照进行定性分析要注意什么？

六、实训拓展

酰基化试剂不仅有乙酸酐，还有乙酰卤。酰基化反应在药物合成中广泛应用。通过酰基化反应可保护氨基，防止其在硝化或氧化等反应过程中受破坏；可合成药物中间体；可在药物分子中引入酰基；可增加药物的稳定性和疗效，降低毒性。例如

对氨基苯酚（毒性大）　　　　　　　　　　对乙酰氨基酚（毒性小，稳定性好）

（本实训项目编写人：蔡自由）

项目 49　从番茄酱中提取番茄红素和 β-胡萝卜素及其薄层分析

一、预习要点

（1）从天然产物中提取有效成分的方法。

（2）回流、过滤、萃取、干燥、浓缩等基本操作（见 3.2.1、3.2.3、3.2.5）。

(3)薄层分析操作(见本书 3.2.6)。

二、目的要求

(1)学会提取、分离和鉴定番茄红素及 β-胡萝卜素的方法。

(2)了解共轭多烯化合物紫外吸收光谱的特征。

三、实训指导

许多植物的叶、茎、果实如胡萝卜、红薯、菠菜等均含有丰富的胡萝卜素,它是维生素 A 的前体,具有类似维生素 A 的活性。胡萝卜素有 α、β、γ 三种异构体,其中以 β-胡萝卜素生理活性最强,在植物中含量最高。β-胡萝卜素能阻止脂质过氧化,能防止和抵御多种疾病。β-胡萝卜素在动物和人体内酶催化下可氧化成维生素 A。

新鲜番茄或市售食用番茄酱都含有 β-胡萝卜素和番茄红素,它们都是同分异构体,其分子式为 $C_{40}H_{56}$。β-胡萝卜素、番茄红素及维生素 A 结构式如下:

β-胡萝卜素

番茄红素

维生素 A

β-胡萝卜素具有 11 个共轭双键,是橘红色晶体,可用作食品色素,而番茄红素可用作红色素,使番茄、西瓜汁成红色。

胡萝卜素和番茄红素均不溶于水,可溶于有机溶剂中,故植物中胡萝卜素和番茄红素需用有机溶剂来提取。但有机溶剂也能同时提取植物中的叶黄素、叶绿素等成分,对测定会产生干扰,需用适当方法加以分离。

胡萝卜素和番茄红素结构相似,用一般方法很难将它们分开,但色谱法可将它们分离。

四、实训内容

1. 准备仪器和试剂

圆底烧瓶(50mL),球形冷凝管,玻璃漏斗,量筒(100mL),研钵,尺子,磨口三角瓶(3 个,干燥),分液漏斗,滤纸,载玻片,染色缸,三用紫外分析仪。

市售番茄酱(或麦当劳番茄沙司),乙醇(95%),石油醚,饱和食盐水,无水硫酸钠,丙酮,硅胶 G,羧甲基纤维素钠(0.3%)。

2. 提取

称取 10g 番茄酱置于 50mL 圆底烧瓶中，加入 10mL 95%乙醇，装上球形冷凝管，加热回流 5min。冷却后过滤，滤液置于 50mL 磨口三角瓶中。将滤纸和滤渣再放回原瓶中，加 10mL 石油醚(沸程 60～90℃)，加热回流 5min，冷却后，过滤。将两次滤液合并，加 5mL 饱和食盐水，转入分液漏斗中，摇匀后静置，分液。将上层有机相倒入干燥磨口三角瓶，加无水硫酸钠干燥，待用。

3. 提取液的浓缩

将上层有机相提取液倒入另一干燥磨口三角瓶中，开盖并置于水浴中加热，适当浓缩。

4. 薄层分析(微量法)

将 2g 硅胶 G 与 7mL 0.3%羧甲基纤维素钠溶液置于研钵中，调成糊状，铺在 3 块载玻片上，晾干，活化。在活化薄层板上点样后，放入装有 3mL 展开剂(石油醚与丙酮体积比 18：1)的染色缸内，先不要浸入展开剂中(可用物体垫起)，盖紧，饱和 10min。再将点有样品的一端浸入展开剂中 0.3～0.5cm(可用物体垫起)，迅速盖紧，展开。待展开剂前沿移行至距薄层板顶端约 1cm 时，取出薄板，平放，迅速在展开剂前沿用铅笔作标记。

直接观察或借助三用紫外分析仪紫外灯来观察薄层板上的斑点颜色，判断番茄红素斑点和 β-胡萝卜素斑点，测量各斑点至原点的距离和展开剂前沿至原点的距离，计算 R_f。

可分别测定紫外吸收光谱来比较各斑点的紫外吸收特征。

实训中需注意：

(1)乙醇、石油醚、丙酮是易燃液体，使用时请注意安全。

(2)点样前提取液应适当浓缩，否则展开后的斑点颜色太浅，将影响观察效果。

(3)仔细观察薄板展开后斑点的颜色及位置。

五、实训思考

(1) β-胡萝卜素及番茄红素有什么用途？

(2)本实训各步操作目的是什么？

(3)番茄红素和 β-胡萝卜素相比，哪个 R_f 值大？

六、实训拓展

从天然产物中提取有机化合物的方法一般有如下三种：

(1)浸取法。选用合适溶剂，根据相似相溶原理，直接将溶剂加到固体样品中，加热回流提取。本实训就是用此法提取。水煮中药也是用此法将中药中有效成分提取出来。

(2)水蒸气蒸馏法。天然动植物中含有一些较易挥发成分。利用水蒸气可以将这些物质蒸出提取。天然香料的提取，如橙油的提取、从八角茴香中提取茴香脑等就是用此法。

(3)连续提取法。连续提取法的原理与浸取法相同，但应用连续提取装置——索氏提取器，使用少量溶剂重复浸取来达到浓缩目的。例如，从茶叶中提取咖啡因、从黄连中提取黄连素等就是用此法。

本实训若采取柱色谱也可将番茄红素和 β-胡萝卜素分离，操作方法如下：

取一支长约 15cm、内径 1～1.2cm 的色谱柱，柱内装有用石油醚调制的氧化铝。将粗制的类胡萝卜素溶解于 4mL 苯中，用滴管在氧化铝表面附近沿柱壁将粗品溶液缓慢加入柱中，打开活塞，至有色物料在柱顶刚流干时关闭活塞。用滴管取数毫升石油醚，沿柱壁洗下色素，并放出溶剂至柱顶流干，从而使色素吸附在柱上。然后加大量石油醚洗脱，β-胡萝卜素（黄色）在柱中移动较快，而番茄红素（红色）移动较慢。收集洗脱液至 β-胡萝卜素从柱中完全除去，然后用极性较大的氯仿作洗脱剂洗脱番茄红素（注意更换接受瓶）。将收集到的两部分洗脱液置于通风橱内，用热水浴加热使溶剂蒸发至干。

（本实训项目编写人：李永冲）

项目 50　紫外分光光度法检测食品中防腐剂

一、预习要点

(1) 食品中防腐剂的萃取分离方法（见 3.2.3）。
(2) 吸量管、容量瓶和分光光度计的使用（见 3.4.1、3.4.2、3.5.2）。
(3) 利用计算机绘制吸收曲线和标准曲线（见 1.4 节）。

二、目的要求

(1) 学会食品中防腐剂的萃取分离方法。
(2) 理解分子紫外吸收光谱，并利用紫外吸收光谱进行定性鉴定。
(3) 学会利用计算机处理光谱分析数据，利用标准曲线对物质进行定量分析。
(4) 培养学生利用所学知识综合解决实际问题的能力。

三、实训指导

为了防止食品变质、腐败，常在食品中加入少量防腐剂。防腐剂的种类和用量在食品卫生标准中均有严格规定。苯甲酸和山梨酸及其钠盐和钾盐是我国食品卫生标准允许使用的两种主要防腐剂。

苯甲酸具有芳香结构，在波长 228nm 和 272nm 处有吸收带；山梨酸具有碳碳不饱和键和羧基，在波长 255nm 处有吸收带。根据这些紫外吸收光谱特征，可对它们进行定性鉴定和定量分析。

由于食品防腐剂用量很少（一般 0.1%左右），检测时易受到食品中其他成分的干扰，因此，一般需要预先将防腐剂与其他成分分离，并经过提纯浓缩后方可检测。从食品中分离防腐剂常用萃取法和蒸馏法，本实训采取萃取法，先用乙醚将防腐剂从食品中提取出来，经过碱性水溶液处理后，再用乙醚提取，达到提纯分离。

如果试样中没有干扰成分，如雪碧，则无需分离，直接稀释后即可测定。

吸收曲线和标准曲线均可利用计算机在 Excel 图表中绘制。利用吸收曲线可对防腐剂的成分进行定性鉴定，根据防腐剂标准曲线线性回归方程，可计算食品中防腐剂的含量。

四、实训内容

1. 准备仪器和试剂

752 型分光光度计，分液漏斗（125mL），容量瓶（10mL，6 个；50mL，3 个；100mL，1 个），吸量管（1mL、2mL、5mL），电子天平等。

苯甲酸，山梨酸，乙醚，NaCl(s)，NaHCO₃(1%水溶液)，HCl 溶液（0.05mol·L⁻¹、0.1mol·L⁻¹、

2mol·L⁻¹），待测试样（香肠、雪碧等）。

2. 实训步骤

(1)样品中防腐剂的分离。称取 2.0g 待测试样，用 40mL 蒸馏水溶解，移入 125mL 分液漏斗中，加入适量的粉末状 NaCl，待溶解后，滴加 0.1mol·L⁻¹ HCl 溶液，使 pH<4。依次用 30mL、20mL、20mL 乙醚分 3 次萃取，合并乙醚相，弃去水相。

先用两份 30mL 0.05mol·L⁻¹ HCl 溶液洗涤乙醚相，弃去水相。再用 3 份 20mL 1% NaHCO₃ 水溶液依次萃取乙醚相，合并 NaHCO₃ 水溶液相，用 2mol·L⁻¹ HCl 溶液酸化 NaHCO₃ 水溶液相，无气泡后，多加 1mL 2mol·L⁻¹ HCl 溶液。

将酸化后的 NaHCO₃ 水溶液相移入 125mL 分液漏斗，依次用 25mL、25mL、20mL 乙醚分 3 次萃取，合并乙醚相，并移入 100mL 容量瓶中，用乙醚定容。再移取 2mL 于 10mL 容量瓶中定容，供紫外吸收光谱测定。

如果试样中没有干扰成分，如雪碧等，则直接移取 1mL 试样于 50mL 容量瓶中，用蒸馏水定容，即可供紫外吸收光谱测定。

(2)吸收曲线的绘制和防腐剂的定性鉴定。取上述经提纯稀释的乙醚溶液（或水稀释溶液），用 1cm 比色皿，以乙醚（或蒸馏水）为参比溶液，在波长 210~310nm，每隔 5nm 测一次吸光度。每改变波长一次，均要用参比溶液将透光率调至 100%，才能测量吸光度。

利用计算机绘制吸收曲线，将吸收曲线的吸收峰位置、强度以及苯甲酸或山梨酸标准吸收光谱对照，确定防腐剂种类。选择吸收曲线最大吸收波长作为步骤(3)的测定波长。

(3)标准曲线的绘制和防腐剂的定量测定。

（ⅰ）配制苯甲酸（或山梨酸）标准系列溶液。准确称取 0.20g（准确至 0.1mg）标准品，用乙醚（或蒸馏水）溶解，移入 50mL 容量瓶中定容。量取 2mL 该溶液，用乙醚（或蒸馏水）定容至 50mL，此溶液含标准品为 0.16mg·mL⁻¹，作为储备液。

分别移取上述 0.16mg·mL⁻¹ 标准品溶液 0.5mL、1.0mL、1.5mL、2.0mL、2.5mL 于 5 个 10mL 容量瓶中，用乙醚（或蒸馏水）定容。

（ⅱ）用 1cm 比色皿，以乙醚（或蒸馏水）为参比溶液，在苯甲酸或山梨酸最大吸收波长处，分别测定上述 5 个标准系列溶液。

（ⅲ）将步骤(2)定性鉴定后的试样乙醚溶液（或水稀释溶液），用 1cm 比色皿，以乙醚（或蒸馏水）为参比溶液，在苯甲酸（或山梨酸）最大吸收波长处，测定吸光度。

利用计算机在 Excel 中绘制标准曲线，并求得线性回归方程和相关系数。在线性回归方程中代入试样吸光度，即可求试样防腐剂的含量（mg·mL⁻¹）。

五、实训思考

(1)本实训防腐剂的萃取经常会出现乳化或不易分层现象，应采取什么方法解决？

(2)选择参比溶液目的是什么？

(3)绘制吸收曲线和标准曲线要注意什么问题？

六、实训拓展

食品防腐剂苯甲酸及其盐、山梨酸及其盐的测定方法很多，有紫外分光光度法、薄层色谱法、气相色谱法、高效液相色谱法等。此外，苯甲酸还可用酸碱滴定法测定，山梨酸及其盐还可用比色法测定。

(本实训项目编写人：蔡自由)

4.4　准设计实训项目

在基础实训和综合应用实训基础上进行准设计实训和创新实训，主要是为了培养学生查阅文献的能力、分析问题能力、解决问题能力和创新能力，提高学生面对生产和生活的实际化学问题设计解决方案并加以实施的综合素质。

准设计实训在内容、形式和要求上与常规实训有较大差别。它的特点是面对将来实际工作和生活中的实际化学问题，指导教师仅给出实训要求、实训提示和文献指南，由学生独立去分析问题，充分查阅相关资料，利用所学的或现有文献的知识和技能，反复推敲后，选择或设计出最佳实训方案，然后在教师指导下修改和完善，经批准可行后，由学生独立实施实验，最后写成实训报告或研究报告。进行准设计实训的具体步骤如下：

(1)下达实训任务后，学生通过充分查阅相关资料，拟定合适的实训方案。按实训目的、原理、仪器(注明型号)、试剂(注明规格、浓度、数量、配制和标定方法等)、实训步骤(详细的操作过程、试样取量、试剂用量、数据记录表格和计算公式等)、操作注意事项、预期结果等，写成切实可行的实训方案。

(2)教师审阅、点评学生的实训方案，这是确保实训成功的关键。

(3)学生按可行的实训方案实施实验。在实训过程中，要求操作规范，仔细观察实验现象，准确记录实验数据，独立思考。在实训过程中，如发现设计的方案存在问题时，应及时查找原因并修正方案，直至取得满意的实验结果。

(4)写成实训报告或研究报告(以小论文的形式)。小论文包括题目、专业班级、作者姓名、摘要、关键词、前言、实验部分、结果与讨论、结论、参考文献等。

项目 51　由粗氧化铜制备硫酸铜及其组成测定

一、目的要求

(1)查阅资料，设计硫酸铜的制备及其组成测定的实验方案。
(2)学会硫酸铜的制备和提纯方法，硫酸铜结晶水的测定方法。
(3)巩固称量、加热、溶解、过滤、蒸发和结晶等基本操作。

二、实训提要

氧化铜与硫酸作用制备硫酸铜，反应式为
$$CuO+H_2SO_4 =\!\!=\!\!= CuSO_4+H_2O$$
所得 $CuSO_4$ 溶液中常含有许多杂质，应对其提纯。首先过滤除去不溶性杂质，其次用 H_2O_2 氧化 Fe^{2+} 为 Fe^{3+}，然后调节溶液 $pH\approx4.0$，并加热煮沸，使 Fe^{3+} 水解生成 $Fe(OH)_3$ 沉淀，过滤除去。其有关反应式为
$$2Fe^{2+}+2H^++H_2O_2 =\!\!=\!\!= 2Fe^{3+}+2H_2O$$
$$Fe^{3+}+3H_2O =\!\!=\!\!= Fe(OH)_3\downarrow+3H^+$$
其他可溶性杂质可通过重结晶除去。因为硫酸铜在水中的溶解度随温度升高而明显增大，所以当热的饱和溶液冷却时，待提纯的硫酸铜首先以结晶析出，而少量杂质由于尚未达到饱和

溶液，仍留在母液中，从而得到较纯的硫酸铜晶体。

硫酸铜中含有结晶水，加热可使其脱水而变成白色的无水硫酸铜。根据加热前后的质量变化，可测得硫酸铜晶体中结晶水含量。

水合硫酸铜在不同的温度下可以逐步脱水，在温度 533～553K 时，则完全脱水生成白色粉末状无水硫酸铜，其反应式为

$$CuSO_4 \cdot 5H_2O =\!=\!= CuSO_4 \cdot 3H_2O + 2H_2O$$
$$CuSO_4 \cdot 3H_2O =\!=\!= CuSO_4 \cdot H_2O + 2H_2O$$
$$CuSO_4 \cdot H_2O =\!=\!= CuSO_4 + H_2O$$

三、思考与设计

仔细阅读文献，查找与制备硫酸铜及其组成测定相关的实验方法，结合教材，思考如下问题，设计实训方案。

(1)制备、提纯硫酸铜以及测定结晶水含量时，需要准备哪些仪器和试剂？

(2)CuO 与 H_2SO_4 反应结束后，为什么要趁热过滤？

(3)提纯时，为什么要将 Fe^{2+} 转化为 Fe^{3+}？$Fe(OH)_3$ 沉淀应用什么方法过滤？

(4)操作时，应注意什么问题？

四、参考文献

彭夷安.2001. 无机化学实验. 北京：中国医药科技出版社

铁步荣.2006. 无机化学实验. 北京：中国医药科技出版社

中山大学等.2004. 无机化学实验. 北京：高等教育出版社

（本实训项目编写人：黄月君）

项目 52　铵盐中氮的含量测定

一、目的要求

(1)查阅资料，设计测定铵盐中氮含量的实验方案。

(2)掌握铵盐中氮含量的测定原理，学会铵盐中氮含量的测定方法。

(3)能熟练选择酸碱指示剂，学会选择滴定方法和滴定方式。

二、实训提要

氮在无机和有机化合物中的存在形式比较复杂。测定物质中的氮含量时，常以总氮、铵态氮、硝酸态氮、酰胺态氮等的含量表示。氮含量是质检部门、农业科研和环境研究的测定项目之一。三聚氰胺之所以被不法分子添加在婴幼儿奶粉中，正是因为它含氮量高，可冒充蛋白质中的含氮量。

氯化铵、硫酸铵等铵盐是常见无机化肥，氮含量是衡量化肥质量的重要指标。铵盐多为强酸弱碱盐（$K_a = 5.6 \times 10^{-10}$），可用酸碱滴定测定其含量，通常采用下列两种方法测定氮含量：

一是蒸馏法，向铵盐试样溶液中加入过量浓碱溶液，加热使 NH_3 逸出，吸收于过量 HCl（或 H_2SO_4）标准溶液中，过量的酸用碱标准溶液返滴定。也可用过量硼酸溶液吸收 NH_3，然后用 HCl 标准溶液滴定硼酸铵吸收液。有关反应如下：

$$NH_4^+ + OH^- =\!=\!= NH_3\uparrow + H_2O$$

$$NH_3+H_3BO_3 \Longrightarrow H_2BO_3^- + NH_4^+$$

$$H_2BO_3^- + H^+ \Longrightarrow H_3BO_3$$

在 $CuSO_4$ 催化下，用浓硫酸消化分解含氮有机化合物，使其转化为 NH_4^+，然后再用蒸馏法测定，以确定有机化合物的含氮量，称为凯氏定氮法。蛋白质中的氮就用这种方法测定。

二是甲醛法，甲醛与铵盐作用，生成质子化六亚甲基四胺(六亚甲基四胺是弱碱，$K_b=1.4\times10^{-9}$)和酸，用碱标准溶液滴定生成的酸。

$$4NH_4^+ + 6HCHO \Longrightarrow (CH_2)_6N_4H^+ + 3H^+ + 6H_2O$$

$$(CH_2)_6N_4H^+ + 3H^+ + 4OH^- \Longrightarrow (CH_2)_6N_4 + 4H_2O$$

三、思考与设计

仔细阅读文献，查找与氮含量测定相关的实验方法，结合教材，思考如下问题，设计实训方案。

(1)铵盐(如氯化铵)是强酸弱碱盐，呈酸性，为什么不能用碱标准溶液直接滴定？

(2)有几种方法可以测定氮含量？其对应滴定方式是什么？

(3)哪种方法测定较简单？写出所需的仪器和试剂，写明仪器规格和试剂配制方法。

(4)如果选择甲醛法测定，应选择什么指示剂指示滴定终点？终点如何变色？

(5)甲醛常以白色聚合物状态存在，此白色乳状物是多聚甲醛，它是链状聚合物的混合物，可加入少量浓硫酸加热使之解聚。甲醛中常因氧化而含有微量甲酸，常用 NaOH 溶液中和，应选什么指示剂？中和到什么颜色？为什么？

(6)铵盐试样中常含有游离酸，滴定前应用 NaOH 中和，应选什么指示剂？为什么？

(7)氮含量如何计算？写出计算公式。NH_4NO_3、NH_4Cl 或 NH_4HCO_3 中含氮量能否都用甲醛法测定？

(8)测定过程中有哪些注意事项？

四、参考文献

高职高专化学教材编写组.2002.分析化学实验.2版.北京：高等教育出版社

胡伟光，张文英.2004.定量分析化学实验.北京：化学工业出版社

蒋云霞.2007.分析化学.北京：中国环境科学出版社

武汉大学.2001.分析化学实验.4版.北京：高等教育出版社

徐英岚.2004.无机与分析化学.北京：中国农业出版社

(本实训项目编写人：蒋云霞)

项目 53　废旧干电池的综合利用及产品分析

一、目的要求

(1)了解废旧干电池对环境的危害及其有效成分的综合利用，增强环境保护意识。

(2)掌握无机化合物的提取、制备、提纯、分析的方法以及操作技能。

(3)运用所学知识设计实训方案，培养学生分析实际问题和解决实际问题的能力。

二、实训提要

将电池中黑色混合物溶于水，可得 NH_4Cl 和 $ZnCl_2$ 混合溶液。依据两者溶解度不同，可

回收 NH_4Cl，产品纯度可用甲醛处理，用酸碱滴定法测定。

黑色混合物中还含有不溶于水的 MnO_2、碳粉和其他少量有机化合物等，过滤后存在于滤渣中。将滤渣加热除去碳粉和有机化合物后，可得 MnO_2，产品纯度可用 $KMnO_4$ 返滴定法测定。

锌皮溶于硫酸可制备 $ZnSO_4 \cdot 7H_2O$，但是锌皮中所含的杂质铁也同时被酸溶解，因此要除去铁才能得到纯净 $ZnSO_4 \cdot 7H_2O$。除去铁的方法是先加少量 H_2O_2 将 Fe^{2+} 氧化成为 Fe^{3+}，控制 pH 为 8，使 Zn^{2+} 和 Fe^{3+} 均生成氢氧化物沉淀，再加硫酸控制溶液 pH 为 4，此时，氢氧化锌溶解而氢氧化铁不溶，过滤可除去铁。$ZnSO_4 \cdot 7H_2O$ 纯度可用配位滴定法测定。

三、思考与设计

仔细阅读文献，查找与废旧干电池综合利用相关的实验方法，思考如下问题，设计实训方案。

(1) 电池中黑色混合物的主要成分是什么？哪些可溶于水？哪些不溶于水？

(2) 在 NH_4Cl 和 $ZnCl_2$ 混合溶液中，怎样提取 NH_4Cl？NH_4Cl 要怎样定性检验？如何测定其含量？如何从电池黑色混合物中提取 MnO_2？如何测定其含量？

(3) 锌皮中含有石蜡、沥青等有机化合物杂质，如何除去？如何除去含铁杂质？

(4) "控制溶液 pH 为 4，氢氧化锌溶解而氢氧化铁不溶，过滤可除去铁。" 要用何种过滤方法？

(5) 本实训方案，要用到哪些化学实验基本操作？

四、参考文献

杜登学，马万勇. 2007. 基础化学实验简明教程. 北京：化学工业出版社

高玉华，陈传祥. 2006. 锌锰废电池中锌锰的回收工艺. 环境科学与技术，29(9)：83-84

吴泳. 1999. 大学化学新体系实验. 北京：科学出版社

杨培霞，张相育，赵倩，等. 2002. 废旧电池回收工艺的研究. 化学工程师，16(2)：33-34

殷学锋. 2002. 新编大学化学实验. 北京：高等教育出版社

(本实训项目编写人：庄晓梅)

项目 54　食品中钙、镁、铁的含量测定

一、目的要求

(1) 了解有关食品试样预处理方法。

(2) 学会食品中钙、镁、铁的测定以及试样中干扰的排除方法。

(3) 运用所学知识设计实训方案，培养学生分析实际问题和解决实际问题的能力。

二、实训提要

大豆等干食品试样经粉碎(蔬菜等湿试样需烘干)、灰化、灼烧、酸提取后，可采用配位滴定法，在碱性(pH=12)条件下，以钙指示剂指示终点，以 EDTA 为滴定剂，滴定至溶液由紫红色变为纯蓝色，计算试样中钙含量。

另取一份试液，用氨-氯化铵缓冲溶液控制溶液 pH=10，以铬黑 T 为指示剂，用 EDTA 滴定至溶液由紫红色变为纯蓝色，计算出钙镁总量，再减去钙含量即得镁含量。

试样中铁等干扰可用适量的三乙醇胺掩蔽消除，可用邻二氮菲分光光度法测定铁的含量。

三、思考与设计

仔细阅读本书钙、镁、铁的测定方法，查找与食品中钙、镁、铁的测定有关的文献，思考如下问题，设计实训方案。

(1)EDTA 与钙、镁离子的配位稳定常数为多少？EDTA 滴定法滴定测定钙、镁离子的最低 pH 和最高 pH 为多少？

(2)哪些金属离子对铬黑 T 指示剂有封闭现象？如何消除封闭现象？

(3)邻二氮菲-亚铁配合物的最大吸收波长为多少？用邻二氮菲分光光度法测定亚铁离子的线性范围为多少？三价铁如何处理才能用邻二氮菲分光光度法测定？

(4)干食品、湿食品如何进行前处理？

(5)完成本项目需要哪些仪器和试剂？

四、参考文献

化学化工学科组. 2010. 化学化工创新性实验. 南京：南京大学出版社

王英华，徐家宁，张寒琦，等. 2006. 推荐一类贴近生活的基础分析化学综合实验. 大学化学，21(5)：45-46

(本实训项目编写人：蔡自由)

4.5　创新实训项目

创新实训是适应于培养高素质创新性人才的需求，将学科发展中的新技术移植到实训中，具有高度的研究性质，既培养学生的独立研究能力和创造能力，也培养学生的团队合作精神。它的特点是面对将来实际工作或创业中的化学问题，以学生为主体，教师为辅。教师只提供课题名称、目的要求、实验原理、新技术、新仪器、新试剂及有关的辅导，而实验步骤、进程安排则由学生查阅大量的原始文献自主把握，以 2～4 人为一个研究小组。实训项目可为指导教师的研究课题，也可为实际生活中的热点课题，要求实训项目分四步完成，即要求在一个学期内完成文献查阅、实验方案设计、独立实验、研究报告书写(以科研论文的形式)。实验时间由学生自行确定，最后教师从设计思想、实验组织与操作、实验报告书写等方面对学生能力进行综合评价。

项目 55　氧化铁纳米颗粒的制备及用于奶制品中三聚氰胺的测定

一、目的要求

(1)学会用共沉淀法制备氧化铁磁性纳米颗粒。

(2)利用氧化铁磁性纳米颗粒的催化活性，建立三聚氰胺的吸光光度分析新方法。

(3)培养学生应用新知识和新技术的科研能力、解决问题能力和创新能力。

二、实训原理

氧化铁磁性纳米颗粒(nanoparticles，Nps)是一种具有过氧化物模拟酶性质的新型纳米材料。研究结果表明，相对于辣根过氧化物酶和其他的过氧化物模拟酶纳米材料，氧化铁磁性纳米颗粒表现出良好的催化活性、稳定性、单分散性和可重复利用性。

基于氧化铁磁性纳米颗粒的过氧化物模拟酶的催化活性，利用其对过氧化氢和 2, 2-联氮-双 (3-乙基苯并噻唑啉-6-磺酸) 二铵盐 (ABTS) 之间氧化还原反应的催化作用，可建立测定乳制品中三聚氰胺的快速、简便的吸光光度分析方法。

$$H_2O_2 + ABTS \xrightarrow{\text{Nps}} ABTS \ \text{自由基（绿色）}$$

体系中的过氧化氢对三聚氰胺而言是过量的，过氧化氢首先和三聚氰胺定量反应形成 1：1 的加合物，氧化铁磁性纳米颗粒作为催化剂催化剩余的过氧化氢和 ABTS 的氧化还原反应生成有色化合物，而有色化合物的吸光度随三聚氰胺含量的增加而降低，且具有良好的线性关系，据此可测定三聚氰胺的含量。过氧化氢与三聚氰胺的反应如下：

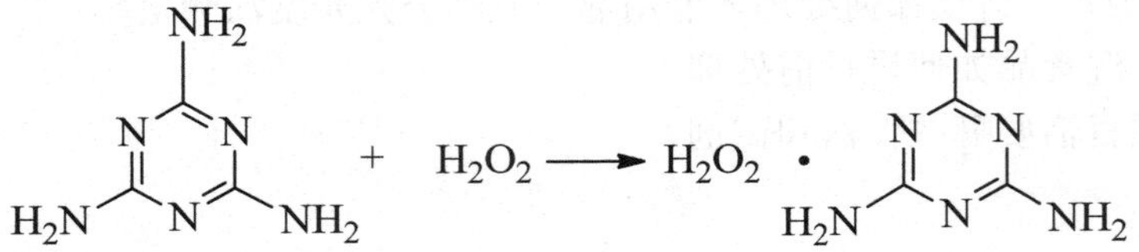

三、新技术和新试剂介绍

纳米材料是指在三维空间中至少有一维处于纳米尺度范围 (1～100nm) 或由它们作为基本单元构成的材料。当材料颗粒的尺度到达纳米级别时，它将显示出许多奇异的物理、化学性质，如光学、热学、电学、磁学、力学和催化等性质。

氧化铁磁性纳米颗粒具有良好的光学性质、磁性、催化性能等，制备方法主要有共沉淀法、凝胶-溶胶法、水热法等。

三聚氰胺分子式为 $C_3N_6H_6$，化学名为 1, 3, 5-三嗪-2, 4, 6-三胺，俗称蛋白精，是一种氮杂环有机化工原料。由于该分子中含有大量氮元素，所以不法分子在饲料以及乳制品中违法添加三聚氰胺以提高产品"蛋白质含量"。2008 年由于三聚氰胺出现在"三鹿"婴幼儿乳粉中，数千婴幼儿产生不良反应甚至死亡。我国卫生部等五部门随即颁布公告规定，婴幼儿配方乳粉中三聚氰胺的限量值为 $1mg \cdot kg^{-1}$，液态奶（包括原料乳）、奶粉及其他配方乳粉中三聚氰胺的限量值为 $2.5mg \cdot kg^{-1}$。

2, 2-联氮-双 (3-乙基苯并噻唑啉-6-磺酸) 二铵盐，英文名称为 2, 2′-azinobis-(3-ethylbenzothiazoline-6-sulfonic acid) ammonium salt，简称 ABTS，结构式如图 4-4 所示。分子式：$C_{18}H_{24}N_6O_6S_4$，相对分子质量：548.6798，含量：≥98.0%，外观：浅绿色粉末。主要用途：游离氯的光谱试剂，酶免显色底物，过氧化物酶的底物。该底物产生一种可溶性的显绿色的终端产品，可在 405nm 处光谱读取。

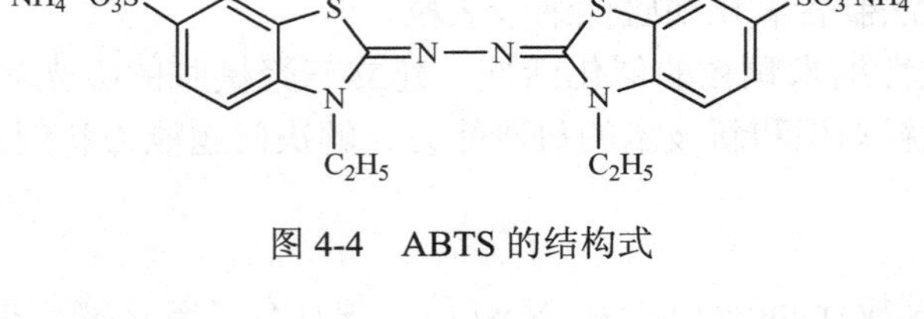

图 4-4　ABTS 的结构式

四、参考文献

丁宁. 2010. 检测乳制品中微量三聚氰胺的分光光度新方法. 兰州：兰州大学硕士学位论文

兰州大学. 2014. 第九届全国大学生化学实验邀请赛实验试题, 无机分析化学实验试题

(本实训项目编写人: 蔡自由)

项目 56　相转移催化微波促进合成肉桂酸正丁酯

一、目的要求

(1)学会相转移催化微波促进合成肉桂酸正丁酯。

(2)培养学生应用新技术进行研究开发的能力、解决问题的能力和创新能力。

二、实训原理

工业上普遍采用硫酸为催化剂, 酸与醇发生酯化反应生成肉桂酸正丁酯, 该法反应时间长, 试剂严重腐蚀设备, 副反应多, 产物处理难。采用四丁基溴化铵为相转移催化剂, 采取微波促进合成方法, 用肉桂酸钠与溴代正丁烷反应, 研究表明合成工艺简单、合成时间短、试剂腐蚀性小、产率高, 具有无法比拟的优越性。

三、新技术和新试剂介绍

相转移催化(phase transfer, PT)是指一种催化剂能加速或者能使分别处于互不相溶的两种溶剂(液-液两相体系或固-液两相体系)中的物质发生反应。反应时, 催化剂把一种实际参加反应的实体(如负离子)从一相转移到另一相中, 以便使它与底物相遇而发生反应。相转移催化能使离子化合物与不溶于水的有机化合物在低极性溶剂中进行反应, 或加速这些反应。目前相转移催化剂已广泛应用于有机反应的绝大多数领域, 在工业上广泛应用于医药、农药、香料、造纸、制革等行业, 带来了令人瞩目的经济效益和社会效益。

微波合成技术是在微波的条件下, 利用其加热快速、均质与选择性等优点, 应用于现代有机合成研究中的技术。微波辐射作为一种新型的加热方式已广泛应用于有机合成等领域, 目前几乎被应用到所有类型的有机反应, 与传统的加热方式相比, 提高了反应选择性和产率, 缩短了反应时间。

肉桂酸正丁酯(butyl cinnamate)是无色透明液体, 沸点为 $143 \sim 144$℃, 具有可可豆的香味, 是一种非常有发展前途的重要合成香料, 主要用于日用和食品工业。

四、参考文献

何应钦. 2011. 微波促进有机合成与研究. 广东化工, 38(3): 232-233

纪顺俊, 史达清, 等. 2014. 现代有机合成新技术. 2 版. 北京: 化学工业出版社

(本实训项目编写人: 蔡自由)

项目 57　微流控芯片分析法测定赖氨酸颗粒剂中赖氨酸的含量

一、目的要求

(1)理解微流控芯片分析法的原理、仪器、方法和有关技术。

(2)建立微流控芯片非接触式电导检测法测定赖氨酸含量的新方法。

(3)培养学生应用所学知识并使用新知识和新技术开展科学研究、解决实际问题的能力。

二、实训原理

毛细管电泳(capillary electrophoresis, CE)是以毛细管为分离通道, 以高压直流电场为驱

动力，依据试样中各组分之间淌度和(或)分配行为的差异而实现各组分分离的分析方法，是分离科学中继高效液相色谱之后的又一个重大进展。

微流控芯片毛细管电泳(microfluidic-chip based capillary electrophoresis，MCE)是以高压电场为驱动力，以芯片毛细管为分离通道，依据试样中各组分之间淌度和分配行为等差异而实现高效、快速分离的一种电泳新技术。微流控芯片毛细管电泳因具有系统微型化、分析速度快、运行成本低、集成度高、自动化程度高、便于携带、易于商业化等优点，且能实现微通道网络化、阵列化、在线检测和高通量输出等诸多特点而备受关注。目前，MCE 在化学、生物、临床、生命科学、药物分析、环境保护、食品卫生等领域得到广泛应用，成为毛细管电泳研究领域的热点，是现代分析技术向微型化、集成化、一体化和自动化发展的前沿领域。

氨基酸是两性离子，在一定酸度的缓冲溶液下，非常适合于微流控芯片毛细管电泳分离和检测。

采用外标法测定赖氨酸颗粒剂中赖氨酸的含量。外标法是以待测成分的对照品作为对照物，相对比较以求得供试品的含量的方法。配制一系列浓度标准液，在同一条件下测定，用峰面积(或峰高)与浓度制作标准曲线，然后在相同条件下，测定待测试样组分，根据标准曲线计算试样中待测组分的浓度。

三、新技术和新仪器介绍

微流控芯片(microfluidic chip)或称微全分析系统(micro total analysis system)，是近年发展起来的一种新型的分离分析技术。它将进样、分离、检测，以及化学反应、药物筛选、细胞培养与分选等集成在几平方厘米的芯片上进行，具有高效、快速、微量、微型化等特点。目前的微流控芯片主要为芯片毛细管电泳。

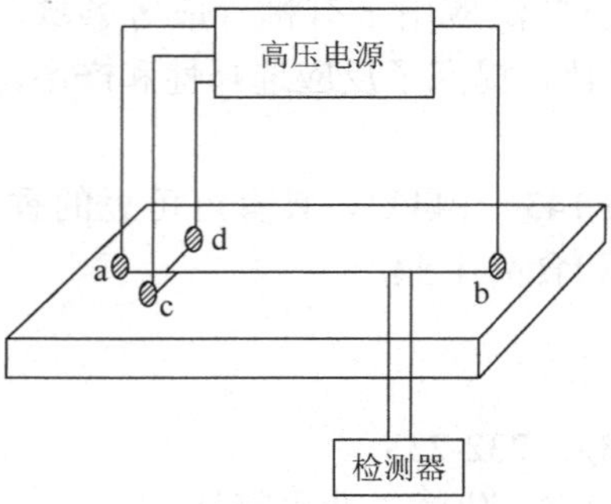

图 4-5　微流控芯片分析仪示意图

ab. 分离通道(separate channel)；
cd. 进样通道(sample channel)；
a. 缓冲液池(buffer reservoir)；
b. 缓冲液废液池(buffer waster reservoir)；
c. 试样池(sample reservoir)；
d. 试样废液池(sample waster reservoir)

简单的微流控芯片分析仪由高压电源、芯片和检测器组成。高压电源提供进样电压和分离电压；芯片设有进样通道和分离通道；电导检测器是较通用的检测器，适用于荷电成分的检测。非接触式电导检测器的电极与溶液不接触，可避免电极污染中毒和高压干扰等问题，加上芯片与检测电极板之间相互独立，更换和清洗操作非常方便。

目前，微流控芯片分析仪的示意图如图 4-5 所示，包括双路高压电源、非接触式电导检测器、十字通道芯片和色谱工作站等，这些均为中山大学药学院研制和生产。

四、参考文献

蔡自由，李永冲，童艳丽，等. 2011. 微流控芯片测定盐酸金刚烷胺片中的盐酸金刚烷胺. 分析测试学报，30(4)：453-456

林炳承，秦建华. 2006. 微流控芯片实验室. 北京：科学出版社

翟海云，蔡沛祥，陈缵光，等. 2004. 毛细管电泳高频电导法快速分离检测混合氨基酸. 高等学校化学学报，25(6)：1037-1039

Chen Z G，Li Q W，Li O L，et al. 2007. A thin glass chip for contactless conductivity detection in microchip capillary electrophoresis. Talanta，71(3)：1944-1950

（本实训项目编写人：蔡自由）

项目 58　食品中过氧化氢残留快速检测试纸的制作与应用

一、目的要求

(1)理解酶促显色反应原理，制备过氧化氢快速检测试纸的方法和技术。

(2)培养学生应用所学知识并使用新知识和新技术开展科学研究、解决实际问题的能力。

二、实训原理

食品中过氧化氢残留超标严重危害人体健康,传统淀粉-碘化钾快速检测试纸灵敏度较低,稳定性也较差。利用酶促显色反应原理可以制作更加灵敏、稳定的快速检测试纸。

在过氧化氢存在条件下，辣根过氧化物酶(HRP)能催化无色的四甲基联苯胺(TMB)生成淡蓝色物质，其生成物质的颜色深度与过氧化氢的浓度成正比例关系。其反应为

$$H_2O_2 + 还原型TMB（无色）\xrightarrow{HRP} 被氧化的TMB（蓝色）$$

将滤纸用一定浓度配比的显色剂显色后，滴上不同浓度梯度的过氧化氢标准溶液，制成随着过氧化氢浓度增大由浅蓝色至深蓝色梯度变化的标准色板。检测试样时，只需与标准色板比对即可快速检测过氧化氢的含量。

三、新技术和新试剂介绍

酶(enzyme)是指具有生物催化功能的高分子物质。在酶的催化反应体系中，反应物分子被称为底物，底物通过酶的催化转化为另一种分子。几乎所有的细胞活动进程都需要酶的参与，以提高效率。

过氧化物酶是以过氧化氢为电子受体催化底物氧化的酶，通常来源于辣根，因此称辣根过氧化物酶(horseradish peroxidase，HRP)。它主要存在于细胞的过氧化物酶体中，以铁卟啉为辅基，可催化过氧化氢氧化酚类和胺类化合物。

HRP 是临床检验试剂中的常用酶。该产品不但广泛用于多个生化检测项目，也广泛运用于免疫类(ELISA)试剂盒。

四甲基联苯胺(tetramethylbenzidine，TMB)结构式如图 4-6 所示，是一种新型安全的色原试剂，具有检测灵敏度高、稳定性好等优点，而且使用安全，为非致癌物。在临床生化检验方面，TMB 作为过氧化酶的底物，在酶免疫分析法(EIA)和酶联免疫吸附检验法(ELISA)中获得了广泛应用。

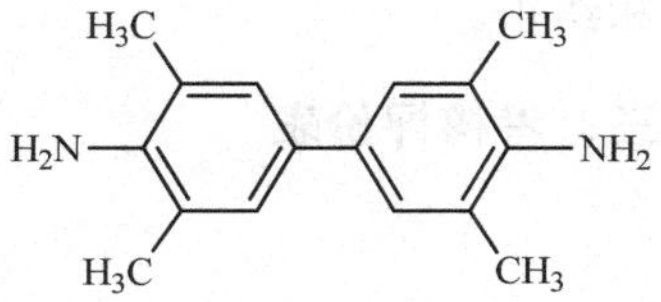

图 4-6　TMB 的结构式

四、参考文献

程楠，董凯，何景，等. 2013. 食品中过氧化氢残留快速检测试纸的研制与应用. 农业生物技术学报，21(12)：1403-1412

谢莉，窦燕峰，郭会灿，等. 2011. 食品中过氧化氢残留快速检测试纸的研制.现代食品科技，27(9)：1160-1162

（本实训项目编写人：蒋云霞）

4.6　实训考核项目和考核评价标准

项目 59　硫酸铜提纯操作考核

一、操作指导

本实训项目主要考核托盘天平称量、物质溶解、过滤、蒸发、结晶等基本操作和制备实验产率计算等。检查实训教学效果，使学生做到规范化操作。

考核内容要点：

(1) 称量和溶解。称取 5.0g 已研细的粗硫酸铜，加 20mL 水，搅拌，加热，使之溶解。

(2) 氧化及水解。停止加热，滴加 2mL 3% H_2O_2，搅拌，继续加热，逐滴加入 $2mol \cdot L^{-1}$ NaOH，搅拌直至 pH≈4，再加热片刻，静置，使 $Fe(OH)_3$ 沉淀 (若有蓝色沉淀，表明 pH 过高)。

(3) 过滤。用倾析法趁热进行普通过滤，滤液用洁净的蒸发皿收集，用少量热蒸馏水洗涤烧杯及玻璃棒，洗液也转移至蒸发皿中。

(4) 蒸发、结晶。在滤液中滴加 $1mol \cdot L^{-1}$ H_2SO_4，搅拌使其 pH 为 1～2。蒸发浓缩至溶液表面出现极薄一层晶体时，停止加热。

(5) 减压抽滤。冷却至室温，将晶体转移至布氏漏斗中，抽滤，用滤纸吸干水分，称量，计算产率。

二、考核要求

(1) 考生必须穿实验服方可进入考场，进入考场保持安静，到指定位置考核。

(2) 整个实训考核应在 90min 内完成。

(3) 各种仪器操作要规范化。

(4) 实验台面要整齐、清洁。

(5) 实训报告符合要求，书写整洁。

(6) 考核完毕，教师应对学生提出有关问题让学生回答，并对学生不正确的操作给予指出和纠正。

三、考核评价表

表 4-18　硫酸铜提纯操作考核

考核项目	技能要求	分数	评分
称量 (23 分)	检查和调节零点	3	
	左盘放称量物，右盘放砝码	3	
	正确选择称量纸、表面皿或烧杯进行称量	3	
	要用镊子夹取砝码，5g 以下用游码	2	
	先在右盘加所需药品质量的砝码	2	
	在左盘加药品	2	
	会正确判断天平平衡	4	
	称量完毕，把砝码放回原砝码盒中	2	
	把游码推回原处，使天平恢复原状	2	

续表

考核项目	技能要求	分数	评分
溶解 (15 分)	称好的固体放在洗干净的小烧杯中	3	
	用量筒量取一定体积的蒸馏水倒入烧杯中	3	
	用酒精灯(或电热套)加热	3	
	用烧杯加热药品时,烧杯应放在石棉网上	3	
	用玻璃棒轻轻搅动使物质溶解,玻璃棒不能连续碰烧杯壁	3	
氧化水解 (14 分)	停止加热,滴加适量一定浓度的 H_2O_2	3	
	逐滴加入一定浓度的 NaOH	3	
	会检验溶液 pH	4	
	调节溶液 pH 约为 4	4	
过滤 (16 分)	用倾析法进行普通过滤	4	
	要趁热进行过滤	2	
	滤液用洁净蒸发皿收集	4	
	用少量热蒸馏水洗涤烧杯及玻璃棒	3	
	洗液转移至蒸发皿中	3	
蒸发结晶 (16 分)	蒸发皿中液体体积不超过蒸发皿容积的 2/3	4	
	用玻璃棒不断搅拌滤液	2	
	浓缩至溶液出现结晶时停止加热	4	
	蒸发皿不能骤冷,以防炸裂	2	
	蒸发皿冷却至室温,使晶体析出	4	
减压抽滤 (10 分)	布氏漏斗斜口对准抽滤瓶支管口	2	
	布氏漏斗中铺上干净滤纸,以少量水将滤纸润湿	2	
	将晶体转移至布氏漏斗中,减压过滤,尽可能抽干	4	
	用滤纸吸干晶体中水分	2	
其他 (6 分)	准确称量晶体,计算产率	4	
	将所用仪器洗涤干净,放回原处,按时完成实验	2	
合计		100	
评语			
		考评员:	

(本实训考核项目编写人:黄月君)

项目 60 电子天平称量操作考核

一、操作指导

本实训项目主要考核电子天平称量操作,要求学生熟练掌握直接称量法、减量称量法和固定质量称量法。

考核内容要点：

(1)检查调整天平水平，清扫，预热，开机，调零。

(2)用直接称量法精确称量一个洁净干燥的表面皿。

(3)用固定质量称量法精确称取 0.1000g 重铬酸钾试样 1 份。

(4)用减量称量法精确称取 0.12g 氯化钠试样 3 份。

二、考核要求

(1)考生必须穿实验服方可进入考场，进入考场必须保持安静，到指定位置考核。

(2)整个实训考核应在 90min 内完成。

(3)各种仪器操作要规范化。

(4)实验台面要整齐、清洁。

(5)实训报告符合要求，书写整洁。

(6)考核完毕，教师应对学生提出有关问题让学生回答，并对学生不正确的操作给予指出和纠正。

三、考核评价表

表 4-19　电子天平称量操作考核

考核项目	技能要求	分数	评分
称量前的准备 (12 分)	取下天平罩，叠整齐，放在天平箱上方	2	
	会检查天平水平，并调整水平	2	
	正确清扫天平	2	
	通电，预热天平	1	
	正确调零	2	
	填写天平使用前记录	1	
	天平台上物品、记录本等摆放整齐有序	2	
直接称量法 (18 分)	天平清零	3	
	打开天平侧门	3	
	将称量物放在盘中央	3	
	随手关闭天平侧门	3	
	待天平读数稳定后读数	3	
	正确记录数据	3	
固定质量称量法 (30 分)	将洁净干燥的表面皿放在天平盘正中央，随手关闭天平侧门	2	
	待天平稳定后，轻按除皮键	3	
	待天平自动校对零点后，打开天平右侧门	2	
	右手持牛角匙取药品	2	
	伸向天平盘表面皿中心部位上方 2～3cm 处	4	
	匙柄顶在掌心，用右手拇指、中指及掌心拿稳牛角匙	4	
	食指轻弹(或轻摩)牛角匙柄，试剂慢慢抖入表面皿中	4	
	药品不散落于天平盘表面皿以外的地方	4	
	精确称取 0.1000g，无误差	5	

续表

考核项目	技能要求	分数	评分
减量称量法 (35 分)	从干燥器中取出称量瓶,手指不直接接触称量瓶和瓶盖,及时盖干燥器	2	
	打开天平侧门,将称量物放于天平盘中央,随手关门	3	
	称量物不放在除天平盘外的其他地方	3	
	在接受容器上方开、关称量瓶盖	3	
	敲的位置正确和动作规范	5	
	手不接触称量物,称量物不接触接受容器	5	
	边敲边竖起,称量瓶口沿不沾粉末,无药品洒落在外	5	
	添加药品次数≤3 次	4	
	称量范围合适	5	
其他 (5 分)	称量完毕,复原天平	1	
	关机,清扫天平	1	
	填写天平使用前记录	1	
	切断电源,放回凳子	1	
	盖上天平罩	1	
合　计		100	
评语			
		考评员:	

(本实训考核项目编写人:黄月君)

项目 61　滴定分析操作考核

一、操作指导

本实训项目主要考核移液管、滴定管的正确使用、滴定操作和滴定终点的判断等。检查实训教学效果,调动学生积极性,努力做到基本操作规范化。

考核内容要点:

(1)0.1mol·L^{-1} NaOH 标准溶液滴定 0.1mol·L^{-1} HCl 溶液。

(ⅰ)取洗净的滴定管,用少量 0.1mol·L^{-1} NaOH 溶液润洗 3 次,装入 NaOH 溶液,排除气泡,调整刻度至 0.00mL 或 "0.00" 以下某刻度。

(ⅱ)取洗净的 20mL 移液管,用少量 0.1mol·L^{-1} HCl 溶液润洗 3 次,准确移取 20.00mL 0.1mol·L^{-1} HCl 溶液于 250mL 锥形瓶中,加 20mL 蒸馏水、2 滴酚酞,用 0.1mol·L^{-1} NaOH 溶液滴定,至溶液显微红色,30s 不褪色即为终点,记下消耗 NaOH 溶液体积。平行试验 3 次。

(2)0.1mol·L^{-1} HCl 标准溶液滴定 0.1mol·L^{-1} NaOH 溶液。

(ⅰ)取洗净的滴定管,用少量 0.1mol·L^{-1} HCl 溶液润洗 3 次,装入 HCl 溶液,排除气泡,调整刻度至 0.00mL 或 "0.00" 以下某刻度。

(ⅱ)取洗净的 20mL 移液管,用少量 0.1mol·L^{-1} NaOH 溶液润洗 3 次,准确移取 20.00mL 0.1mol·L^{-1} NaOH 溶液于 250mL 锥形瓶中,加 20mL 蒸馏水、2 滴甲基橙,用 0.1mol·L^{-1} HCl

溶液滴定,至溶液由黄色变为橙色即为终点,记下消耗 HCl 标准溶液体积。平行试验 3 次。

二、考核要求

(1)考生必须穿实验服方可进入考场,进入考场必须保持安静,到指定位置考核。

(2)整个实训应在 90min 内完成。

(3)各种仪器操作要规范化。

(4)实验台面要整齐、清洁。

(5)实训报告符合要求,书写整洁,测定结果精密度好,准确度高。

(6)考核完毕,教师应对学生提出有关问题让学生回答,并对学生不正确的操作和计算给予指出和纠正。

三、考核评价表

表 4-20　滴定分析操作考核

	项目	分数	评分
移液管 (12 分)	洗涤(洗净标准是内壁和下部外壁不挂水珠,吹出管尖内外水分)	2	
	倒出小烧杯吸,小烧杯与移液管内壁润洗 3 次(每次溶液适量)	2	
	润洗动作正确,润洗液从移液管尖放出	2	
	移取溶液(动作规范,插入液面下 1~2cm,管尖随液面下降,不吸空)	3	
	放液(垂直,靠壁,液体全部流尽后停留 15s,不吹)	3	
滴定管 (18 分)	洗涤(洗净标准是管内壁不挂水珠)	2	
	滴定管试漏	2	
	用操作液润洗滴定管 3 次(每次溶液适量)	4	
	装液(溶液先摇匀,装入时不能外漏,不通过其他容器)	3	
	管尖气泡的检查与排除	4	
	调整刻度	3	
滴定操作 (35 分)	滴定管高度位置合适,滴定姿势正确	4	
	滴定管活塞控制手法规范	4	
	操作技术		
	逐滴加入,能快能慢	2	
	加一滴溶液的方法操作正确	2	
	加半滴溶液的方法操作正确	2	
	滴定操作		
	锥形瓶(位置适中,握瓶手法规范)	2	
	用腕关节不断转动,使溶液向同一方向做圆周运动	2	
	滴定速度先快后慢,以每分钟不超过 10mL 为宜(每秒 4 滴)	2	
	近终点时应半滴半滴加入,直到滴定终点不褪色为止	3	
	滴定过程中合适时间用少量蒸馏水将溅在内壁上的试液冲入瓶中	2	
	读数		
	停留 30s 后读数,保持滴定管垂直	2	
	观察时视线与弯月面最低实线点(或蓝点)在同一水平	2	
	每次初始几乎在零刻度附近,以减少误差	1	

续表

项目				分数	评分
滴定操作 (35 分)	读数估计到 0.01mL			3	
	取拿滴定管时，拇指、食指捏住滴定管的无溶液、无刻度部分			2	
结果 (20 分)	$\bar{V}$(NaOH) =　　　　mL，相对平均偏差 I =　　　　%			10	
	$\bar{V}$(HCl) =　　　　mL，相对平均偏差 II =　　　　%			10	
	相对平均偏差 I	分数	相对平均偏差 II	分数	
	≤0.1%	10	≤0.1%	10	
	≤0.2%	8	≤0.2%	8	
	≤0.3%	6	≤0.3%	6	
	>0.3%	4	>0.3%	4	
其他 (15 分)	弃去滴定管中的滴定液，洗涤			3	
	台面收拾整齐			4	
	数据记录，结果计算，报告格式正确			8	
总分				100	
说明	考核时，此表交给监考教师；学生用实训报告本记录，考核完毕交给教师				
	整个实训(含写实训报告)应在 90min 内完成，超时 2.5min，扣 1 分				
评语					
				考评员：	

（本实训考核项目编写人：孟宇竹）

项目 62　酸碱标准溶液的标定操作考核

一、操作指导

本实训项目主要考核电子天平、容量瓶、移液管和滴定管的使用，滴定操作和实验数据的处理等。检查实训教学效果，调动学生积极性，努力做到基本操作规范化。

考核内容要点：

试题一、0.1mol·L^{-1} HCl 溶液的标定

(1)准确称取无水碳酸钠(相对分子质量为 105.99)1.1g，定容于 250mL 容量瓶中，摇匀。

(2)用 25mL 移液管移取上述溶液，置于锥形瓶中。

(3)将待标定的 HCl 溶液(约 0.1mol·L^{-1})装入滴定管中。

(4)在锥形瓶中加入甲基橙指示剂 2 滴，以 HCl 溶液滴定至显橙色。

试题二、0.1mol·L^{-1} NaOH 溶液的标定

(1)准确称取邻苯二甲酸氢钾(相对分子质量为 204.22)1.6g，定容于 100mL 容量瓶中，摇匀。

(2)用 25mL 移液管准确移取上述溶液，置于锥形瓶中。

(3)将待标定的 0.1mol·L^{-1} NaOH 溶液装入滴定管中。

(4)在锥形瓶中加入 2 滴酚酞指示剂，以 0.1mol·L^{-1} NaOH 溶液滴定至溶液呈微红色，

30s 不褪色。做空白试验校正。

注意：定容、稀释至刻线时(未摇)，需经考评员复核；滴定管读数需经考评员复核。

二、考核要求

(1)考生必须穿实验服方可进入考场，进入考场必须保持安静，到指定位置考核。

(2)每道试题实训应在 90min 内完成。

(3)各种分析仪器操作要规范化。

(4)实验台面要整齐、清洁。

(5)实训报告符合要求，书写整洁，测定结果精密度好，准确度高。

(6)考核完毕，教师应对学生提出有关问题让学生回答，并对学生不正确的操作和计算给予指出和纠正。

三、考核评价表

表 4-21　酸碱标准溶液的标定操作考核

序号	作业项目	考核内容	分值	操作要求		考核记录	扣分	得分
1	基准物及试样的称量(16分)	天平准备工作	2	预热				
				检查并调整水平				
				清扫				
				调零				
				每错一项扣 0.5 分				
		称量操作	8	称量物放在天平盘中央				
				在接受容器上方开、关称量瓶盖				
				敲的位置正确				
				手不接触称量物或称量物不接触试样接受容器				
				称量物不得置于台面上				
				边敲边竖，称量瓶口沿不沾粉末				
				及时盖干燥器				
				添加试样次数≤3 次				
				每错一项扣 1 分				
		基准物称量范围	4	±5%<称量范围≤±10%	扣 2 分			
				称量范围>±10%	扣 4 分			
		结束工作	2	复原天平				
				清扫天平				
				记录天平使用情况				
				放回凳子				
				每错一项扣 0.5 分				
2	基准物的溶解(4分)	溶样方法	4	将壁上固体全部冲下				
				溶剂沿壁加入				
				搅拌动作正确(不连续碰壁)				
				同一支玻璃棒未冲洗不得混用				
				每错一项扣 1 分				

续表

序号	作业项目	考核内容	分值	操作要求	考核记录	扣分	得分
3	定量转移并定容(10 分)	容量瓶洗涤	1	洗涤干净			
		容量瓶试漏	1	试漏操作正确			
		定量转移	5	溶样完全后转移(无固体颗粒)			
				玻璃棒拿出前靠去所挂液			
				玻璃棒插入瓶口深度为玻璃棒下端在磨口下端附近			
				玻璃棒不碰瓶口			
				烧杯离容量瓶口的位置(2cm 左右)			
				烧杯上移动作			
				玻璃棒不在杯内滚动(玻璃棒不放在烧杯尖嘴处)			
				吹洗玻璃棒、容量瓶口			
				洗涤次数至少为 3 次			
				溶液不洒落			
				每错一项扣 0.5 分			
		定容	3	装液至容量瓶 2/3~3/4 体积，水平摇动			
				近刻线停留 2min 左右			
				准确稀释至刻线(需经过考评员复核)			
				摇匀动作正确			
				摇动七八次，打开塞子并旋转 180°			
				溶液全部落下后进行下一次摇匀			
				摇匀次数≥14 次			
				每错一项扣 0.5 分，扣完为止			
4	移取溶液(10 分)	移液管洗涤	1	洗涤方法正确，洗涤干净			
		移液管润洗	3	溶液润洗前将水尽量沥(擦)干			
				小烧杯与移液管润洗次数≥3 次			
				溶液不明显回流			
				润洗液量为 1/4 至 1/3 球			
				润洗动作正确			
				润洗液从尖嘴放出			
				每错一项扣 0.5 分			
		吸溶液	2	插入液面下 1~2cm			
				管尖随液面下降，不吸空			
				溶液不得回放至原溶液			
				每错一项扣 1 分，扣完为止			
		调刻线	2	调刻线前擦干外壁			
				调刻线时移液管竖直、下端尖嘴靠壁			
				调刻线准确			
				因调刻线失败重吸次数≤1 次			
				调好刻线时移液管下端没有气泡且无挂液			

序号	作业项目	考核内容	分值	操作要求	考核记录	扣分	得分
4	移取溶液(10分)	调刻线	2	每错一项扣0.5分，扣完为止			
		放溶液	2	移液管竖直，靠壁，停顿约15s，旋转			
				用少量水冲下接受容器壁上的溶液			
				每错一项扣1分			
5	滴定操作(14分)	滴定管洗涤	1	洗涤方法正确，洗涤干净			
		滴定管试漏	1	试漏方法正确			
		滴定管润洗	3	润洗前尽量沥干			
				润洗液量为5~7mL(25mL滴定管)			
				润洗动作正确			
				润洗次数≥3次			
				每错一项扣1分，扣完为止			
		装溶液	2	装溶液前摇匀溶液			
				装溶液时标签对手心			
				溶液不能溢出			
				赶尽气泡			
				每错一项扣0.5分			
		调零点	1	调零点正确			
		滴定操作	6	滴定前用干净小烧杯靠去滴定管下端所挂液			
				终点后尖嘴内没有气泡或挂液			
				滴定操作与锥形瓶摇动动作协调			
				终点附近靠液次数≤4次			
				不成直线(虚线)			
				消耗溶液体积小于25mL，若大于25mL，按25mL计算			
				每错一项扣1分			
6	滴定终点判断(6分)	正确	6	每错一个扣2分			
7	读数(3分)	读数	3	停留30s读数，读数正确；若读数错误扣1分，扣完为止。正确的判断标准为：允许误差最大为±0.02mL。(读数需经考评员复核)			
8	文明操作(3分)	物品摆放	3	仪器摆放不整齐、水迹太多、废纸/废液乱扔乱倒，无结束工作或不好，每错一处扣0.5分			
9	重大失误(错误)		0	溶液配制失误，倒扣3分			
			0	重新滴定，倒扣3分			
			0	试样洒落，倒扣3分			
			0	加错试剂，倒扣3分			
			0	称量失败，倒扣3分			
			0	打坏仪器照价赔偿			
				篡改(如伪造、凑数据等)测量数据，总分以零分计			
10	总时间(0分)	90min	0	按时收卷，不得延时			

续表

序号	作业项目	考核内容	分值	操作要求		考核记录	扣分	得分
11	数据记录及处理(4分)	记录及计算	4	有效数字保留正确,每错一处扣1分,扣完为止;计算错误,由此产生的连带错误不再扣分				
12	标定结果(30分)	精密度(经考评员计算核准)	30	极差的相对值≤0.10%	扣0分			
				0.10%＜极差的相对值≤0.15%	扣3分			
				0.15%＜极差的相对值≤0.20%	扣6分			
				0.20%＜极差的相对值≤0.25%	扣9分			
				0.25%＜极差的相对值≤0.30%	扣12分			
				0.30%＜极差的相对值≤0.35%	扣15分			
				0.35%＜极差的相对值≤0.40%	扣18分			
				0.40%＜极差的相对值≤0.45%	扣21分			
				0.45%＜极差的相对值≤0.50%	扣24分			
				0.50%＜极差的相对值≤0.55%	扣27分			
				极差的相对值＞0.55%	扣30分			
	评语							
						考评员:		

(本实训考核项目编写人:蔡自由)

项目63 分光光度法测定磷操作考核

一、操作指导

本实训项目主要考核容量瓶、吸量管的使用,配制标准系列溶液,用分光光度计测定吸光度,标准曲线的绘制及分析结果计算等。检查实训教学效果,调动学生积极性,使学生学会用分光光度法测定物质的含量。

考核内容要点:

(1)标准曲线的绘制。取6个洗净的25mL容量瓶,依次编号。用吸量管分别移取含PO_4^{3-} 5μg·mL^{-1}的标准溶液0.00mL、0.50mL、1.00mL、2.00mL、3.00mL、4.00mL,分别加5mL蒸馏水和1.5mL钼酸铵-硫酸溶液,摇匀,再分别加入2滴SnCl$_2$-甘油溶液,摇匀,用蒸馏水定容至25.00mL,摇匀,静置10min。按编号顺序,选择690nm波长的光,以不加PO_4^{3-}的溶液作为参比溶液,依次将溶液装入用待测溶液润洗过的比色皿中,在分光光度计上测定各标准系列溶液的吸光度。

(2)试液中磷的测定。用吸量管移取试样溶液10.00mL于25mL容量瓶中,在上述相同条件下显色定容,以不加PO_4^{3-}的溶液作为参比溶液,以690nm波长的光测定其吸光度。计算试样溶液中磷的含量(μg·mL^{-1})。

（3）实验记录与数据处理。

（ⅰ）标准系列溶液与待测溶液的吸光度 A 记录。

表 4-22　吸光度测量

溶液编号	1	2	3	4	5	6	试样
标准溶液体积/mL							—
PO_4^{3-} 含量/$(\mu g \cdot mL^{-1})$							—
吸光度 A							

（ⅱ）试液中磷的含量计算。

标准曲线的绘制：可用坐标纸画，查出磷含量；也可以用 Excel 绘图，通过回归方程算出磷含量。

试样溶液中磷的含量$(\mu g \cdot mL^{-1})$＝标准曲线上查（或算）出的磷含量×稀释倍数

二、考核要求

（1）考生必须穿实验服方可进入考场，进入考场必须保持安静，到指定位置考核。

（2）整个实训应在 90min 内完成。

（3）各种分析仪器操作要规范化。

（4）实验台面要整齐、清洁。

（5）实训报告符合要求，书写整洁，测定结果准确度高。

（6）考核完毕，教师应对学生提出有关问题让学生回答，并对学生不正确的操作和计算给予指出和纠正。

三、考核评价表

表 4-23　分光光度法测定磷操作考核

序号	实训操作步骤	考核指标	分值	详细记录	得分
1	配制标准色阶，试液显色（35 分）	试漏	3		
		编号	2		
		吸标液	7		
		加水	3		
		加试剂 1	7		
		加试剂 2	3		
		摇匀	2		
		定容	6		
		摇匀	2		
2	测定吸光度（标液、试液）（30 分）	开关	1		
		预热	1		
		调零	2		
		装液	6		
		放比色皿	3		
		调波长	2		

续表

序号	实训操作步骤	考核指标	分值	详细记录	得分
2	测定吸光度 (标液、试液)(30分)	参比	4		
		调灵敏度	1		
		测定	6		
		读数	4		
3	标准曲线及分析结果(25分)	实训记录	5		
		标准曲线	10		
		计算结果	6		
		精密度	4		
4	仪器的洗涤、整理(5分)	规范程度	5		
5	分析时间(5分)		5		
合　计		满分	100		
评语					
			测试时间:　　　　　　　　考评员:		

(本实训考核项目编写人:王有龙)

项目 64　全国职业院校技能大赛"工业分析检验"赛项化学分析操作考核

一、考核方案

1. $0.1\text{mol} \cdot \text{L}^{-1}$ $\frac{1}{5}\text{KMnO}_4$ 标准滴定溶液的标定

用减量法准确称取 2.0g 105～110℃烘至恒量的基准草酸钠(不得用去皮的方法,否则称量为零分)于 100mL 小烧杯中,用 50mL 硫酸溶液(1+9)溶解,定量转移至 250mL 容量瓶中,用水稀释至刻度,摇匀。用移液管准确量取 25.00mL 上述溶液放入锥形瓶中,加 75mL 硫酸溶液(1+9),用配制好的高锰酸钾滴定,近终点时加热至 65℃,继续滴定到溶液呈粉红色保持 30s,消耗 KMnO$_4$ 溶液的体积为 $V(\text{KMnO}_4)$(mL)。平行测定 4 次,同时做空白试验。空白试验消耗 KMnO$_4$ 溶液的体积为 V_0(mL)。按下式计算 KMnO$_4$ 标准滴定溶液的浓度(mol·L^{-1})。

$$c\left(\frac{1}{5}\text{KMnO}_4\right) = \frac{m(\text{Na}_2\text{C}_2\text{O}_4) \times \frac{25.00}{250.0} \times 1000}{[V(\text{KMnO}_4) - V_0] \cdot M\left(\frac{1}{2}\text{Na}_2\text{C}_2\text{O}_4\right)}, \quad M\left(\frac{1}{2}\text{Na}_2\text{C}_2\text{O}_4\right) = 67.00\text{g} \cdot \text{mol}^{-1}$$

2. 过氧化氢含量的测定

用减量法准确称取 x(g)双氧水试样,精确至 0.0002g,置于已加有 100mL 硫酸溶液(1+15)的锥形瓶中,用 KMnO$_4$ 标准溶液$[c(\frac{1}{5}\text{KMnO}_4) = 0.1\text{mol} \cdot \text{L}^{-1}]$滴定至溶液呈浅粉色,保持 30s 不褪色即为终点,消耗 KMnO$_4$ 溶液的体积为 $V(\text{KMnO}_4)$(mL)。平行测定 3 次,同时做空白试验。空白试验消耗 KMnO$_4$ 溶液的体积为 V_0(mL)。按下式计算 H$_2$O$_2$ 的含量(g·kg^{-1})。

$$w(\text{H}_2\text{O}_2) = \frac{c\left(\frac{1}{5}\text{KMnO}_4\right) \cdot [V(\text{KMnO}_4) - V_0] \cdot M\left(\frac{1}{2}\text{H}_2\text{O}_2\right) \times 1000}{m(样品) \times 1000}, \quad M\left(\frac{1}{2}\text{H}_2\text{O}_2\right) = 17.01\text{g} \cdot \text{mol}^{-1}$$

二、评分细则

表 4-24　技能大赛操作考核

序号	作业项目	考核内容	分值	操作要求		考核记录	扣分	得分
1	基准物及试样的称量(11分)	天平准备工作	1	预热				
				水平				
				清扫				
				调零				
				每错一项扣0.5分,扣完为止				
		称量操作	4	称量物放于盘中心				
				在接受容器上方开、关称量瓶盖				
				敲的位置正确				
				手不接触称量物或称量物不接触试样接受容器				
				称量物不得置于台面上				
				边敲边竖起称量瓶				
				及时盖干燥器				
				添加试样次数≤3次				
				每错一项扣0.5分,扣完为止				
		基准物称量范围	3	±5%<称量范围≤±10%	扣1分/个			
				称量范围>±10%	扣3分/个			
				扣完为止				
		试样称量范围	2	±5%<称量范围≤±10%	扣1分/个			
				称量范围>±10%	扣2分/个			
				扣完为止				
		结束工作	1	复原天平				
				清扫天平盘				
				登记				
				放回凳子				
				每错一项扣0.5分,扣完为止				
2	基准物溶解及试剂的加入(2分)	溶样方法	2	将壁上固体全部冲下				
				试剂沿壁加入				
				搅拌动作正确(不连续碰壁)				
				同一支玻璃棒未冲洗不得混用				
				每错一项扣0.5分,扣完为止				
3	定量转移并定容(8分)	容量瓶洗涤	0.5	洗涤干净				
		容量瓶试漏	0.5	试漏方法正确				
		定量转移	4	溶样完全后转移(无固体颗粒)				
				玻璃棒拿出前靠去所挂液				
				玻璃棒插入瓶口深度为玻璃棒下端在磨口下端附近				
				玻璃棒不碰瓶口				

序号	作业项目	考核内容	分值	操作要求	考核记录	扣分	得分
3	定量转移并定容（8 分）	定量转移	4	烧杯离容量瓶口的位置(2cm 左右)			
				烧杯上移动作			
				玻璃棒不在杯内滚动(玻璃棒不放在烧杯尖嘴处)			
				吹洗玻璃棒、容量瓶口			
				洗涤次数至少 3 次			
				溶液不洒落			
				每错一项扣 0.5 分，扣完为止			
		定容	3	装液至容量瓶容积的 2/3，水平摇动			
				近刻线停留 2min 左右			
				准确稀释至刻线			
				摇匀动作正确			
				摇动七八次，打开塞子并旋转 180°			
				溶液全部落下后进行下一次摇匀			
				摇匀次数≥14 次			
				每错一项扣 0.5 分，扣完为止			
4	移取溶液（5 分）	移液管洗涤	0.5	洗涤方法正确，洗涤干净			
		移液管润洗	1.5	溶液润洗前将水尽量沥(擦)干			
				小烧杯与移液管润洗次数≥3 次			
				溶液不明显回流			
				润洗液量为 1/4 球至 1/3 球			
				润洗动作正确			
				润洗液从尖嘴放出			
				每错一项扣 0.5 分，扣完为止			
		吸溶液	1	插入液面下 1～2cm			
				不能吸空			
				溶液不得回放至原溶液			
				每错一项扣 0.5 分，扣完为止			
		调刻线	1	调刻线前擦干外壁			
				调刻线时移液管竖直、下端尖嘴靠壁			
				调刻线准确			
				因调刻线失败重吸次数≤1 次			
				调好刻线时移液管下端没有气泡且无挂液			
				每错一项扣 0.5 分，扣完为止			
		放溶液	1	移液管竖直，靠壁，停顿约 15s，旋转			
				用少量水冲下接受容器壁上的溶液			
				每错一项扣 0.5 分			

序号	作业项目	考核内容		分值	操作要求	考核记录	扣分	得分
5	量筒的使用（1分）	洗涤		0.5	用蒸馏水洗涤，未洗涤扣 0.5 分			
		读数		0.5	量筒必须放平稳			
					视线、液体弯月面最低点和刻度水平			
					每错一项扣 0.5 分，扣完为止			
6	滴定操作（5分）	滴定管洗涤		0.5	洗涤方法正确，洗涤干净			
		滴定管试漏		0.5	试漏方法正确			
		滴定管润洗		0.5	润洗前尽量沥干			
					润洗液量为 10～15mL（50mL 滴定管）			
					润洗动作正确			
					润洗次数≥3 次			
					每错一项扣 0.5 分，扣完为止			
		装溶液		1	装溶液前摇匀溶液			
					装溶液时标签对手心			
					溶液不能溢出			
					赶尽气泡			
					每错一项扣 0.5 分，扣完为止			
		调零点		0.5	调零点正确			
		滴定操作		2	滴定前用干净小烧杯靠去滴定管下端所挂液			
					终点后尖嘴内没有气泡或挂液			
					滴定操作与锥形瓶摇动动作协调			
					终点附近靠液次数≤4 次			
					不成直线（虚线）			
					消耗溶液体积小于 50mL，若大于 50mL，按 50mL 计算			
					每错一项扣 0.5 分，扣完为止			
7	滴定终点（5分）	标定	浅红色	5	过终点的检验方法：加 1 滴 $c(\frac{1}{2}Na_2C_2O_4)=0.01mol\cdot L^{-1}$ 的 $Na_2C_2O_4$ 溶液，若溶液无色，则终点正确，否则过终点			
		测定	浅红色		过终点的检验方法：加 1 滴 $c(\frac{1}{2}H_2O_2)=0.015mol\cdot L^{-1}$ 的 H_2O_2 溶液，若溶液无色，则终点正确，否则过终点			
					每错一个扣 1 分，扣完为止			
8	读数（1分）	读数		1	停留 30s 读数，读数正确；读数错误扣 1 分。正确的判断标准为：允许误差最大为±0.02mL，读错的数据请另一位裁判复核，并请裁判长签字			
9	文明操作（1分）	物品摆放		1	仪器摆放不整齐、水迹太多、废纸/废液乱扔乱倒，无结束工作或不好，每错一处扣 0.5 分			

续表

序号	作业项目	考核内容	分值	操作要求		考核记录	扣分	得分
10	重大失误（错误）		0	溶液配制失误，重新配制的，每次倒扣 6 分				
			0	重新滴定，每次倒扣 6 分				
			0	试样洒落，每洒落一次倒扣 3 分				
			0	加错试剂，每加错一次倒扣 3 分				
			0	称量失败，每重称一次倒扣 5 分				
			0	打坏仪器照价赔偿				
			0	未完成的标定或测定或空白，每次倒扣 6 分				
				篡改（如伪造、凑数据等）测量数据，总分以零分计				
11	总时间（0 分）	210min	0	按时收卷，不得延时				
12	数据记录及处理（1 分）	记录及计算	1	有效数字保留正确，每错一处扣 0.5 分，扣完为止；缺计算过程或计算错误每步倒扣 5 分，由此产生的连带错误不再扣分				
13	标定结果（待考后进行真值和差异值处理，完成后用试卷批改软件计算）（30分）	精密度	12	极差的相对值≤0.10%	扣 0 分			
				0.10%＜极差的相对值≤0.15%	扣 2 分			
				0.15%＜极差的相对值≤0.20%	扣 4 分			
				0.20%＜极差的相对值≤0.25%	扣 6 分			
				0.25%＜极差的相对值≤0.30%	扣 8 分			
				极差的相对值＞0.30%	扣 12 分			
		准确度	18	相对误差≤0.10%	扣 0 分			
				0.10%＜|相对误差|≤0.15%	扣 2 分			
				0.15%＜|相对误差|≤0.20%	扣 6 分			
				0.20%＜|相对误差|≤0.25%	扣 10 分			
				0.25%＜|相对误差|≤0.30%	扣 14 分			
				|相对误差|＞0.30%	扣 18 分			
14	测定结果（待考后进行真值和差异值处理，完成后用试卷批改软件计算）（30分）	精密度	12	极差的相对值≤0.10%	扣 0 分			
				0.10%＜极差的相对值≤0.15%	扣 2 分			
				0.15%＜极差的相对值≤0.20%	扣 4 分			
				0.20%＜极差的相对值≤0.25%	扣 6 分			
				0.25%＜极差的相对值≤0.30%	扣 8 分			
				极差的相对值＞0.30%	扣 12 分			
		准确度	18	|相对误差|≤0.10%	扣 0 分			
				0.10%＜|相对误差|≤0.15%	扣 2 分			
				0.15%＜|相对误差|≤0.20%	扣 6 分			
				0.20%＜|相对误差|≤0.25%	扣 10 分			
				0.25%＜|相对误差|≤0.30%	扣 14 分			
				|相对误差|＞0.30%	扣 18 分			

注：结果真值由主办单位、外请企业、竞赛现场参赛选手三方结果经可疑值取舍和显著性检验后，通过平均值加权重计算得出。

（本实训考核项目编写人：蔡自由）

说明：

(1)所有原始数据必须请裁判复查确认后才有效，否则考核成绩为零分。

(2)所有容量瓶稀释至刻度后必须请裁判复查确认后才可进行摇匀。

(3)记录原始数据时，不允许在报告单上计算，待所有的操作完毕后才允许计算。

(4)滴定消耗溶液体积若大于 50mL，以 50mL 计算。

项目 65　全国职业院校技能大赛"工业分析检验"赛项仪器分析操作考核

一、考核方案

1. 仪器

紫外可见分光光度计(UV-1800PC-DS2)，石英比色皿(1cm，2 个，可以自带)，容量瓶 (100mL，15 个)，吸量管(10mL，5 支)，烧杯(100mL，5 个)。

2. 试剂

标准物质溶液：任选四种标准物质溶液(水杨酸、1,10-菲咯啉、磺基水杨酸、苯甲酸、维生素 C、山梨酸、对羟基苯磺酸、苯磺酸钠)。

未知液：四种标准物质溶液中的任何一种。

3. 实验操作

(1)比色皿配套性检查。石英比色皿中装蒸馏水，在 220nm 波长处，以一个比色皿为参比，调节透光率为 100%，测定其余比色皿的透光率，其偏差应小于 0.5%；也可配成一套使用，记录其余比色皿的吸光度值。

(2)未知物的定性分析。将四种标准储备溶液和未知液配制成一定浓度的溶液。以蒸馏水为参比，于波长 200～350nm 范围内测定溶液吸光度，并绘制吸收曲线。根据吸收曲线的形状确定未知物，并从曲线上确定最大吸收波长作为定量测定时的测量波长。190～210nm 处的波长不能作为最大吸收波长。

(3)标准曲线绘制。用吸量管分别准确移取一定体积的标准溶液于 100mL 容量瓶中，以蒸馏水稀释至刻线，摇匀。根据未知液吸收曲线上的最大吸收波长，以蒸馏水为参比，测定吸光度。然后以浓度为横坐标，以相应的吸光度为纵坐标绘制标准曲线。要求绘制标准曲线时取点均匀合理，取点不少于 7 个。

(4)未知物的定量分析。确定未知液的稀释倍数，并配制待测溶液于 100mL 容量瓶中，以蒸馏水稀释至刻线，摇匀。根据未知液吸收曲线上的最大吸收波长，以蒸馏水为参比，测定吸光度。根据待测溶液的吸光度，确定未知样品的浓度。未知样平行测定 3 次。

4. 结果处理

根据未知溶液的稀释倍数，求出未知物的含量。计算公式：

$$c_0 = c_x n$$

式中，c_0 为原始未知溶液浓度，$\mu g/mL$；c_x 为查得的未知溶液浓度，$\mu g/mL$；n 为未知溶液的稀释倍数。

二、评分细则

第一部分　现场评分(共 47 分)

表 4-25　现场评分考核

项目	序号	考核内容	分值	考核记录		扣分说明	扣分标准	扣分	得分
(一)仪器准备(2 分)	1	实验台的清洁、整理	0.5	正确		未清洁、整理扣 0.5 分	0		
				不正确			0.5		
	2	玻璃量具的合理应用	0.5	正确		规格选择不正确扣分,扣完为止	0		
				不正确			0.2 分/个		
	3	玻璃量具的清洗	0.5	洗净		未洗净扣分,扣完为止	0		
				未洗净			0.1 分/个		
	4	仪器自检预热	0.5	及时进行		比赛开始未及时进行扣 0.5 分	0		
				未及时进行			0.5		
(二)溶液制备(11 分)	5	吸量管润洗	0.5	进行		未进行润洗或用量明显较多,扣 0.5 分	0		
				未进行			0.5		
	6	容量瓶的试漏	0.5	进行		未试漏扣分,扣完为止	0		
				未进行			0.2 分/个		
	7	吸液触底、吸空或失败	0.5	未出现		出现扣 0.5 分	0		
				出现			0.5		
	8	吸量管插入溶液前及调节液面前用纸擦拭管外溶液	0.5	进行		未擦拭扣分,扣完为止	0		
				未进行			0.5 分/项		
		放出溶液时,吸量管保持垂直	0.5	正确		操作不正确扣 0.5 分	0		
				不正确			0.5		
		容量瓶倾斜约 30°	0.5	正确		操作不正确扣 0.5 分	0		
				不正确			0.5		
		移液管尖部触容量瓶口内壁	0.5	正确		操作不正确扣 0.5 分	0		
				不正确			0.5		
		溶液自然流下	0.5	正确		操作不正确扣 0.5 分	0		
				不正确			0.5		
	9	溶液放完后,移液管停留 15s 后移开	0.5	正确		未停留或停留不足 15s 扣 0.5 分	0		
				不正确			0.5		
	10	容量瓶瓶口溶液的吹洗	0.5	进行		未吹洗扣 0.5 分	0		
				未进行			0.5		
	11	移取溶液	1	无重复		有重复扣 1 分	0		
				有重复			1		
	12	用蒸馏水稀释至容量瓶的 2/3 体积处,左右水平平摇	0.5	进行		未进行扣 0.5 分	0		
				未进行			0.5		
	13	加蒸馏水至标线约 1cm 处等待 1~2min	1	进行		未等待,扣 1 分	0		
				未进行			1		
	14	逐滴加入蒸馏水稀释至刻度	2	准确		溶液稀释体积不准确扣 0.5 分/个,本项扣完为止,不倒扣	0		
				不准确			0.5 分/个		
	15	摇匀	1	正确		摇匀动作不正确、次数不够,扣分	0		
				不正确			0.5 分/项		

项目	序号	考核内容	分值	考核记录		扣分说明	扣分标准	扣分	得分
(三)比色皿的使用(4分)	16	比色皿的持法	0.5	正确		手指接触透光面,扣0.5分	0		
				不正确			0.5		
	17	比色皿的润洗	0.5	进行		未润洗,扣0.5分	0		
				未进行			0.5		
	18	溶液注入量(2/3~4/5)	0.5	正确		注入量过多或过少,扣0.5分	0		
				不正确			0.5		
	19	比色皿透光面外溶液处理	0.5	进行		未处理或方法不当,扣0.5分	0		
				未进行			0.5		
	20	定量分析时同组比色皿的校正	1	进行		未进行扣分,扣完为止	0		
				未进行			0.5分/个		
	21	测定后,比色皿洗净,控干保存	1	进行		未进行扣1分	0		
				未进行			1		
(四)仪器的使用(3分)	22	参比溶液选择及空白校正	1	进行		选择或配制错误,扣0.5分,校正不对扣0.5分	0		
				未进行			0.5分/项		
	23	参比溶液的位置	1	正确		使用错乱或不正确扣1分	0		
				不正确			1		
	24	测量数据的保存、记录及打印	1	进行		未进行扣1分	0		
				未进行			1		
(五)化合物吸收曲线的绘制(8分)	25	光谱扫描、绘制吸收曲线(参数设置是否进行,即扫描波长范围选择、扫描吸光度显示范围选择)	2	进行		不进行扣1分/项,扣完为止	0		
				不进行			1分/项		
	26	所打印吸收光谱曲线中最大吸收波长处吸光度是否符合考题要求	6	符合		吸收光谱曲线未打印或不符合要求扣1分/处	0		
				不符合			1分/处		
(六)定量测定(现场部分)(11分)	27	测量波长的选择(是否用最大吸收波长)	2	使用		不使用扣2分	0		
				不使用			2		
	28	正确配制标准系列溶液(不少于5个)	3	正确		标准系列溶液个数不足5个,扣3分	0		
				不正确			3		
	29	标准系列溶液吸光度测定、绘制标准曲线(吸收应合适,大多数溶液吸光度为0.2~0.8)	2	合适		不合适扣2分	0		
				不合适			2		
	30	试样溶液稀释(试液吸光度处于标准曲线范围内)	2	正确		不正确扣2分,不允许重做	0		
				不正确			1分/项		
	31	标准曲线坐标设置[坐标选择正确,以斜率45°左右(30°~60°)合适]	2	正确、合适		不齐全、不合适扣1分/项	0		
				不正确、合适			1分/项		
(七)原始记录(6分)	32	项目齐全、不空缺	2	规范		不齐全、空项扣1分/项,最多扣5分	0		
				不规范			1分/项		
	33	数据填在原始记录上	2	规范		转抄、誊写扣1分/次,最多扣5分	0		
				不规范			1分/次		
	34	更改数值	2	规范		未经裁判员认可更改数值扣1分/次,最多扣5分	0		
				不规范			1分/次		

续表

项目	序号	考核内容	分值	考核记录		扣分说明	扣分标准	扣分	得分
(八)结束工作(2分)	35	关闭电源,罩好仪器防尘罩	0.5	进行		未进行扣0.5分	0.5		
				未进行			0.5		
	36	台面整理	0.5	进行		未进行扣0.5分	0.5		
				未进行			0.5		
	37	仪器使用登记记录填写	0.5	进行		未进行扣0.5分	0.5		
				未进行			0.5		
	38	废物、废液处理	0.5	进行		未进行扣0.5分	0.5		
				未进行			0.5		
(九)完成时间(0分)	39	210min 完成	0	按时		比赛时间一到,立即停止比赛			
				不按时					
重大失误(错误)		溶液配制失误,重新配制。每次扣3分,封顶扣9分							
		损坏玻璃仪器,按情节及损失严重程度每次扣2~10分(普通仪器扣2分,比色皿扣10分);封顶扣15分							
		若损坏紫外分光光度计等分析仪器,每次扣30分并赔偿相关损失,封顶扣60分							
		试样测量数据必须经裁判员复核,否则视为无效,不得分;未经裁判确认的可以要求选手重做							
		容量瓶刻度必须经裁判员复核,否则每次扣10分							
		篡改(如伪造、凑数据等)测量数据,取消比赛资格或总分以零分计							

第二部分　阅卷评分(共 53 分)

表 4-26　阅卷评分考核

项目	序号	考核内容	分值	考核记录		扣分说明	扣分标准	扣分	得分
(六)定量测定(阅卷部分)(18分)	40	标准曲线线性(批改试卷时根据阅卷软件计算)	15	好		相关系数≥0.99999	0		
				较好		相关系数≥0.9999	5		
				一般		相关系数≥0.999	10		
				较差		相关系数<0.999	15		
	41	图上标注项目齐全(图上不得标注与考生相关的信息,否则取消比赛资格)	2	全		每缺一项扣1分,最多扣2分	0		
				不全			1分/项		
	42	计算公式正确(试卷批改有参考)	1	正确		计算公式不正确扣1分	0		
				不正确			1		
(十)测定结果(35分)	43	精密度(待考后进行真值和差异值处理,完成后用阅卷软件计算)	10	好		相对平均偏差<0.3%	0		
				较好		0.3%≤相对平均偏差≤0.5%	5		
				较差		相对平均偏差>0.5%	10		
	44	准确度(待考后进行真值和差异值处理,完成后用阅卷软件计算)	25	好		|相对误差|≤0.5%	0		
				较好		0.5%<|相对误差|≤1.0%	10		
				一般		1.0%<|相对误差|≤2.0%	15		
				较差		2.0%<|相对误差|≤5.0%	20		
				差		|相对误差|>5.0%	25		

注: (1)形成的相关系数需经裁判员确认。

(2)试样平行取 3 份。

(3)测定结果真值的产生参照项目 64。

(4)请阅卷裁判将现场得分和阅卷得分进行汇总,得出总得分。

(本实训考核项目编写人:蔡自由)

主要参考文献

蔡自由，黄月君. 2013. 分析化学. 2 版. 北京：中国医药科技出版社

陈焕光等. 1998. 分析化学实验. 2 版. 广州：中山大学出版社

方国女，王燕，周其镇. 2005. 基础化学实验（I）. 2 版. 北京：化学工业出版社

高占先. 2004. 有机化学实验. 4 版. 北京：高等教育出版社

国家药典委员会. 2010. 中华人民共和国药典. 2 部. 北京：中国医药科技出版社

王炳强，曾玉香. 2015. 全国职业院校技能竞赛工业分析检验赛项指导书. 北京：化学工业出版社

魏庆莉，罗世忠，解从霞. 2008. 基础化学实验. 北京：科学出版社

魏祖期. 2008. 基础化学实验. 2 版. 北京：人民卫生出版社

武汉大学. 2001. 分析化学实验. 4 版. 北京：高等教育出版社

曾慧慧，刘俊义. 2004. 现代实验化学. 上册. 北京：北京大学医学出版社

中国药品生物制品检定所等. 2010. 中国药品检验标准操作规范. 北京：中国医药科技出版社

中华人民共和国国家质量监督检验检疫总局. 2003. GB/T 601—2002 化学试剂 标准滴定溶液的制备. 北京：中国标准出版社

中华人民共和国国家质量监督检验检疫总局. 2003. GB/T 602—2002 化学试剂 杂质测定用标准溶液的制备. 北京：中国标准出版社

中华人民共和国国家质量监督检验检疫总局. 2003. GB/T 603—2002 化学试剂 试验方法中所用制剂及制品的制备. 北京：中国标准出版社

中华人民共和国国家质量监督检验检疫总局. 2007. JJG 196—2006 常用玻璃量器检定规程. 北京：中国计量出版社

中山大学等. 1992. 无机化学实验. 3 版. 北京：高等教育出版社

Hage D S，Carr J D. 2012. Analytical Chemistry and Quantitative Analysis. 北京：机械工业出版社

Haynes W M. 2011～2012. Handbook of Chemistry and Physics. 92nd ed. Boca Raton：CRC Press

附　录

附录 1　常用相对分子质量表

化学式	相对分子质量	化学式	相对分子质量	化学式	相对分子质量
AgBr	187.772	$Ca_3(PO_4)_2$	310.177	C_6H_7N(苯胺)	93.127
AgCl	143.321	$CaSO_4$	136.141	C_8H_9NO(乙酰苯胺)	135.164
AgCN	133.886	$CdCO_3$	172.420	$C_3N_6H_6$(三聚氰胺)	126.120
AgSCN	165.951	$CdCl_2$	183.317	$C_{13}H_{16}O_2$(肉桂酸正丁酯)	204.266
Ag_2CrO_4	331.730	CdS	144.476	$C_6H_{14}N_2O_2$(赖氨酸)	146.188
AgI	234.773	$Ce(SO_4)_2$	332.241	$FeCl_2$	126.751
$AgNO_3$	169.873	$CoCl_2$	129.839	$FeCl_3$	162.204
$AlCl_3$	133.341	$CoCl_2 \cdot 6H_2O$	237.931	$Fe(NO_3)_3$	241.860
$AlCl_3 \cdot 6H_2O$	241.433	$Co(NO_3)_2 \cdot 6H_2O$	291.035	FeO	71.844
$Al(NO_3)_3$	212.996	$CoSO_4$	154.996	Fe_2O_3	159.688
Al_2O_3	101.961	$CoSO_4 \cdot 7H_2O$	281.103	$Fe(OH)_3$	106.867
$Al(OH)_3$	78.004	$CrCl_3$	158.355	FeS	87.910
$Al_2(SO_4)_3$	342.151	$Cr(NO_3)_3$	238.011	Fe_2S_3	207.885
$Al_2(SO_4)_3 \cdot 18H_2O$	666.426	Cr_2O_3	151.991	$FeSO_4$	151.908
As_2O_3	197.841	$CuCl_2$	134.452	$FeSO_4 \cdot 7H_2O$	278.015
As_2S_3	246.038	$CuCl_2 \cdot 2H_2O$	170.483	H_3AsO_3	125.944
$BaCO_3$	197.336	CuSCN	121.628	H_3AsO_4	141.943
BaC_2O_4	225.346	CuI	190.450	H_3BO_3	61.833
$BaCl_2$	208.233	$Cu(NO_3)_2$	187.556	HBr	80.912
$BaCl_2 \cdot 2H_2O$	244.264	CuO	79.545	H_2CO_3	62.025
$BaCrO_4$	253.321	Cu_2O	143.091	HCOOH(甲酸)	46.025
BaO	153.326	CuS	95.611	$H_2C_2O_4$	90.035
$Ba(OH)_2$	171.342	$CuSO_4$	159.609	$H_2C_2O_4 \cdot 2H_2O$	126.066
$BaSO_4$	233.390	$CuSO_4 \cdot 5H_2O$	249.685	HCl	36.461
$BiCl_3$	315.339	CH_3COOH(HAc)	60.052	$HClO_4$	100.459
CO_2	44.010	$CO(NH_2)_2$(尿素)	60.055	HF	20.006
CO_3^{2-}	60.0089	C_2H_5OH(乙醇)	46.068	HIO_3	175.911
CaO	56.077	$CH_3COOC_2H_5$(乙酸乙酯)	88.105	HNO_3	63.013
$CaCO_3$	100.087	$(CH_3CO)_2O$(乙酸酐)	102.089	HNO_2	47.013
CaC_2O_4	128.097	$C_6H_{12}O_6 \cdot H_2O$(葡萄糖)	198.171	H_2O	18.01528
$CaCl_2$	110.984	$C_9H_8O_4$(阿司匹林)	180.157	H_2O_2	34.015
$CaCl_2 \cdot 6H_2O$	219.076	$C_6H_8O_6$(维生素 C)	176.124	H_3PO_4	97.995
$Ca(NO_3)_2 \cdot 4H_2O$	236.149	$C_7H_6O_2$(苯甲酸)	122.121	H_2S	34.081
$Ca(OH)_2$	74.093	C_6H_6O(苯酚)	94.112	H_2SO_3	82.079

化学式	相对分子质量	化学式	相对分子质量	化学式	相对分子质量
H_2SO_4	98.078	MgC_2O_4	112.324	NaAc（乙酸钠）	82.034
$HgCl_2$	271.496	$Mg(NO_3)_2 \cdot 6H_2O$	256.406	NaCl	58.443
Hg_2Cl_2	472.086	$MgNH_4PO_4$	137.315	NaClO	74.442
HgI_2	454.399	MgO	40.304	$NaHCO_3$	84.007
$Hg(NO_3)_2$	324.600	$Mg(OH)_2$	58.320	$Na_2HPO_4 \cdot 12H_2O$	358.142
HgO	216.589	$Mg_2P_2O_7$	222.553	$Na_2H_2Y \cdot 2H_2O$	372.237
HgS	232.655	$MgSO_4 \cdot 7H_2O$	246.475	$NaC_7H_5O_2$（苯甲酸钠）	144.103
$HgSO_4$	296.653	$MnCO_3$	114.947	$Na_2C_2O_4$（草酸钠）	133.999
Hg_2SO_4	497.243	$MnCl_2 \cdot 4H_2O$	197.905	$NaNO_2$	68.995
I_2	253.809	$Mn(NO_3)_2 \cdot 6H_2O$	287.040	$NaNO_3$	84.995
$KAl(SO_4)_2 \cdot 12H_2O$	474.388	MnO	70.937	Na_2O	61.979
KBr	119.002	MnO_2	86.937	Na_2O_2	77.978
$KBrO_3$	167.000	MnS	87.003	NaOH	39.997
KCl	74.551	$MnSO_4$	151.001	Na_3PO_4	163.941
$KClO_3$	122.550	NO	30.006	Na_2S	78.045
$KClO_4$	138.549	NO_2	46.006	Na_2SO_3	126.043
KCN	65.116	NO_3^-	62.0049	Na_2SO_4	142.042
K_2CO_3	138.206	NH_3	17.031	$Na_2S_2O_3$	158.108
K_2CrO_4	194.190	NH_4^+	18.03846	$Na_2S_2O_3 \cdot 5H_2O$	248.184
$K_2Cr_2O_7$	294.185	NH_4Cl	53.491	NaSCN	81.072
$K_3Fe(CN)_6$	329.244	$(NH_4)_2CO_3$	96.086	$NiCl_2 \cdot 6H_2O$	237.691
$K_4Fe(CN)_6$	368.343	$(NH_4)_2C_2O_4$	124.096	$Ni(NO_3)_2 \cdot 6H_2O$	290.795
$KFe(SO_4)_2 \cdot 12H_2O$	503.252	$NH_4Fe(SO_4)_2 \cdot 12H_2O$	482.192	$NiSO_4 \cdot 7H_2O$	280.863
$KHC_2O_4 \cdot H_2O$	146.141	$(NH_4)_2Fe(SO_4)_2 \cdot 6H_2O$	392.139	OH^-	17.00734
$KHC_2O_4 \cdot H_2C_2O_4 \cdot 2H_2O$	254.191	NH_4SCN	76.121	P_2O_5	141.945
$KHC_8H_4O_4$（邻苯二甲酸氢钾）	204.221	NH_4HCO_3	79.055	PO_4^{3-}	94.97136
$KHSO_4$	136.169	$(NH_4)_2MoO_4$	196.035	$PbCO_3$	267.209
KI	166.003	NH_4NO_3	80.043	PbC_2O_4	295.219
KIO_3	214.001	$(NH_4)_2HPO_4$	132.056	$PbCl_2$	278.106
$KMnO_4$	158.034	$(NH_4)_2S$	68.142	$PbCrO_4$	323.194
KNO_2	85.104	$(NH_4)_2SO_4$	132.140	$Pb(CH_3COO)_2$	325.288
KNO_3	101.103	NH_4VO_3	116.978	$Pb(NO_3)_2$	331.210
K_2O	94.196	Na_3AsO_3	191.889	PbO	223.199
KOH	56.106	$Na_2B_4O_7$	201.219	PbO_2	239.199
KSCN	97.181	$Na_2B_4O_7 \cdot 10H_2O$	381.372	PbS	239.265
K_2SO_4	174.259	$NaBiO_3$	297.968	$PbSO_4$	303.263
$MgCO_3$	84.314	NaCN	49.007	SO_2	64.064
$MgCl_2$	95.211	Na_2CO_3	105.988	SO_3	80.063
$MgCl_2 \cdot 6H_2O$	203.303	$Na_2CO_3 \cdot 10H_2O$	286.141	SO_4^{2-}	96.0626

化学式	相对分子质量	化学式	相对分子质量	化学式	相对分子质量
$SbCl_3$	228.119	SnO_2	150.709	ZnC_2O_4	153.399
$SbCl_5$	299.025	SnS_2	182.840	$ZnCl_2$	136.286
Sb_2O_3	291.518	$SrCO_3$	147.629	$Zn(CH_3COO)_2$	183.468
Sb_2S_3	339.715	SrC_2O_4	175.639	$Zn(NO_3)_2$	189.390
SiO_2	60.084	$SrCrO_4$	203.614	ZnO	81.379
$SnCl_2$	189.616	$Sr(NO_3)_2$	211.630	ZnS	97.445
$SnCl_2 \cdot 2H_2O$	225.647	$SrSO_4$	183.683	$ZnSO_4$	161.443
$SnCl_4$	260.522	$ZnCO_3$	125.389	$ZnSO_4 \cdot 7H_2O$	287.550

注：除氢、硼、碳、氮、氧、硅、硫、氯元素按 2007 年规定的相对原子质量计算外，其余均按 2009 年规定的相对原子质量计算。

（附录 1 编写人：蔡自由）

附录 2　常见弱酸、弱碱在水中的解离常数(25℃)

一、弱酸及其共轭碱

化合物	分子式	分级	K_a	pK_a	共轭碱		
					分级	K_b	pK_b
砷酸	H_3AsO_4	K_{a_1}	5.5×10^{-3}	2.26	K_{b_3}	1.8×10^{-12}	11.74
		K_{a_2}	1.7×10^{-7}	6.76	K_{b_2}	5.8×10^{-8}	7.24
		K_{a_3}	5.1×10^{-12}	11.29	K_{b_1}	1.9×10^{-3}	2.71
亚砷酸	H_2AsO_3		5.1×10^{-10}	9.29		1.9×10^{-5}	4.71
硼酸	H_3BO_3		5.4×10^{-10}	9.27(20℃)		1.8×10^{-5}	4.73
焦硼酸*	$H_2B_4O_7$	K_{a_1}	1.0×10^{-4}	4.00	K_{b_2}	1.0×10^{-10}	10.00
		K_{a_2}	1.0×10^{-9}	9.00	K_{b_1}	1.0×10^{-5}	5.00
碳酸	H_2CO_3	K_{a_1}	4.5×10^{-7}	6.35	K_{b_2}	2.2×10^{-8}	7.65
		K_{a_2}	4.7×10^{-11}	10.33	K_{b_1}	2.1×10^{-4}	3.67
氢氰酸	HCN		6.2×10^{-10}	9.21		1.6×10^{-5}	4.79
铬酸	H_2CrO_4	K_{a_1}	0.18	0.74	K_{b_2}	5.5×10^{-14}	13.26
		K_{a_2}	3.2×10^{-7}	6.49	K_{b_1}	3.1×10^{-8}	7.51
氢氟酸	HF		6.3×10^{-4}	3.20		1.6×10^{-11}	10.80
亚硝酸	HNO_2	K_{a_1}	5.6×10^{-4}	3.25		1.8×10^{-11}	10.75
过氧化氢	H_2O_2		2.4×10^{-12}	11.62		4.2×10^{-3}	2.38
磷酸	H_3PO_4	K_{a_1}	6.9×10^{-3}	2.16	K_{b_3}	1.4×10^{-12}	11.84
		K_{a_2}	6.2×10^{-8}	7.21	K_{b_2}	1.6×10^{-7}	6.79
		K_{a_3}	4.8×10^{-13}	12.32	K_{b_1}	2.1×10^{-2}	1.68
焦磷酸	$H_4P_2O_7$	K_{a_1}	0.12	0.91	K_{b_4}	8.1×10^{-14}	13.09
		K_{a_2}	7.9×10^{-3}	2.10	K_{b_3}	1.3×10^{-12}	11.90
		K_{a_3}	2.0×10^{-7}	6.70	K_{b_2}	5.0×10^{-8}	7.30
		K_{a_4}	4.8×10^{-10}	9.32	K_{b_1}	2.1×10^{-5}	4.68

化合物	分子式	分级	K_a	pK_a	共轭碱		
					分级	K_b	pK_b
亚磷酸	H_3PO_3	K_{a_1}	5.0×10^{-2}	1.30(20℃)	K_{b_2}	2.0×10^{-13}	12.70
		K_{a_2}	2.0×10^{-7}	6.70(20℃)	K_{b_1}	5.0×10^{-8}	7.30
氢硫酸	H_2S	K_{a_1}	8.9×10^{-8}	7.05	K_{b_2}	1.1×10^{-7}	6.95
		K_{a_2}	1.0×10^{-19}	19			
硫酸	H_2SO_4	K_{a_2}	1.0×10^{-2}	1.99	K_{b_1}	9.8×10^{-13}	12.01
亚硫酸	H_2SO_3	K_{a_1}	1.4×10^{-2}	1.85	K_{b_2}	7.1×10^{-13}	12.15
		K_{a_2}	6.3×10^{-8}	7.20	K_{b_1}	1.6×10^{-7}	6.80
偏硅酸*	H_2SiO_3	K_{a_1}	1.7×10^{-10}	9.77	K_{b_2}	5.9×10^{-5}	4.23
		K_{a_2}	1.6×10^{-12}	11.8	K_{b_1}	6.2×10^{-3}	2.20
甲酸	HCOOH		1.8×10^{-4}	3.75		5.6×10^{-11}	10.25
乙酸	CH_3COOH		1.75×10^{-5}	4.756		5.70×10^{-10}	9.244
一氯乙酸	$CH_2ClCOOH$		1.3×10^{-3}	2.87		7.4×10^{-12}	11.13
二氯乙酸	$CHCl_2COOH$		4.5×10^{-2}	1.35		2.2×10^{-13}	12.65
三氯乙酸	CCl_3COOH		0.22	0.66		4.6×10^{-14}	13.34
甘氨酸	$^+NH_3CH_2COOH$	K_{a_1}	4.5×10^{-3}	2.35	K_{b_2}	2.2×10^{-12}	11.65
	$^+NH_3CH_2COO^-$	K_{a_2}	1.7×10^{-10}	9.78	K_{b_1}	6.0×10^{-5}	4.22
乳酸	$CH_3CHOHCOOH$		1.4×10^{-4}	3.86		7.2×10^{-11}	10.14
抗坏血酸	$C_6H_8O_6$	K_{a_1}	9.1×10^{-5}	4.04	K_{b_2}	1.1×10^{-10}	9.96
		K_{a_2}	2.0×10^{-12}	11.70(16℃)	K_{b_1}	5.0×10^{-3}	2.30
苯甲酸	C_6H_5COOH		6.3×10^{-5}	4.20		1.6×10^{-10}	9.80
草酸	$H_2C_2O_4$	K_{a_1}	5.6×10^{-2}	1.25	K_{b_2}	1.8×10^{-13}	12.75
		K_{a_2}	1.5×10^{-4}	3.81	K_{b_1}	6.7×10^{-11}	10.19
dl-酒石酸	$(CHOHCOOH)_2$	K_{a_1}	9.3×10^{-4}	3.03	K_{b_2}	1.1×10^{-11}	10.97
		K_{a_2}	4.3×10^{-5}	4.37	K_{b_1}	2.3×10^{-10}	9.63
顺丁烯二酸	$CHCH(COOH)_2$	K_{a_1}	1.2×10^{-2}	1.92	K_{b_2}	8.3×10^{-13}	12.08
		K_{a_2}	5.9×10^{-7}	6.23	K_{b_1}	1.7×10^{-8}	7.77
邻苯二甲酸	$C_6H_4(COOH)_2$	K_{a_1}	1.14×10^{-3}	2.943	K_{b_2}	8.77×10^{-12}	11.057
		K_{a_2}	3.70×10^{-6}	5.432	K_{b_1}	2.70×10^{-9}	8.568
柠檬酸	$C_3H_4OH(COOH)_3$	K_{a_1}	7.4×10^{-4}	3.13	K_{b_3}	1.3×10^{-11}	10.87
		K_{a_2}	1.7×10^{-5}	4.76	K_{b_2}	5.8×10^{-10}	9.24
		K_{a_3}	4.0×10^{-7}	6.40	K_{b_1}	2.5×10^{-8}	7.60
苯酚	C_6H_5OH		1.0×10^{-10}	9.99		9.8×10^{-5}	4.01
乙二胺四乙酸*	H_6Y^{2+}	K_{a_1}	0.13	0.9	K_{b_6}	7.7×10^{-14}	13.1
	H_5Y^+	K_{a_2}	3×10^{-2}	1.6	K_{b_5}	3.3×10^{-13}	12.4
	H_4Y	K_{a_3}	1×10^{-2}	2.0	K_{b_4}	1×10^{-12}	12.0
	H_3Y^-	K_{a_4}	2.1×10^{-3}	2.67	K_{b_3}	4.8×10^{-12}	11.33
	H_2Y^{2-}	K_{a_5}	6.9×10^{-7}	6.16	K_{b_2}	1.4×10^{-8}	7.84
	HY^{3-}	K_{a_6}	5.5×10^{-11}	10.26	K_{b_1}	1.8×10^{-4}	3.74

二、弱碱及其共轭酸

化合物	分子式	分级	K_b	pK_b	共轭酸		
					分级	K_a	pK_a
氨	NH_3		1.8×10^{-5}	4.75		5.6×10^{-10}	9.25
联氨	H_2NNH_2		1.3×10^{-6}	5.9		7.9×10^{-9}	8.1
羟胺	NH_2OH		8.7×10^{-9}	8.06		1.1×10^{-6}	5.94
甲胺	CH_3NH_2		4.6×10^{-4}	3.34		2.2×10^{-11}	10.66
乙胺	$C_2H_5NH_2$		4.5×10^{-4}	3.35		2.2×10^{-11}	10.65
二甲胺	$(CH_3)_2NH$		5.4×10^{-4}	3.27		1.9×10^{-11}	10.73
二乙胺	$(C_2H_5)_2NH$		6.9×10^{-4}	3.16		1.4×10^{-11}	10.84
乙醇胺	$HOCH_2CH_2NH_2$		3.2×10^{-5}	4.50		3.2×10^{-10}	9.50
三乙醇胺	$(HOCH_2CH_2)_3N$		5.8×10^{-7}	6.24		1.7×10^{-8}	7.76
六次甲基四胺*	$(CH_2)_6N_4$		1.4×10^{-9}	8.85		7.1×10^{-6}	5.15
乙二胺	$H_2NCH_2CH_2NH_2$	K_{b_1}	8.3×10^{-5}	4.08	K_{a_2}	1.2×10^{-10}	9.92
		K_{b_2}	7.2×10^{-8}	7.14	K_{a_1}	1.4×10^{-7}	6.86
吡啶	C_5H_5N		1.7×10^{-9}	8.77		5.9×10^{-6}	5.23
邻二氮菲	$C_{12}H_8N_2$		6.9×10^{-10}	9.16		1.4×10^{-5}	4.84

注：数据录自 Haynes W M. 2011～2012. Handbook of Chemistry and Physics. 92nd ed. Boca Raton：CRC Press。

*数据录自武汉大学. 2006. 分析化学. 5 版. 北京：高等教育出版社。

（附录 2 编写人：蔡自由）

附录 3　常用化学试剂及其配制

一、化学试剂的规格和选用原则

名称	基准试剂	优质纯试剂	分析纯试剂	化学纯试剂	实验试剂
英文名称	primary standard	guaranteed reagent	analytical reagent	chemical reagent	laboratorial reagent
英文缩写	—	G. R.	A. R.	C. P.	L. R.
标签颜色	—	绿色	红色	蓝色	棕色或黄色
适用范围	直接配制或标定标准溶液	精密分析和科学研究	一般分析和科学研究	一般定性和化学制备	一般化学制备
选用试剂原则	标定标准溶液用基准试剂；制备标准溶液可采用分析纯或化学纯试剂，但不经标定直接按称量计算浓度者，则应采用基准试剂；制备杂质限度检查用的标准溶液，采用优质纯或分析纯试剂；制备普通试液与缓冲溶液等可采用分析纯或化学纯试剂；一般化学制备等可采用化学纯或实验试剂				

二、市售常用酸碱试剂的浓度、含量及密度

试剂	浓度/(mol·L^{-1})	含量/%	密度/(g·mL^{-1})
乙酸	6.2～6.4	36.0～37.0	1.04
冰醋酸	17.4	99.8(G. R.)、99.5(A. R.)、99.0(C. P.)	1.05
氨水	12.9～14.8	25～28	0.88
盐酸	11.7～12.4	36～38	1.18～1.19
氢氟酸	27.4	40.0	1.13

续表

试剂	浓度/(mol·L^{-1})	含量/%	密度/(g·mL^{-1})
硝酸	14.4~15.2	65~68	1.39~1.40
高氯酸	11.7~12.5	70.0~72.0	1.68
磷酸	14.6	85.0	1.69
硫酸	17.8~18.4	95~98	1.83~1.84

三、市售常用有机溶剂的沸点及相对密度

名称	沸点/℃	相对密度(d_4^{20})	名称	沸点/℃	相对密度(d_4^{20})
甲醇	64.96	0.7914	苯	80.1	0.87865
乙醇	78.5	0.7893	甲苯	110.6	0.8669
乙醚	34.51	0.71378	二甲苯(o-, m-, p-)	140	
丙酮	56.2	0.7899	氯仿	61.7	1.4832
乙酸	117.9	1.0492	四氯化碳	76.54	1.5940
乙酐	139.55	1.0820	二硫化碳	46.25	1.2632
乙酸乙酯	77.06	0.9003	硝基苯	210.8	1.2037
二氧六环	101.1	1.0337	正丁醇	117.25	0.8098

四、常用基准试剂

基准物质	干燥条件	标定对象
无水 Na$_2$CO$_3$	270~300℃保持 50min，干燥器中冷却	酸
Na$_2$B$_4$O$_7$·10H$_2$O(硼砂)	含 NaCl 和蔗糖饱和溶液的干燥器中保存	酸
KHC$_8$H$_4$O$_4$(邻苯二甲酸氢钾)	110~120℃干燥至恒量，干燥器中冷却	碱或 HClO$_4$
H$_2$C$_2$O$_4$·2H$_2$O(草酸)	室温空气中干燥	碱或 KMnO$_4$
NaCl	500~600℃保持 50min，干燥器中冷却	AgNO$_3$
AgNO$_3$	280~290℃干燥至恒量	卤化物或硫氰酸盐
Na$_2$C$_2$O$_4$(草酸钠)	130℃保持 2h，干燥器中冷却	氧化剂
As$_2$O$_3$	室温干燥器中保存	氧化剂
K$_2$Cr$_2$O$_7$	140~150℃保持 3~4h，干燥器中冷却	还原剂
KBrO$_3$	130℃保持 2h，干燥器中冷却	还原剂
KIO$_3$	120~140℃保持 2h，干燥器中冷却	还原剂
ZnO	900~1000℃保持 50min，干燥器中冷却	EDTA
CaCO$_3$	110~120℃保持 2h，干燥器中冷却	EDTA
Zn	室温干燥器中保存	EDTA
对氨基苯磺酸	120℃干燥至恒量，干燥器中冷却	NaNO$_2$

五、常用无机试剂

名称	浓度	配制方法
盐酸	6mol·L^{-1}	取 496mL 浓盐酸，用水稀释至 1L
	3mol·L^{-1}(10%)	取 250mL 浓盐酸，用水稀释至 1L
	2mol·L^{-1}	取 167mL 浓盐酸，用水稀释至 1L
	0.1mol·L^{-1}	取 9mL 浓盐酸，用水稀释至 1L

续表

名称	浓度	配制方法
硝酸	6mol·L^{-1}	取380mL浓硝酸，用水稀释至1L
	2mol·L^{-1}(10%)	取127mL浓硝酸，用水稀释至1L
	6mol·L^{-1}	取332mL浓硫酸，缓慢注入500mL水中搅拌，冷却后加水稀释至1L
	2mol·L^{-1}	取107mL浓硫酸，缓慢注入500mL水中搅拌，冷却后加水稀释至1L
	10%	取64mL浓硫酸，缓慢注入500mL水中搅拌，冷却后加水稀释至1L
乙酸	6mol·L^{-1}	取353mL冰醋酸，用水稀释至1L
	2mol·L^{-1}	取118mL冰醋酸，用水稀释至1L
	1mol·L^{-1}(6%)	取57mL冰醋酸，用水稀释至1L
氨水	6mol·L^{-1}(10%)	取400mL浓氨水，用水稀释至1L
	2mol·L^{-1}	取133mL浓氨水，用水稀释至1L
氢氧化钠	6mol·L^{-1}	取250g氢氧化钠固体溶于水，冷却后加水稀释至1L
	10%	取100g氢氧化钠固体溶于水，冷却后加水稀释至1L
	2mol·L^{-1}	取83g氢氧化钠固体溶于水，冷却后加水稀释至1L
	0.1mol·L^{-1}	取6mL氢氧化钠饱和溶液，加水稀释至1L
过氧化氢	3%	取100mL 30%双氧水，加水稀释至1L
氢氧化钾	1mol·L^{-1}	取56g氢氧化钠固体溶于水，冷却后加水稀释至1L
硝酸银	0.1mol·L^{-1}(17g·L^{-1})	取1.7g硝酸银溶于水，稀释至100mL，贮存于棕色试剂瓶中
高锰酸钾	0.01mol·L^{-1}	取1.6g高锰酸钾溶于水，稀释至1L，贮存于棕色试剂瓶中
铁氰化钾	0.1mol·L^{-1}	取33g铁氰化钾溶于水，稀释至1L
亚铁氰化钾	0.1mol·L^{-1}	取42g铁氰化钾溶于水，稀释至1L
碘化钾	0.5mol·L^{-1}	取83g KI溶于水，稀释至1L
1,10-菲咯啉 (邻二氮菲)	1g·L^{-1}	取1.0g 1,10-菲咯啉($C_{12}H_8N_2$·H_2O)[或1.2g 1,10-菲咯啉盐酸盐($C_{12}H_8N_2$·HCl·H_2O)]，加适量水振摇至溶解(必要时加热)，再加水稀释至1L
铬酸洗液	50g·L^{-1}	取5g重铬酸钾溶于10mL水，加热至溶解，冷却。将90mL浓硫酸在不断搅拌下缓慢注入上述溶液中
硫酸铁(Ⅲ)铵	80g·L^{-1}	取8g硫酸铁(Ⅲ)铵[$NH_4Fe(SO_4)_2$·$12H_2O$]溶于50mL含有几滴硫酸的水中，稀释至100mL

六、常用有机试剂

名称	配制方法	注意事项
饱和亚硫酸氢钠	在100mL 40%亚硫酸氢钠溶液中加25mL不含醛的无水乙醇，搅匀，若有少量结晶析出，则过滤或倾出上层清液即得(溶液清亮透明)。也可将500g碳酸钠(Na_2CO_3·$10H_2O$)与790mL水混合，通入二氧化硫至饱和为止	此溶液不稳定，会因失去SO_2而失效，故应使用前配制，贮存于棕色试剂瓶中
2,4-二硝基苯肼	将3g 2,4-二硝基苯肼溶于15mL浓硫酸中。另将70mL 95%乙醇与20mL水混合，然后将2,4-二硝基苯肼硫酸溶液缓慢注入乙醇水溶液中，混合均匀即得(溶液呈橙红色)。如有沉淀，则过滤除去	2,4-二硝基苯肼有毒
碘溶液	将2g碘和5g碘化钾溶于100mL水中	用于做淀粉实验
碘-碘化钾溶液	取50g碘化钾溶于200mL水中，加入25g碘搅拌至溶	用于碘仿反应
淀粉溶液	取1g可溶性淀粉溶于10mL冷水中，充分搅匀，避免出现块状物。将此悬浮液倒入90mL沸水中，搅匀。必要时继续加热数分钟	临用前配制

续表

名称	配制方法	注意事项
卢卡斯试剂	34g 熔融的无水氯化锌溶于 23mL 浓盐酸中,同时冷却以防氯化氢逸出,约得到 35mL	密封保存于玻璃瓶中
土伦试剂	4mL 5%硝酸银加 1 滴 5%氢氧化钠,再逐滴加入 5%氨水至生成的沉淀恰好溶解	现配现用
费林试剂	溶液 I:取 34.7g 硫酸铜溶于 500mL 水中; 溶液 II:取 173g 酒石酸钾钠和 50g 氢氧化钠溶于 500mL 水中	使用时将溶液 I 与 II 按同体积混合
班氏试剂	将 20g 柠檬酸钠和 11.5g 无水碳酸钠(若为含结晶水的碳酸钠,则按比例计算用量)溶于 100mL 水中。将 2g 硫酸铜溶于 20mL 水中,将此溶液在不断搅拌下缓慢加入上述溶液中即得。如溶液出现浑浊,可过滤	此溶液放置不易变质,不必配成溶液 I 与 II 分开存放
席夫试剂	将 5g 品红盐酸盐溶于 500mL 水中,过滤。也可以将二氧化硫通入品红水溶液中,品红的红色褪去即得	密封保存于玻璃瓶中
莫利希试剂	将 10g α-萘酚溶于适量 75%乙醇中,再用同样乙醇稀释至 100mL	用前配制
塞利凡诺夫试剂	将 0.05g 间苯二酚溶于 50mL 浓盐酸,再用水稀释至 100mL	
茚三酮试剂	取 2g 茚三酮,加乙醇使之溶解成 100mL 溶液	两天内用完,久置变质失效
米伦试剂	取 1g 金属汞溶于 2mL 浓硝酸中,加水稀释至 6mL,再加 5g 活性炭,搅拌,过滤	
氯化亚铜氨溶液	取 1g 氯化亚铜,加 12mL 浓氨水和 10mL 水,用力振摇,静置片刻,倾出溶液,并投入一根铜丝,贮存备用	亚铜易被氧化使溶液变蓝,在温热下滴加 20%盐酸羟胺使蓝色褪去,再用于实验
饱和溴水	将 3.2mL 溴注入有 1L 水的具塞磨口瓶中,振荡	临用前配制
碘水	将 127g 碘和 200g 碘化钾溶于尽可能少的水中,稀释至 1L	碘浓度为 0.5mol·L^{-1}
β-萘酚碱性溶液	将 4g β-萘酚溶于 40mL 5%氢氧化钠溶液中	
酪氨酸悬浊液	取 1g 酪氨酸,加水至 100mL,摇匀	用时摇匀
蛋白质溶液	将鸡蛋或鸭蛋的蛋清以 10 倍体积的水稀释,混匀	
蛋白质生理盐水溶液	将鸡蛋或鸭蛋的蛋清以 10 倍体积的生理盐水稀释,混匀	

附录 4　常用指示剂及其配制

一、常用酸碱指示剂(18～25℃)

指示剂名称	变色 pH 范围	颜色变化	溶液配制方法	每 10mL 试液用量(滴)
结晶紫	0.0～1.8	黄～绿	0.02%水溶液	1
橙黄IV	1.4～3.2	红～黄	0.01%水溶液	1
甲基黄	2.9～4.0	红～黄	0.1g 指示剂溶于 100mL 90%乙醇	1
甲基橙	3.2～4.4	红～黄	0.1%水溶液	1
溴酚蓝	3.0～4.6	黄～蓝	0.1g 指示剂溶于 14.9mL 0.01mol·L^{-1}NaOH,加 235.1mL 水	1
刚果红	3.0～5.0	蓝～红	0.1%水溶液	1
溴甲酚绿	3.8～5.4	黄～蓝	0.1g 指示剂溶于 14.3mL 0.01mol·L^{-1}NaOH,加 235.7mL 水	1～3
甲基红	4.4～6.2	红～黄	0.02g 指示剂溶于 100mL 60%乙醇	1

续表

指示剂名称	变色 pH 范围	颜色变化	溶液配制方法	每 10mL 试液用量（滴）
石蕊	4.5～8.0	红～蓝	10g 石蕊加 40mL 乙醇，回流煮沸 1h，静置，倾去上层清液，再用同一方法处理 2 次，每次用 30mL 乙醇。残渣用 10mL 水洗涤，倾去洗液，再加 50mL 水煮沸，放冷，过滤	1
溴百里酚蓝	6.0～7.6	黄～蓝	0.05g 指示剂溶于 100mL 20%乙醇中	1
中性红	6.8～8.0	红～琥珀色	0.01g 指示剂溶于 100mL 50%乙醇中	1
酚红	6.6～8.0	黄～红	0.1g 指示剂溶于 100mL 20%乙醇中	1
甲酚红	7.0～8.8	黄～紫红	0.1g 指示剂溶于 100mL 50%乙醇中	1
酚酞	8.2～10.0	无色～粉红	0.5g 指示剂溶于 100mL 50%乙醇中	1
百里酚酞	9.4～10.6	无色～蓝	0.04g 指示剂溶于 100mL 50%乙醇中	1～4

二、常用多变色范围酸碱指示剂

指示剂	变色 pH 范围	颜色变化	溶液配制方法
甲基紫（第一变色范围）	0.13～0.5	黄～绿	$1g \cdot L^{-1}$ 或 $0.5g \cdot L^{-1}$ 水溶液
甲基紫（第二变色范围）	1.0～1.5	绿～蓝	$1g \cdot L^{-1}$ 水溶液
甲基紫（第三变色范围）	2.0～3.0	蓝～紫	$1g \cdot L^{-1}$ 水溶液
百里酚蓝（第一变色范围）	1.2～2.8	红～黄	0.1g 指示剂溶于 100mL 20%乙醇中
百里酚蓝（第二变色范围）	8.0～9.6	黄～蓝	0.1g 指示剂溶于 100mL 20%乙醇中
甲酚红（第一变色范围）	0.0～1.0	红～黄	0.04g 指示剂溶于 100mL 50%乙醇中
甲酚红（第二变色范围）	7.0～8.8	黄～紫红	0.1g 指示剂溶于 100mL 50%乙醇中

三、常用酸碱混合指示剂

组成	变色点 pH	颜色		备注
		酸色	碱色	
1 份 0.1%甲基橙水溶液+1 份 0.25%靛蓝磺酸钠溶液	4.1	紫	黄绿	pH=4.1 灰色
1 份 0.1%溴百里酚绿钠盐水溶液+1 份 0.2%甲基橙水溶液	4.3	橙	蓝绿	pH=3.5 黄色，pH=4.0 绿色，pH=4.3 浅绿色
3 份 0.1%溴甲酚绿乙醇溶液+1 份 0.2%甲基红乙醇溶液	5.1	酒红	绿	pH=5.1 灰色
1 份 0.1%溴甲酚绿钠盐溶液+1 份 0.1%氯酚红钠盐溶液	6.1	蓝绿	蓝紫	pH=5.4 蓝绿，pH=5.8 蓝，pH=6.0 蓝带紫，pH=6.2 蓝紫
1 份 0.1%中性红乙醇溶液+1 份 0.1%次甲基蓝乙醇溶液	7.0	蓝紫	绿	
1 份 0.1%甲酚红水溶液+3 份 0.1%百里酚蓝水溶液	8.3	黄	紫	pH=8.2 粉色，pH=8.4 清晰的紫色
1 份 0.1%百里酚蓝的 50%乙醇溶液+3 份 0.1%酚酞的 50%乙醇溶液	9.0	黄	紫	黄～绿～紫
1 份 0.1%酚酞的乙醇溶液+1 份 0.1%百里酚酞的乙醇溶液	9.9	无	紫	pH=6.6 玫瑰红，pH=1.0 紫色

四、常用沉淀滴定指示剂

指示剂名称	用于测定		终点颜色变化	溶液配制方法
	可测离子(括号内为滴定液)	滴定条件		
铬酸钾	Cl^-、Br^-(Ag^+)	中性或弱碱性	黄~砖红	5%水溶液
铁铵矾	Br^-、I^-、SCN^-(SCN^-,返滴定)	酸性	无色~红	8%水溶液
荧光黄	Cl^-、I^-、SCN^-、Br^-(Ag^+)	中性	黄绿~玫瑰红	0.1%乙醇溶液
二氯荧光黄	Cl^-、Br^-、I^-(Ag^+)	pH 4.4~7.2	黄绿~粉红	1%钠盐水溶液
曙红	Br^-、I^-、SCN^-(Ag^+)	pH 1~2	橙~深红	0.1%乙醇溶液或0.5%钠盐水溶液

五、常用氧化还原指示剂

指示剂名称	$\varphi_{In}^{\ominus}/V$ $[(c(H^+) = 1mol \cdot L^{-1})]$	颜色变化		配制方法
		氧化态	还原态	
亚甲基蓝	0.36	蓝	无	0.5g 指示剂溶于 100mL 水
次甲基蓝	0.52	紫	无	0.05%水溶液
二苯胺	0.76	紫	无	1%浓硫酸溶液
二苯胺磺酸钠	0.85	紫红	无	取 0.8g 指示剂和 2g Na_2CO_3,加水稀释至 100mL
邻苯氨基苯甲酸	0.89	紫红	无	取 0.11g 指示剂溶于 20mL 5% Na_2CO_3 溶液中,加水稀释至 100mL
邻二氮菲亚铁	1.06	浅蓝	红	取 1.485g 邻二氮菲和 0.695g $FeSO_4 \cdot 7H_2O$ 溶于 100mL 水
硝基邻二氮菲亚铁	1.25	浅蓝	紫红	取 0.675g 邻硝基邻二氮菲和 0.278g 硫酸亚铁溶于 100mL 水

六、常用金属指示剂

指示剂名称	适用 pH 范围	直接滴定的离子	终点颜色变化	配制方法
铬黑 T(EBT)	8~11	Mg^{2+}、Zn^{2+}、Cd^{2+}、Pb^{2+}等	酒红~蓝	0.1g 铬黑 T 和 10g 氯化钠,研磨均匀;0.5g 铬黑 T 和 2g 盐酸羟胺溶于 95%乙醇,用 95%乙醇稀释至 100mL
二甲酚橙(XO)	<6.3	Bi^{3+}、Zn^{2+}、Cd^{2+}、Pb^{2+}、Hg^{2+}及稀土等	紫红~亮黄	0.2%水溶液
钙指示剂	12~13	Ca^{2+}	酒红~蓝	0.05g 钙指示剂和 10g 氯化钠,研磨均匀
吡啶偶氮萘酚(PAN)	1.9~12.2	Bi^{3+}、Cu^{2+}、Ni^{2+}、Th^{4+}等	紫红~黄	0.1%乙醇溶液
紫脲酸胺	Ca^{2+}(pH>10) Cu^{2+}(pH7~8) Ni^{2+}(pH8.5~11.5) Co^{2+}(pH8~10)	Ca^{2+}、Cu^{2+}、Ni^{2+}、Co^{2+}	黄(或红)~紫(或紫红)	1g 紫脲酸胺与 200g 干燥 NaCl 混匀,研细
磺基水杨酸	1.5~3	Fe^{3+}	紫红~黄	1%~2%水溶液

附录 5　常用缓冲溶液及其配制

一、常用缓冲溶液

缓冲溶液组成	pK_a	缓冲液 pH	缓冲溶液配制方法
氨基乙酸-HCl	2.35 (pK_{a_1})	2.3	取 150g 氨基乙酸溶于 500mL 水中，加浓盐酸 80mL，用水稀释至 1L
H_3PO_4-柠檬酸盐		2.5	取 113g $Na_2HPO_4 \cdot 12H_2O$ 溶于 200mL 水后，加柠檬酸 387g，溶解，过滤后，稀释至 1L
一氯乙酸-NaOH	2.86	2.8	取 200g 一氯乙酸溶于 200mL 水中，加 NaOH 40g 溶解后，稀释至 1L
邻苯二甲酸氢钾-HCl	2.95 (pK_{a_1})	2.9	取 500g 邻苯二甲酸氢钾溶于 500mL 水中，加浓盐酸 80mL，稀释至 1L
甲酸-NaOH	3.76	3.7	取 95g 甲酸和 40g NaOH 溶于 500mL 水中，溶解，稀释至 1L
NH_4Ac-HAc		4.5	取 77g NH_4Ac 溶于 200mL 水中，加冰醋酸 59mL，稀释到 1L
NaAc-HAc	4.74	4.7	取 83g 无水 NaAc 溶于水中，加冰醋酸 60mL，稀释至 1L
NaAc-HAc	4.74	5.0	取 160g 无水 NaAc 溶于水中，加冰醋酸 60mL，稀释至 1L
NH_4Ac-HAc		5.0	取 250g NH_4Ac 溶于 200mL 水中，加冰醋酸 25mL，稀释至 1L
六次甲基四胺-HCl	5.15	5.4	取 40g 六次甲基四胺溶于 200mL 水中，加浓盐酸 10mL，稀释至 1L
NH_4Ac-HAc		6.0	取 600g NH_4Ac 溶于 200mL 水中，加冰醋酸 20mL，稀释到 1L
NaAc-H_3PO_4 盐		8.0	取 50g 无水 NaAc 和 50g $Na_2HPO_4 \cdot 12H_2O$ 溶于水中，稀释至 1L
tris(三羟甲基氨基甲烷)-HCl	8.21	8.2	取 25g tris 试剂溶于水中，加浓盐酸 8mL，稀释至 1L
NH_3-NH_4Cl	9.26	9.2	取 54g NH_4Cl 溶于水中，加浓氨水 63mL，稀释到 1L
NH_3-NH_4Cl	9.26	9.5	取 54g NH_4Cl 溶于水中，加浓氨水 126mL，稀释到 1L
NH_3-NH_4Cl	9.26	10.0	取 54g NH_4Cl 溶于水中，加浓氨水 350mL，稀释到 1L

二、常用标准缓冲溶液 pH

温度/℃	$0.05 mol \cdot L^{-1}$ 草酸三氢钾	饱和酒石酸氢钾	$0.05 mol \cdot L^{-1}$ 邻苯二甲酸氢钾	$0.025 mol \cdot L^{-1}$ 磷酸二氢钾和磷酸氢二钠	$0.01 mol \cdot L^{-1}$ 四硼酸钠
0	1.666	—	4.003	6.984	9.464
5	1.668	—	3.999	6.951	9.395
10	1.670	—	3.998	6.923	9.332
15	1.672	—	3.999	6.900	9.276
20	1.675	—	4.002	6.881	9.225
25	1.679	3.557	4.008	6.865	9.180
30	1.683	3.552	4.015	6.853	9.139
35	1.688	3.549	4.024	6.844	9.102
40	1.694	3.547	4.035	6.838	9.068
45	1.700	3.547	4.047	6.834	9.038
50	1.707	3.549	4.060	6.833	9.011
55	1.715	3.554	4.075	6.834	8.985
60	1.723	3.560	4.091	6.836	8.962

（附录 3~5 编写人：李永冲）

附录6 常见阴、阳离子鉴别方法

离子	鉴定方法
Ag^+	取 2 滴试液，加入 2 滴 $2mol \cdot L^{-1}$ HCl。若有白色沉淀，离心分离，取沉淀，滴加 $6mol \cdot L^{-1}$ $NH_3 \cdot H_2O$，使沉淀溶解，再加 $6mol \cdot L^{-1}$ HNO_3 酸化，白色沉淀又出现，表示有 Ag^+ 存在
NH_4^+	取 1 滴试液置于表面皿上，加 $6mol \cdot L^{-1}$ $NH_3 \cdot H_2O$ 使其显碱性，迅速用另一个黏有一小块湿润 pH 试纸的表面皿盖上，置于水浴中加热，pH 试纸变蓝色，表示有 NH_4^+ 存在
Ca^{2+}	取试液加饱和草酸铵溶液，如有白色沉淀，表示有 Ca^{2+} 存在
Al^{3+}	取 2 滴试液，分别加 4~5 滴水、2 滴 $2mol \cdot L^{-1}$ HAc 和 2 滴铝试剂，振荡，置于 70℃ 水浴上加热片刻，滴加 1~2 滴氨水，出现红色絮状沉淀，表示有 Al^{3+} 存在
Fe^{3+}	取 2 滴试液于点滴板上，加 2 滴硫氰酸铵溶液，有血红色；或取 1 滴试液于点滴板上，加 1 滴 $K_4[Fe(CN)_6]$ 溶液，有蓝色沉淀，表示有 Fe^{3+} 存在
Fe^{2+}	取 2 滴试液于点滴板上，加铁氰化钾溶液，生成蓝色沉淀，表示有 Fe^{2+} 存在
Cr^{3+}	取 2 滴试液，加入 1 滴 $6mol \cdot L^{-1}$ NaOH，生成沉淀，继续加入 NaOH 溶液至沉淀溶解，再滴加 3 滴 3% H_2O_2 溶液，加热，溶液变黄色，表明有 CrO_4^{2-}。继续加热，除去 H_2O_2，冷却，用 $6mol \cdot L^{-1}$ HAc 酸化，加 2 滴 $0.1mol \cdot L^{-1}$ $Pb(NO_3)_2$ 溶液，有黄色沉淀，表示有 Cr^{3+} 存在
Zn^{2+}	取 2 滴试液，加入 5 滴 NaOH 和 10 滴二苯硫腙，振荡，置于水浴中加热，显粉红色，表示有 Zn^{2+} 存在
Mn^{2+}	取 1 滴试液，加入数滴 $6mol \cdot L^{-1}$ HNO_3 溶液，再加入 $NaBiO_3$ 固体，溶液变为紫色，表示有 Mn^{2+} 存在
Pb^{2+}	取 2 滴试液，加 2 滴 $0.1mol \cdot L^{-1}$ K_2CrO_4 溶液，有黄色沉淀，表示有 Pb^{2+} 存在
Ni^{2+}	取 1 滴供试液于点滴板上，加 2 滴丁二酮肟试剂，生成鲜红色沉淀，表示有 Ni^{2+} 存在
Co^{2+}	取 2 滴试液，加入 0.5mL 丙酮，再加入饱和硫氰酸铵溶液，显蓝色，表示有 Co^{2+} 存在
Cd^{2+}	在定量滤纸上，加 1 滴 $0.2g \cdot L^{-1}$ 镉试剂，烘干，再加 1 滴供试液，烘干，加 1 滴 $2mol \cdot L^{-1}$ KOH，斑点呈红色，表示有 Cd^{2+} 存在
Cu^{2+}	取 1 滴试液于点滴板上，加 1 滴 $K_4[Fe(CN)_6]$ 溶液，有棕红色沉淀；或取 5 滴试液，加氨水，有蓝色沉淀，再加过量氨水，沉淀溶解，产生蓝色溶液，表示有 Cu^{2+} 存在
$S_2O_3^{2-}$	取 2 滴试液，加入 2 滴 $2mol \cdot L^{-1}$ HCl，加热，有白色或浅黄色浑浊出现；或取 2 滴试液，加入 $0.1mol \cdot L^{-1}$ $AgNO_3$ 溶液，振摇，放置片刻，白色沉淀迅速变黄、变棕、变黑，表示有 $S_2O_3^{2-}$ 存在
SO_3^{2-}	取 2 滴试液于点滴板上，加 2 滴 $2mol \cdot L^{-1}$ HCl，加 1 滴品红试剂，褪色，表示有 SO_3^{2-} 存在
PO_4^{3-}	取 2 滴试液，加入 8~10 滴饱和钼酸铵试剂，有黄色沉淀生成，表示有 PO_4^{3-} 存在
S^{2-}	取试液加酸，用湿润 $Pb(Ac)_2$ 试纸检验气体，显黑色，表示有 S^{2-} 存在
NO_3^-	取 2 滴试液于点滴板上，加 1 粒 $FeSO_4 \cdot H_2O$ 固体，加入 2 滴浓硫酸，片刻后，固体外表有棕色，表示有 NO_3^- 存在

（附录6 编写人：蔡自由）

附录7 不同温度下标准滴定溶液的体积补正值
[1L 溶液由 t℃ 换算为 20℃ 时的补正值/$(mL \cdot L^{-1})$]

温度/℃	水和 $0.05mol \cdot L^{-1}$ 以下的各种水溶液	$0.1mol \cdot L^{-1}$ 和 $0.02mol \cdot L^{-1}$ 各种水溶液	盐酸溶液 $c(HCl)=$ $0.5mol \cdot L^{-1}$	盐酸溶液 $c(HCl)=$ $1mol \cdot L^{-1}$	硫酸溶液 $c(\frac{1}{2}H_2SO_4)$ $=0.5mol \cdot L^{-1}$ 氢氧化钠溶液 $c(NaOH)=0.5mol \cdot L^{-1}$	硫酸溶液 $c(\frac{1}{2}H_2SO_4)$ $=1mol \cdot L^{-1}$ 氢氧化钠溶液 $c(NaOH)=1mol \cdot L^{-1}$	碳酸钠溶液 $c(\frac{1}{2}Na_2CO_3)$ $=1mol \cdot L^{-1}$	氢氧化钾-乙醇溶液 $c(KOH)=$ $0.1mol \cdot L^{-1}$
5	+1.38	+1.7	+1.9	+2.3	+2.4	+3.6	+3.3	
6	+1.38	+1.7	+1.9	+2.2	+2.3	+3.4	+3.2	
7	+1.36	+1.6	+1.8	+2.2	+2.2	+3.2	+3	

续表

温度/℃	水和 0.05mol·L⁻¹ 以下的各种水溶液	0.1mol·L⁻¹ 和 0.02mol·L⁻¹ 各种水溶液	盐酸溶液 $c(HCl)=$ 0.5mol·L⁻¹	盐酸溶液 $c(HCl)=$ 1mol·L⁻¹	硫酸溶液 $c(\frac{1}{2}H_2SO_4)$ =0.5mol·L⁻¹ 氢氧化钠溶液 $c(NaOH)=$0.5mol·L⁻¹	硫酸溶液 $c(\frac{1}{2}H_2SO_4)$ =1mol·L⁻¹ 氢氧化钠溶液 $c(NaOH)=$1mol·L⁻¹	碳酸钠溶液 $c(\frac{1}{2}Na_2CO_3)$ =1mol·L⁻¹	氢氧化钾-乙醇溶液 $c(KOH)=$ 0.1mol·L⁻¹
8	+1.33	+1.6	+1.8	+2.1	+2.2	+3	+2.8	
9	+1.29	+1.5	+1.7	+2	+2.1	+2.7	+2.6	
10	+1.23	+1.5	+1.6	+1.9	+2	+2.5	+2.4	+10.8
11	+1.17	+1.4	+1.5	+1.8	+1.8	+2.3	+2.2	+9.6
12	+1.1	+1.3	+1.4	+1.6	+1.7	+2	+2	+8.5
13	+0.99	+1.1	+1.2	+1.4	+1.5	+1.8	+1.8	+7.4
14	+0.88	+1	+1.1	+1.2	+1.3	+1.6	+1.5	+6.5
15	+0.77	+0.9	+0.9	+1	+1.1	+1.3	+1.3	+5.2
16	+0.64	+0.7	+0.8	+0.8	+0.9	+1.1	+1.1	+4.2
17	+0.5	+0.6	+0.6	+0.6	+0.7	+0.8	+0.8	+3.1
18	+0.34	+0.4	+0.4	+0.4	+0.5	+0.6	+0.6	+2.1
19	+0.18	+0.2	+0.2	+0.2	+0.2	+0.3	+0.3	+1
20	0	0	0	0	0	0	0	0
21	−0.18	−0.2	−0.2	−0.2	−0.2	−0.3	−0.3	−1.1
22	−0.38	−0.4	−0.4	−0.5	−0.5	−0.6	−0.6	−2.2
23	−0.58	−0.6	−0.7	−0.7	−0.8	−0.9	−0.9	−3.3
24	−0.8	−0.9	−0.9	−1	−1	−1.2	−1.2	−4.2
25	−1.03	−1.1	−1.1	−1.2	−1.3	−1.5	−1.5	−5.3
26	−1.26	−1.4	−1.4	−1.4	−1.5	−1.8	−1.8	−6.4
27	−1.51	−1.7	−1.7	−1.7	−1.8	−2.1	−2.1	−7.5
28	−1.76	−2	−2	−2	−2.1	−2.4	−2.4	−8.5
29	−2.01	−2.3	−2.3	−2.3	−2.4	−2.8	−2.8	−9.6
30	−2.3	−2.5	−2.5	−2.6	−2.8	−3.2	−3.1	−10.6
31	−2.58	−2.7	−2.7	−2.9	−3.1	−3.5		−11.6
32	−2.86	−3	−3	−3.2	−3.4	−3.9		−12.6
33	−3.04	−3.2	−3.3	−3.5	−3.7	−4.2		−13.7
34	−3.47	−3.7	−3.6	−3.8	−4.1	−4.6		−14.8
35	−3.78	−4	−4	−4.1	−4.4	−5		−16
36	−4.1	−4.3	−4.3	−4.4	−4.7	−5.3		−17

注：（1）本表数值是以 20℃ 为标准温度以实测法测出。

（2）表中带有"+"、"−"号的数值是以 20℃ 为分界。室温低于 20℃ 的补正值为"+"，高于 20℃ 的补正值为"−"。

（3）本表的用法：例如，1L 硫酸溶液 $c(\frac{1}{2}H_2SO_4)=1mol·L^{-1}$，由 25℃ 换算为 20℃ 时，其体积补正值为−1.5mL，故 40.00mL 换算为 20℃ 时的体积为

$$V_{20}=40.00-\frac{1.5}{1000}\times40.00=39.94(mL)$$

（4）数据摘自 GB/T 601—2002。

（附录 7 编写人：蔡自由）

附录 8　溶液的浓度、溶液的配制、定量分析结果和精密度有关计算公式

一、溶液的浓度、溶液的配制有关计算公式

(1) 质量 m_B、摩尔质量 M_B、物质的量 n_B 和物质的量浓度 c_B 的关系

$$c_B = \frac{n_B}{V} = \frac{m_B}{M_B V} \text{（溶液体积 } V \text{ 以 L 为单位）}$$

(2) 质量分数 w_B 和物质的量浓度 c_B 的关系

$$c_B = \frac{w_B \rho}{M_B} \times 1000 \left[\rho \text{ 为液体试剂的密度}(g \cdot mL^{-1}) \right]$$

(3) 用固体物质配制溶液的计算公式

$$m_B = c_B V M_B$$

(4) 用液体试剂配制溶液的计算公式

$$c_{浓} V_{浓} = c_{稀} V_{稀}$$

(5) 物质的质量浓度 ρ_B 和物质的量浓度 c_B 的关系

$$c_B = \frac{\rho_B V}{M_B} \text{（} \rho_B \text{ 以 } g \cdot L^{-1} \text{ 为单位）}$$

二、定量分析结果计算公式

标准溶液 A 与被测物质 B 之间的滴定反应 $a\text{A} + b\text{B} = c\text{C} + d\text{D}$，当 A 和 B 完全反应，到达化学计量点时，两物质之间的计量关系

$$\frac{n_A}{n_B} = \frac{a}{b}$$

(1) 两种溶液之间的计量关系

$$c_A V_A = \frac{a}{b} c_B V_B$$

(2) 固体物质(B)与溶液的计量关系

$$c_A V_A = \frac{a}{b} \frac{m_B}{M_B}$$

(3) 滴定度 $T_{A/B}$ 与物质的量浓度 c_A 换算

$$T_{A/B} = \frac{b}{a} \frac{c_A M_B}{1000} \text{（} T_{A/B} \text{ 以 } g \cdot mL^{-1} \text{ 为单位）}$$

(4) 质量分数计算公式

$$w_B = \frac{m_B}{m_s} = \frac{\dfrac{b}{a} c_A V_A M_B}{m_s}, \quad w_B = \frac{T_{A/B规定} F V_A}{m_s} \text{（} m_s \text{ 为试样质量）}$$

三、精密度计算公式

(1) 平行测定值(x_i, $i = 1, 2, 3, \cdots, n$)的算术平均值($\bar{x}$)

$$\bar{x} = \frac{1}{n} \sum_{i=1}^{n} x_i$$

(2) 相对平均偏差 ($\bar{d}_r$)

$$\bar{d} = \frac{1}{n}\sum_{i=1}^{n}|d_i| = \frac{1}{n}\sum_{i=1}^{n}|x_i - \bar{x}|, \quad \bar{d}_r = \frac{\bar{d}}{\bar{x}} \times 100\%$$

(3) 相对标准偏差 (RSD)

$$s = \sqrt{\frac{\sum_{i=1}^{n}(x_i - \bar{x})^2}{n-1}}, \quad \text{RSD} = \frac{s}{\bar{x}} \times 100\%$$

(4) 相对极差

$$极差(R) = 最大测定值(x_{max}) - 最小测定值(x_{min}), \quad 相对极差 = \frac{R}{\bar{x}} \times 100\%$$

(附录 8 编写人：蔡自由)

附录 9　化学实训教学教案示例

广东食品药品职业学院实训教学教案 (2015～2016 学年第一学期)

实训项目	邻二氮菲分光光度法测定水中微量铁		
隶属课程	分析化学	课时	4
教学对象	15 级中药鉴定与质量检测技术专业 1 班	授课日期	2015.12.29(周二) 7～10 节
教　材	基础化学实训教程，蔡自由、钟国清主编，科学出版社，2009.7		
主讲教师	陈柳生	实训室负责人	陈柳生
课程负责人	蔡自由	教学方法	讲述法、演示实验法、学生实验法
实训目的	(1) 学会使用分光光度计，绘制吸收曲线，寻找最大吸收波长 (2) 学会标准系列溶液的制备，绘制标准曲线，测定水中微量铁 (3) 学会应用计算机处理实训数据		
教学重点	光的吸收基本定律及其应用条件；绘制吸收曲线，寻找最大吸收波长；标准系列溶液的制备；绘制标准曲线		
教学难点	光的吸收基本定律的应用条件和吸收光谱的产生；比色皿和 722 型分光光度计的使用；计算机处理实验数据，绘制吸收曲线和标准曲线，并获得回归方程		
准备仪器	722 型分光光度计，比色皿(1cm，2 个)，容量瓶(棕色，1000mL 1 个，500mL 1 个，50mL 12 个)，吸量管(50mL 1 支，10mL 2 支)，量筒(50mL 1 个，10mL 1 个)，烧杯(100mL，5 个)，电子天平，洗瓶，胶头滴管，吸水纸，镜头纸等		
准备试剂	$10\mu g \cdot mL^{-1}$ 铁标准溶液：准确称取 0.8634g $NH_4Fe(SO_4)_2 \cdot 12H_2O$，置于烧杯中，加入 20mL 6mol·$L^{-1}$ HCl 溶液和适量水，溶解后，定量转移至 1000mL 容量瓶中，加水稀释至刻度，摇匀。从中量取 50mL 该溶液，置于 500mL 容量瓶中，加入 50mL 1mol·L^{-1} HCl 溶液，加水稀释到刻度，摇匀 盐酸羟胺溶液：10 %水溶液(临用时配制) 邻二氮菲溶液：0.15 %水溶液(临用时配制)。可先用少许乙醇溶解，再用水稀释 NaAc 溶液：1mol·L^{-1} 含铁水样：含铁 20～30$\mu g \cdot mL^{-1}$，由学生稀释成适当倍数再测定		
课时安排	教师讲解原理 20min；演示比色皿和分光光度计的使用 15min；演示 Excel 绘制吸收曲线和标准曲线 10min；学生配制标准系列溶液 45min；测定不同波长吸光度，绘制吸收曲线 30min；配制试样溶液 25min；测定标准系列溶液吸光度，绘制标准曲线 20min；课堂教师总结 15min。课间休息 10min；学生值日 10min。总课时 4 学时		
板书计划	板书内容：实训目的、实训指导、722 型分光光度计的使用方法、简单实训步骤等		
教学过程设计	[板书] 　一、实训目的 　(1) 学会使用分光光度计，绘制吸收曲线，寻找最大吸收波长 　(2) 学会制备标准系列溶液，绘制标准曲线，测定水中微量铁		

（3）学会应用计算机处理实训数据

[板书] 二、实训指导

[讲解]

分光光度法测定铁的显色剂比较多，其中邻二氮菲为显色剂测定铁，灵敏度较高，稳定性较好，干扰容易消除，因而是目前普遍采用的测定方法

在 pH=2～9 的溶液中，邻二氮菲与 Fe^{2+} 反应生成稳定的橙红色配合物

$$Fe^{2+}+3 \left(\bigotimes_{N}^{N} \right) \longrightarrow \left[\left(\bigotimes_{N}^{N} \right)_3 Fe \right]^{2+}$$

其中 $lg\beta_3$=21.3，摩尔吸光系数 ε_{508}=1.1×10^{4}L·mol^{-1}·cm^{-1}。铁浓度为 0.1～6μg·mL^{-1}，吸光度与浓度有线性关系，用标准曲线法测定铁浓度

如果铁为三价状态，用盐酸羟胺还原为 Fe^{2+}，反应式为

$$2Fe^{3+}+2NH_2OH =\!\!=\!\!= 2Fe^{2+}+2H^++N_2\uparrow+2H_2O$$

[板书]

三、实训步骤

1. 标准系列显色溶液的配制

[学生配制]

在 7 个 50mL 容量瓶中，分别准确加入 10μg·mL^{-1} 铁标准溶液 0.00mL、2.00mL、4.00mL、6.00mL、8.00mL、10.00mL 及适量试样溶液。在各容量瓶中分别加入 1mL 10%盐酸羟胺溶液、2mL 0.15%邻二氮菲溶液和 5mL NaAc 溶液

[强调学生注意]

每加一种试剂后，摇匀，再加另一种试剂。最后加水稀释到刻度，摇匀

[板书]

2. 吸收曲线的绘制

[学生测定]

选用加有 2.0μg·mL^{-1} 铁标准溶液的显色溶液，以不含铁的试剂溶液为参比，用 1cm 比色皿

波长/nm	480	490	500	505	507	510	513	515	520	530	540
吸光度 A											

[板书][演示]

722 型分光光度计的使用：

（1）打开电源开关，预热 30min（预热时要打开暗箱盖）

（2）在比色皿中装溶液至容积的 4/5，擦干，放入暗箱的比色皿架子上，透明的两面要向着光路

（3）选择"功能"选择开关至"T"，用参比溶液调至"100%"，打开暗箱盖调"0%"，盖上暗箱盖调"100%"，重复几遍，使读数稳定

（4）选择"功能"选择开关至"A"，拉出拉杆即可读取相应溶液的吸光度 A，并记录在实训报告上

[强调学生注意]

比色皿的拿法；吸光度读数至小数点后 3 位；测吸收曲线时，每改变一次波长都要调"T"为"100%"，方可测 A 值

[演示]

在 Excel 中绘制吸收曲线。最大吸收波长为_____nm

[板书]

3. 绘制标准曲线

[学生测定]

比色皿配套性检验　　A_1=0.000　　A_2=_____

比色皿校正主要校正比色皿厚度对吸光度测定的影响

[学生测定并记录]

标准显色液编号	标准显色液浓度/(μg·mL^{-1})	A	A校正
0	0.00		
1	0.40		
2	0.80		
3	1.20		
4	1.60		
5	2.00		

教学过程设计

续表

<table>
<tr><td rowspan="2">教学过程设计</td><td>[演示]
　　在 Excel 中绘制标准曲线。得到线性方程为＿＿＿＿＿＿＿＿
[板书]
　　4. 制备待测显色液，并测定吸光度
[学生配制]
　　根据原始试液含铁的浓度范围决定稀释倍数，并配制待测显色液，盐酸羟胺溶液、邻二氮菲溶液和 NaAc 溶液的用量与配制标准系列相同，再测定其吸光度，平行试验 3 次
[强调学生注意记住]
　　原始试液稀释的倍数，后面计算要用
[学生测定并记录]</td></tr>
<tr><td>

测定次数	1	2	3
$A_样$			
$A_{样,校正}$			
代入线性方程			
计算出的铁浓度/($\mu g \cdot mL^{-1}$)			
原始试液铁浓度/($\mu g \cdot mL^{-1}$)			
原始试液铁浓度平均值/($\mu g \cdot mL^{-1}$)			
相对平均偏差/%			

</td></tr>
<tr><td>注意事项</td><td>(1)吸收曲线要画成平滑曲线，标准曲线要画成直线，不能画成折线或平滑曲线
(2)比色皿不要拿光滑面，吸光度要记录到小数点后 3 位
(3)每次改变波长测定吸光度都要调"T"为"100%"
(4)从吸收曲线可以找到邻二氮菲与 Fe^{2+} 配合物的最大吸收波长。在最大吸收波长的情况下测定，误差最小
(5)不要把试样的吸光度画进标准曲线中，要通过线性方程求未知样品的浓度
(6)原始试液稀释后浓度要在线性范围之内，最好在吸光度为 0.434 处，这样测定准确度最高</td></tr>
<tr><td>学生预习思考题</td><td>(1)光的吸收基本定律的应用条件是什么？什么是线性范围？什么是相关系数？
答：入射光为单色光，溶液为一定范围低浓度溶液。吸光度与浓度成比例的浓度范围称为线性范围，配制标准系列溶液的浓度梯度必须在线性范围之内，这样定量分析结果才准确。相关系数是衡量变量之间线性相关程度的量，用 R 表示。当两个变量之间完全存在线性关系，所有的点都落在一条直线上时，$R=1$，R 越接近 1，表示线性关系越好
(2)参比溶液的作用是什么？为什么每改变一次波长，均需用参比溶液将透光率调到100%，才能测定吸光度？
答：参比溶液是指不加 Fe^{2+} 的试剂溶液，其作用是消除其他试剂对测定 Fe^{2+} 的影响。用参比溶液调透光率为100%，是为消除背景对测定的影响
(3)本实训项目哪些溶液的取量需要非常准确？哪些不必很准确？
答：铁标准溶液需非常准确，必须用吸量管取，其他试剂则不需准确，可用量筒取
(4)在绘制标准曲线时，各点不一定全部在同一直线上，应该怎样作图？把所有点连在一起可以吗？
答：使各点均匀分布在直线两侧。不要把所有点连在一起，把直线变成锯齿线</td></tr>
<tr><td>课后记</td><td>(1)比色皿和分光光度计的使用操作不难掌握。配制标准系列溶液和试样溶液成为实验结果准确与否的关键，因此，吸量管和容量瓶的使用成为本实训项目的关键点
(2)本实训项目的测定结果普遍较准确，作出的标准曲线相关系数好，大部分学生得到的相关系数能达 0.9999，试样测定结果吸光度值也比较接近，吸光度极差不超过 0.02
(3)有些学生对 Excel 的使用比较陌生，画出的吸收曲线和标准曲线难看，图注也不规范，因此，上理论课时教师要给学生进行演示</td></tr>
</table>

（附录 9 编写人：蔡自由）

附录 10　化学实训项目教学设计示例

项目名称	盐酸滴定液的配制与标定				
隶属课程	化学分析	隶属专业	药物分析技术专业		
主讲教师	李永冲	课程负责人	蔡自由	实训负责人	李永冲
教学目的	(1)学会用减量称量法准确称取多份基准物，滴定管的使用和滴定操作技术 (2)学会配制盐酸溶液，根据《中华人民共和国药典》以无水碳酸钠为基准物标定盐酸溶液浓度并计算 (3)学会用甲基红-溴甲酚绿混合指示剂判断强酸滴定弱碱的滴定终点				
教学学时	4 学时				

续表

项目名称	盐酸滴定液的配制与标定			
	操作技能点	训练要求与评价标准	训练方法	参考时间
教学设计	0.1mol·L⁻¹ 盐酸溶液的配制	(1)计算浓盐酸的体积，准确无误，有效数字位数合理 (2)量取浓盐酸的操作准确无误 (3)定量转移溶液，定容操作正确 (4)标签书写符合要求，粘贴正确	溶液的配制此前做过，教师进行关键操作技能点示范，学生独立进行训练，教师对错误操作给予指正	30min
	干燥器使用	(1)称量瓶在干燥器中冷却贮存 (2)开关干燥器时，一手朝里按住干燥器下部，另一手握住盖上圆顶平推，防止盖子滑落，及时盖好干燥器 (3)要用洁净的手套或洁净的纸条夹取称量瓶，手不直接接触称量瓶	教师部分演示，学生当场练习，教师对错误操作给予指正	10min
	减量称量法称取 0.15g 基准物 3 份	(1)称量物不得置于台面上，称量物放在天平盘中央，随手关闭天平门 (2)在接受容器上方开、关称量瓶盖，敲的位置正确 (3)边敲边竖，称量瓶口沿不沾粉末 (4)添加试样次数≤3 次，称量范围≤±10% (5)天平复原，使用记录，放回凳子	教师强调技能点，要求学生牢记，教师部分演示，学生当场练习，教师对错误操作给予指正	40min
	滴定管准备	(1)滴定管试漏、洗涤、润洗，润洗的溶液量合适，次数足够 (2)装液前摇匀溶液，直接倾倒，溶液不溢出，排气泡，调液面，读数正确	教师强调技能点，要求学生牢记，教师部分演示，学生当场练习，教师对错误操作给予指正	20min
	滴定操作，终点判断，读数	(1)滴定管高度、位置合适，控制活塞手法正确，微动手腕摇锥形瓶，动作协调 (2)近终点，紫红色判断正确，加热2min溶液重新变绿色，冷却后再滴定，终点暗紫色判断准确，半滴或 1/4 滴控制精准，管尖不漏液、不挂液 (3)读数准确无误，记录正确	教师强调技能点，要求学生牢记，教师部分演示，学生当场练习，教师对错误操作给予指正	45min
	正确计算结果	(1)代入计算公式计算正确，有效数字准确无误 (2)相对平均偏差在 0.5%以内，且有效数字不超过两位	学生当场计算，教师对计算中的错误给予指正，并对结果进行评价	15min
	课堂总结	对整个实训过程中出现的问题进行总结，对误差产生原因进行分析	教师提问，学生讨论	20min
考核方法	过程考核(给每位学生)：实训操作(65 分)+结果相对平均偏差在 0.5%以内(15 分)+提前书写预习报告，正确计算和书写实训报告(15 分)+文明操作(5 分)，课堂积极回答另加 5 分 实训评语(给每位学生)：			
考核标准	(1)配制 0.1mol·L⁻¹ 盐酸溶液(10 分) (2)干燥器的使用(3 分) (3)减量称量法称取无水碳酸钠 3 份(15 分) (4)滴定管的准备(12 分) (5)滴定操作，终点判断，读数(25 分) (6)结果相对平均偏差在 0.5%以内，提前书写预习报告，正确计算和书写实训报告(30 分) (7)文明操作(5 分) (8)课堂提问(另加 5 分)			
分组要求	15 级药物分析技术 1 班 52 人，1 人 1 组，指导教师 1 人，辅导教师 1 人 15 级药物分析技术 2 班 55 人，1 人 1 组，指导教师 1 人，辅导教师 1 人			
场地要求	1 班在分析化学实训 1 室(60 个工位)，电子天平 1 室(60 个工位) 2 班在分析化学实训 2 室(60 个工位)，电子天平 2 室(60 个工位)			
设备仪器	滴定管(25mL，120 支)、电子天平(岛津 AUY120，120 台)、烧杯、锥形瓶、洗瓶、电热套等			
耗材预算	基准物无水碳酸钠(270~300℃干燥至恒量)70g(分装于 120 个称量瓶)、浓盐酸 2 瓶(分装 8 瓶，每个班 4 瓶)			
其他要求	(1)学生上实训课，穿好实验服，带上教材、化学实训预习报告和实训报告活页；上课前，学生先预习实验，并书写实训预习报告 (2)教师上实训课，穿好实验服，带上教材、课程标准、授课计划、实训教案、项目教学设计和教师实训预试报告			

(附录 10 编写人：李永冲)

附录 11　化学实训预习报告和实训报告示例

一、化学实训预习报告示例

班级：_____　姓名：_____　学号：_____　实训时间：_____　课时：____4____

实训项目	盐酸滴定液的配制和标定
目的要求	
实训原理	
实训仪器	
实训试剂	

	实训内容预习
基本操作技能	(1)减量称量法称量应注意什么？ (2)使用酸碱两用滴定管应注意什么？ (3)甲基红-溴甲酚绿指示剂的变色范围为多少？使用时，终点颜色如何变化？接近终点时，将溶液加热 2min，有何意义？

计算技能	(1)欲配制 $0.1mol \cdot L^{-1}$ 盐酸 250mL，需质量分数为 0.365、密度为 $1.19g \cdot mL^{-1}$ 的浓盐酸多少毫升？ (2)用无水碳酸钠为基准物质标定盐酸标准溶液，实训结果如下：

测定次数	1	2	3	4
无水碳酸钠质量/g	0.1204	0.1209	0.1226	0.1231
消耗盐酸体积/mL	21.87	21.97	22.28	22.34

求盐酸浓度平均值和相对平均偏差。

操作步骤	

二、实训报告示例

1. $0.1mol \cdot L^{-1}$ 盐酸溶液的配制

配制 250mL $0.1mol \cdot L^{-1}$ 盐酸，需浓盐酸_____mL。实际量取浓盐酸_____mL。

2. $0.1mol \cdot L^{-1}$ 盐酸溶液的标定

(1)实训记录与结果计算。

项目	测定次数	1	2	3	4
基准物质无水碳酸钠质量	$m_{倾样前}$/g				
	$m_{倾样后}$/g				
	m/g				
滴定管初读数/mL					
滴定管终读数/mL					
滴定消耗 HCl 体积/mL					

续表

测定次数 项目	1	2	3	4
体积校正值/mL				
溶液温度/℃				
温度补正值				
溶液温度校正值/mL				
实际消耗 HCl 体积/mL				
$c(\text{HCl})/(\text{mol} \cdot \text{L}^{-1})$				
$\bar{c}(\text{HCl})/(\text{mol} \cdot \text{L}^{-1})$				
相对平均偏差/%				
相对极差/%				

(2)结果讨论与误差分析。

（附录 11 编写人：蔡自由）